江西官山
森林大样地监测研究

杨清培 曹锐 王国兵 王智 主编

中国林业出版社

图书在版编目（CIP）数据

江西官山森林大样地监测研究 / 杨清培等主编. — 北京：中国林业出版社，2024.8
ISBN 978-7-5219-2592-0

Ⅰ.①官… Ⅱ.①杨… Ⅲ.①常绿阔叶林－植物监测－研究－江西 Ⅳ.①S718.54

中国国家版本馆CIP数据核字（2024）第025032号

策划编辑：李　敏
责任编辑：王美琪

出版发行	中国林业出版社（100009，北京市西城区刘海胡同7号，电话010-83143621）
电子邮箱	cfphzbs@163.com
网　　址	https://www.cfph.net
印　　刷	北京中科印刷有限公司
版　　次	2024年8月第1版
印　　次	2024年8月第1次印刷
开　　本	787mm×1092mm　1/16
印　　张	15.5
彩　　插	8面
字　　数	320千字
定　　价	98.00元

编委会

● **主　编**

杨清培　曹　锐　王国兵　王　智

● **副主编**

刘　骏　易伶俐　宋庆妮　陈　琳

● **编　委**

蔡瑞文　岑　进　陈　玥　戴宇峰　方平福　龚　超
龚　雨　康　童　兰　勇　李存海　黎杰俊　李兴堂
李梓锋　刘潇雨　欧阳园兰　彭巧华　石雪云　汪　宏
文仁权　吴敬芳　吴毛山　邬淑萍　熊　勇　杨　欢
袁子旭　余泽平　张李龙　曾小霞　钟曲颖　周雪莲
左文波

前言
PREFACE

人类是自然界中的一部分,人类的生存与发展依赖各种自然资源。然而,人类活动的增加,对自然界产生了越来越大的影响。过度的工业化、城市化、资源开采和环境污染,对自然环境造成了很大的压力,导致了气候变化、生物多样性丧失、土地退化等问题。保护自然环境,促进可持续发展,是维护自然和人类健康发展的重要任务。建立自然保护区为保护和维护生物多样性、生态系统功能和生态平衡、实现人类与自然的和谐共生提供保障。

江西官山国家级自然保护区(简称"官山保护区")成立于2007年,位于江西省西北部的九岭山脉西段,地跨宜春市的宜丰、铜鼓两县。它是我国江汉平原、洞庭湖平原、鄱阳湖平原三大平原之间生态孤岛上的明珠,是赣西北生态屏障,是我国最大淡水湖——鄱阳湖的重要水源地。官山保护区属野生动物类型的自然保护区,总面积达到11500.5hm^2。这里生态禀赋优良,已查明的植被类型有5个植被型组11个植被型60个群系。野生高等植物有262科1047属2679种,其中包含南方红豆杉、伯乐树、闽楠、毛红椿、长柄双花木等62种国家重点保护植物,野生脊椎动物有35目122科371种,其中包含白颈长尾雉、勺鸡、猕猴、小灵猫等60种国家重点保护动物,昆虫有1894种。因此,官山保护区在保护中亚热带北缘常绿落叶阔叶林生态系统和珍稀野生动植物及其生境中发挥着重要的作用。

生物多样性保护离不开生态监测。生态监测是指对生态系统的各类要素和过程进行观测、收集和分析数据的过程。通过监测,可以认识生态系统的物种组成、空间分布、种群动态、营养循环、能量流动等自然规律;可以评估生态系统健康状况和环境质量、生物多样性以及人类活动对生态系统的影响;可以及时发现问题并采取相应的保护措施;可以预测环境变化对生物多样性和生态系统的可能影响,从而制定适应性管理措施。实现从了解禀赋、观察过程、解释机制到精准保护的生物多样性全过程管理。

大型森林长期固定监测样地(简称"大样地")是生态监测的重要形式之一。它是根据特定的监测与认识目的,经过严谨的策划和科学设计,在特定区域选择具有代表性的天然林或人工林，标定一个较大范围、确定监测对象、安装观测设施的地块。大样地具有"博、大、精、深"四大特点。

第一，内容广博，要素齐全。理论上大样地可以监测从个体、种群、群落到生态系统各个层次，从植物、动物、微生物到环境各个方面的内容，因此要收集地形地貌、物种组成、群落结构、气候因素、土壤性质等各种数据。

第二，规模面积宏大，数据量大。大样地不同于传统的森林资源连续清查固定样地，主要在于其面积宏大，因为只有足够大的空间范围，才能涵盖生态系统多个空间尺度、各方面的内容，由此便产生庞大的数据量。

第三，位置精准，数据精确。大样地内各级各类监测对象都用特定的测量方法、测量周期，因此有精准的空间信息、精确的属性信息和动态信息。

第四，研究深入，成果深刻。通过对各个层次、各个方面的大数据收集与分析，可以全面地、系统地、深入地认识森林生态系统的运行规律，形成一些小样地、临时样地无法产生的科研成果，从生态系统层次上为生物多样性保护、生态功能提升提供理论参考。

因此，当前以大样地为主体的森林生物多样性监测体系受到了国内外学者的青睐，成为森林群落组成与生物多样性研究的重要平台，也产生了丰硕的监测成果。

官山大样地（Guanshan Plot，GSP）位于官山保护区东河管理站。2014年4月，在国家财政部、环境保护部"全国生物多样性野外监测示范基地修缮项目""江西官山国家级自然保护区能力建设项目"的大力支持下，环境保护部南京环境科学研究所、江西农业大学、官山保护区三家单位联合，在官山保护区东河管理站正式启动江西官山生物多样性野外监测基地暨官山大型森林监测样地建设。2020年，官山大样地监测体系初步建成，包括12hm^{2}的大样地和35个卫星样地建设。监测内容包括所有树木（胸径≥1cm）、坐标定位、属性特征、土壤理化性质（包括土壤容重、通气性、透水性、养分含量、pH值等）、森林气候（温度、湿度等气象指标）、凋落物生产与分解、藤本与竹类植物扩张监测；另外，采用红外相机技术对林内野生动物或人类活动等10余个因子进行监测，并先后获取样地调查数据90余万条。重点围绕亚热带森林生物多样性形成与维持机制、生物多样性与生态系统功能的关系等生物多样性和生态学研究领域的热点问题开展研究，并取得了一系列研究成果，这些成果有助于生物多样性"禀赋—过程—机制—保护"的全面认识和精准施策。

在此，为了更好地向广大读者展示官山大样地生物多样性监测成效，我们汇聚了多年来官山大样地的研究成果，编撰成《江西官山森林大样地监测研究》一书。全书分为三大部分共12章。第一部分主要介绍官山大样地的建设与环境因子，包括第1

章至第 3 章；第二部分主要介绍官山大样地树种组成、种间关系和群落结构，包括第 4 章至第 7 章；第三部分主要介绍官山大样地物种多样性空间分布格局及其动态特征，包括第 8 章至第 12 章。本书内容的撰写基于以下两个方面的创新，力求向读者呈现出一部通俗易懂、层次分明、内容翔实、科学准确的作品，既能作为生态学、植物学、林学等专业师生研究工作参考用书，也能成为广大林业工作者、保护区工作人员学习的实用手册。

首先，系统方法论的应用。基于开放系统生态的思想，以"组成—结构—关系—功能"为线索，充分考虑森林生态系统的整体性、层次性、关联性和统一性，在空间上逐步将大样地栅格化为若干小样地，在层次上将系统逐步分解成个体、种群、群落与环境等研究层次。每个层次又从不同侧面（或属性）进行分析，如群落组成可分为物种组成和功能群组，从而将大样地分解成若干单项指标图层；同时也运用综合思维，将个体、种群、群落、生态系统的各侧面属性综合形成一个大样地森林景观，从层内、层际各种关系、多个尺度上充分认识官山常绿落叶阔叶林的内在本质和变化规律。

其次，理论与方法的探索。本研究试将空间统计学方法引入大样地物种多样性分析。在关于大样地研究的已有成果中，前人主要是利用非空间数据进行非空间分析，部分利用空间数据进行了种间空间分布、种间空间关系的研究，而本书利用空间面板数据，不但进行了空间格局研究，还对物种多样性进行空间自相关分析、空间马尔可夫转移分析，最后还构建了物种多样性的空间计量预测模型。初步发现生物多样性存在显著的空间异质性、空间依赖性。空间异质性与空间依赖性的存在充分说明森林群落不是一个孤立的空间单元，群落构建存在高度的空间自相关性，其物种多样性不仅与群落环境有关，更与群落周边群落的物种多样性有关，这也证明了扩散理论的正确性。

这本书能够顺利出版，完全是我们团队共同努力和协作的成果。在此，我们由衷地向参与官山大样地建设、研究的每一位人员和该书编写出版工作的每一位人员表示衷心感谢。正是大家的辛勤付出，《江西官山森林大样地监测研究》才得以呈现在读者面前。本书所包含的研究内容众多、信息丰富，由于编写时间紧迫，再加上自身写作水平和专业知识的局限，尽管我们进行了多次仔细斟酌和校对，仍然难免存在一些遗漏之处。对于其中不尽完善之处，我们真诚地请读者批评指正。

编　者

2023 年 12 月

前 言

第 1 章 大型森林长期固定监测样地概论 …………………………… 1
1.1 大样地 ………………………………………………………………… 2
1.1.1 大样地的概念 …………………………………………………… 2
1.1.2 大样地的特点 …………………………………………………… 2
1.2 大样地建设进展 ……………………………………………………… 3
1.2.1 大样地建设与空间分布 ………………………………………… 3
1.2.2 研究热点与进展 ………………………………………………… 8
1.3 官山大样地监测体系 ………………………………………………… 10
1.3.1 大样地及卫星样地 ……………………………………………… 10
1.3.2 监测对象与研究内容 …………………………………………… 10
1.3.3 官山大样地体系的建设意义 …………………………………… 11

第 2 章 研究区概况与样地建设 …………………………………………… 12
2.1 研究区概况 …………………………………………………………… 12
2.1.1 地理区位 ………………………………………………………… 12
2.1.2 气候条件 ………………………………………………………… 12
2.1.3 地形地貌 ………………………………………………………… 12
2.1.4 生物多样性 ……………………………………………………… 13
2.2 样地设置 ……………………………………………………………… 14
2.2.1 样地选择 ………………………………………………………… 14
2.2.2 地形测量 ………………………………………………………… 14
2.3 植物群落调查 ………………………………………………………… 16
2.3.1 树木调查 ………………………………………………………… 16

		2.3.2 灌木调查	16
		2.3.3 草本调查	16
	2.4	数据整理与数据库建设	16
		2.4.1 调查数据的核对	16
		2.4.2 数据库建设	16

第 3 章 样地地形与土壤特征 ········ 18

3.1 研究方法 ········ 19
- 3.1.1 地形计算 ········ 19
- 3.1.2 土壤取样与分析 ········ 20
- 3.1.3 凋落物收集 ········ 21
- 3.1.4 数据分析 ········ 21

3.2 微地形特征 ········ 21
- 3.2.1 海拔特征 ········ 21
- 3.2.2 坡向特征 ········ 22
- 3.2.3 坡度特征 ········ 23
- 3.2.4 凹凸度特征 ········ 23

3.3 土壤化学性质 ········ 23
- 3.3.1 pH 值 ········ 23
- 3.3.2 有机碳 ········ 24
- 3.3.3 总氮含量 ········ 24
- 3.3.4 总磷含量 ········ 24

3.4 凋落物特征 ········ 25
- 3.4.1 凋落物产量与动态 ········ 25
- 3.4.2 凋落物储量 ········ 26

3.5 小 结 ········ 27
- 3.5.1 样地地形与土壤特征 ········ 27
- 3.5.2 凋落物产量与储量 ········ 27

第 4 章 物种组成和区系特征 ········ 28

4.1 研究方法 ········ 29
- 4.1.1 科、属、种的统计 ········ 29
- 4.1.2 地理成分统计 ········ 29

  4.1.3 生活型谱统计 ·· 29
  4.1.4 重要值的计算 ·· 30
  4.1.5 物种—多度格局 ·· 31
  4.1.6 物种—面积曲线 ·· 32
 4.2 物种组成特征 ·· 33
  4.2.1 分类统计 ·· 33
  4.2.2 属的统计特征 ·· 33
  4.2.3 科的统计特征 ·· 34
 4.3 物种重要值特征 ·· 35
  4.3.1 乔木层物种重要值 ·· 35
  4.3.2 灌木层物种重要值 ·· 36
 4.4 植物区系特征 ·· 38
  4.4.1 属的区系特征 ·· 38
  4.4.2 科的区系特征 ·· 39
 4.5 生活型谱特征 ·· 39
  4.5.1 休眠芽生活型谱 ·· 39
  4.5.2 落叶性生活型谱 ·· 40
  4.5.3 花果生活型谱 ·· 40
  4.5.4 叶片生活型谱 ·· 42
 4.6 物种多度格局特征 ·· 43
  4.6.1 物种多度分布格局 ·· 43
  4.6.2 物种多度分配基尼系数 ·· 45
  4.6.3 物种最小面积曲线 ·· 45
 4.7 小 结 ·· 46
  4.7.1 官山大样地森林群落物种丰富 ·· 46
  4.7.2 官山大样地森林亚热带特征明显 ·· 46
  4.7.3 官山大样地常绿森林特征明显 ·· 47

第 5 章 树种空间分布与生态位特征 ········· 48
 5.1 研究方法 ·· 50
  5.1.1 分布格局 ·· 50
  5.1.2 生境选择与生态幅偏离 ·· 54
  5.1.3 生态位特征 ·· 56
 5.2 主要植物的空间分布 ·· 59

        5.2.1 树种栅格格局特征 …………………………………… 59
        5.2.2 树种点格局特征 ……………………………………… 60
    5.3 主要树种的生境选择性 ……………………………………… 65
        5.3.1 海拔选择性 …………………………………………… 65
        5.3.2 坡向选择性 …………………………………………… 67
        5.3.3 坡度选择性 …………………………………………… 69
        5.3.4 凹凸度选择性 ………………………………………… 71
    5.4 生态位宽度与生态位重叠 …………………………………… 73
        5.4.1 生态位统计特征 ……………………………………… 73
        5.4.2 树种生态位宽度 ……………………………………… 73
        5.4.3 种间生态位重叠 ……………………………………… 76
        5.4.4 重叠与被重叠的关系 ………………………………… 78
    5.5 小　结 ………………………………………………………… 79
        5.5.1 树种聚集分布特征明显 ……………………………… 79
        5.5.2 多数树种具有生境选择性 …………………………… 80
        5.5.3 多数物种生态位宽度较大 …………………………… 81
        5.5.4 多数树种间生态位重叠度高 ………………………… 82

第6章　物种空间关联性特征 ………………………………… 83
    6.1 研究方法 ……………………………………………………… 84
        6.1.1 群落多种间关联性的计算 …………………………… 84
        6.1.2 种对关联性计算 ……………………………………… 84
    6.2 物种间的空间关联特征 ……………………………………… 86
        6.2.1 多物种总体关联性特征 ……………………………… 86
        6.2.2 种对关联性及其尺度效应 …………………………… 87
    6.3 不同类群之间的空间关联特征 ……………………………… 89
        6.3.1 不同功能组之间的关联性 …………………………… 89
        6.3.2 不同分类群之间的关联性 …………………………… 92
    6.4 种内大树与小树之间的关联性 ……………………………… 93
        6.4.1 落叶树种内关联性 …………………………………… 94
        6.4.2 常绿树种内关联性 …………………………………… 94
    6.5 小　结 ………………………………………………………… 96
        6.5.1 总体关联性 …………………………………………… 96

        6.5.2 组间关联性 …………………………………………………………… 97
        6.5.3 种对关联性 …………………………………………………………… 97

第 7 章　群落结构特征 ……………………………………………………… 98
　　7.1 研究方法 ………………………………………………………………………… 99
        7.1.1 径级结构 …………………………………………………………… 99
        7.1.2 垂直结构 …………………………………………………………… 100
        7.1.3 林元结构 …………………………………………………………… 101
        7.1.4 数据分析 …………………………………………………………… 104
　　7.2 径级结构特征 …………………………………………………………………… 105
        7.2.1 林分径级结构 ……………………………………………………… 105
        7.2.2 主要种群径级结构 ………………………………………………… 105
　　7.3 垂直结构特征 …………………………………………………………………… 107
        7.3.1 官山大样地群落的垂直结构 ……………………………………… 107
        7.3.2 不同林型的垂直结构 ……………………………………………… 108
　　7.4 林元空间结构特征 ……………………………………………………………… 111
        7.4.1 物种水平的林元结构参数特征 …………………………………… 111
        7.4.2 不同生活型树种的林元结构参数 ………………………………… 114
        7.4.3 林分水平的林元结构参数 ………………………………………… 116
　　7.5 林分综合结构系数 ……………………………………………………………… 120
        7.5.1 林分理想结构系数 ………………………………………………… 120
        7.5.2 林分结构距离系数 ………………………………………………… 120
　　7.6 不同林型林分结构指数比较 …………………………………………………… 121
　　7.7 小　结 …………………………………………………………………………… 121

第 8 章　物种多样性的空间格局 ……………………………………………… 123
　　8.1 研究方法 ………………………………………………………………………… 124
        8.1.1 数据整理 …………………………………………………………… 124
        8.1.2 α-多样性 …………………………………………………………… 124
        8.1.3 β-多样性 …………………………………………………………… 125
        8.1.4 β-多样性分解 ……………………………………………………… 126
　　8.2 α-多样性特征 …………………………………………………………………… 128
        8.2.1 全局 α-多样性特征 ………………………………………………… 128

        8.2.2 局域 α-物种多样性特征 ……………………………………… 129
        8.2.3 α-物种多样性空间分布格局 …………………………………… 130
        8.2.4 层际多样性指数的相关关系 …………………………………… 132
    8.3 β-多样性特征 …………………………………………………………… 135
        8.3.1 全局 β-多样性 ………………………………………………… 135
        8.3.2 局域 β-多样性 ………………………………………………… 135
        8.3.3 物种与样点对变异的贡献 ……………………………………… 136
        8.3.4 空间 β-多样性分解 …………………………………………… 137
        8.3.5 β-多样性与空间距离的关系 …………………………………… 138
        8.3.6 林型间 β-多样性分解 ………………………………………… 139
        8.3.7 时间 β-多样性分解 …………………………………………… 140
    8.4 小 结 ………………………………………………………………… 143

第 9 章 物种丰富度空间格局动态 ……………………………………… 145
    9.1 研究方法 ………………………………………………………………… 146
        9.1.1 物种丰富度的空间相关性 ……………………………………… 146
        9.1.2 LISA 空间移动分析 …………………………………………… 148
        9.1.3 空间马尔可夫链 ………………………………………………… 150
        9.1.4 群落发育阶段的划分 …………………………………………… 153
    9.2 物种丰富度空间自相关 ………………………………………………… 153
        9.2.1 全局自相关 ……………………………………………………… 153
        9.2.2 局域自相关 ……………………………………………………… 155
    9.3 时间路径几何特征 ……………………………………………………… 156
        9.3.1 移动长度 ………………………………………………………… 156
        9.3.2 弯曲度 …………………………………………………………… 156
        9.3.3 移动方向 ………………………………………………………… 157
    9.4 物种丰富度的时空演变 ………………………………………………… 159
        9.4.1 传统转移特征 …………………………………………………… 159
        9.4.2 空间转移特征 …………………………………………………… 161
        9.4.3 显著性检验 ……………………………………………………… 162
        9.4.4 平稳分布 ………………………………………………………… 162
    9.5 小 结 ………………………………………………………………… 163
        9.5.1 物种丰富度的空间自相关性 …………………………………… 164

9.5.2 物种丰富度的时间路径几何特征 …………………………………… 164

9.5.3 物种丰富度的时空演进特征 …………………………………………… 165

第 10 章 卫星样地森林群落数量特征 …………………………………… 167

10.1 数据处理 …………………………………………………………………… 167
10.1.1 多样性的计算 ………………………………………………………… 167
10.1.2 群落结构的计算 ……………………………………………………… 167

10.2 卫星样地布局与生境 …………………………………………………… 168

10.3 物种组成与数量特征 …………………………………………………… 171
10.3.1 科、属、种统计 ……………………………………………………… 171
10.3.2 生活型统计 …………………………………………………………… 172
10.3.3 多样性特征 …………………………………………………………… 173
10.3.4 蓄积量分析 …………………………………………………………… 175

10.4 群落结构 …………………………………………………………………… 176
10.4.1 垂直结构 ……………………………………………………………… 176
10.4.2 径级结构 ……………………………………………………………… 177

10.5 卫星样地的珍稀濒危植物动态 ………………………………………… 179
10.5.1 珍稀濒危植物的物种组成 …………………………………………… 179
10.5.2 珍稀濒危植物的年龄结构 …………………………………………… 180

10.6 小 结 …………………………………………………………………… 182

第 11 章 生物多样性空间计量生态学模型 ……………………………… 183

11.1 基本原理与模型构建 …………………………………………………… 184
11.1.1 基本原理 ……………………………………………………………… 184
11.1.2 空间面板数据 ………………………………………………………… 184
11.1.3 空间计量模型 ………………………………………………………… 185
11.1.4 模型构建的基本步骤 ………………………………………………… 187
11.1.5 数据整理与分析 ……………………………………………………… 189

11.2 物种丰富度空间关联性检验 …………………………………………… 190

11.3 空间横截面计量分析 …………………………………………………… 191

11.4 静态空间面板计量分析 ………………………………………………… 193

11.5 动态空间面板计量分析 ………………………………………………… 195

  11.6 小 结 …………………………………………………………………… 196

第12章 景观格局与尺度效应分析 ……………………………………… 198

  12.1 研究方法 …………………………………………………………… 199

    12.1.1 景观要素类型的划分 …………………………………………… 199

    12.1.2 景观指数选择与计算公式 ……………………………………… 200

    12.1.3 数据分析 ………………………………………………………… 208

  12.2 景观格局粒度效应 ………………………………………………… 208

    12.2.1 景观的组成与结构特征 ………………………………………… 208

    12.2.2 景观斑块特征的粒度效应 ……………………………………… 211

    12.2.3 景观异质性的粒度效应 ………………………………………… 214

  12.3 景观格局的幅度效应 ……………………………………………… 216

    12.3.1 景观数量特征的幅度效应 ……………………………………… 216

    12.3.2 景观类型水平的幅度效应 ……………………………………… 219

    12.3.3 景观水平指数的幅度效应 ……………………………………… 222

  12.4 小 结 …………………………………………………………… 224

参考文献 ……………………………………………………………………………… 226

第1章
大型森林长期固定监测样地概论

森林生物多样性（forest biodiversity）是生物多样性的重要组成部分，它不仅为人类提供木材、药材以及各种生物工业原料，同时还具有调节气候、固碳释氧、净化水质、涵养水源、保持水土等环境功能。森林生物多样性的丧失将严重威胁人类的福祉（Hooper et al., 2012）。因此，森林多样性的变化及效应一直受到国内外学者、政府和公众的高度关注，并纷纷开展各种监测工作（米湘成 等，2016）。

森林生物多样性监测（forest biodiversity monitoring）是指从基因、个体、种群、群落、生态系统、景观等层次，对特定区域生物多样性组成结构、资源质量状况、环境要素及其相互作用过程等进行持续或定期的测量与评估（米湘成 等，2016），以揭示森林生物多样性长期变化过程，发现引起森林变化的原因与作用机制，预测评价这些变化造成的潜在影响，从而为森林生物多样性保护与林业资源的科学管理提供依据。

近年来，我国经济建设伟大成就举世瞩目，林业发展成绩斐然，森林面积和蓄积量都实现了连续双增长，但我们依然是一个缺林少绿的国家，总量不足、质量不高、分布不均的状况仍然存在，森林功能脆弱、生态供给短缺依然是制约社会可持续发展的突出问题（国家林业和草原局，2019）。因此，保护森林生物多样性、提高森林生态系统功能是新时代林业的基本任务。为推动中国森林生物多样性监测和分析方法的标准化进程，2004年中国科学院生物多样性委员会开始建设以大型森林动态样地为主的中国森林生物多样性监测网络，旨在全国尺度上研究不同典型地带性森林的生物多样性维持机制，监测森林生物多样性变化并阐明其机理，研究生物多样性变化的效应。同时，对国家重大生态保护工程的生物多样性保护效果进行有效性监测和验证性监测。生物多样性监测可为生物多样性保护提供基础信息，为自然资源持续管理提供科学依据。大型森林长期固定监测样地（简称"大样地"）是生物多样性监测与研究的重要平台。

江西省处于我国中亚热带东部，战略地位特殊、生态区位重要、生物种类丰富、生物区系复杂、生态系统多样、生态景观秀美、环境承载力强，是我国森林资源最为丰富的省份之一，也是首批国家生态文明试验区之一。在江西省的重点林区、关键生态区建立森林动态监测样地并进行生物多样性研究是十分必要的，也是对全国森林生物多样性监测网络的补充和完善。同时，为生物多样性监测贡献江西智慧，推动全国生物多样性监测与保护水平提升。

本章重点阐述了大样地的概念、特点，介绍了国内外大样地建设与研究情况，介绍官山大样地的特殊性、重要性和主要监测与研究内容，并构建全书的内容框架。

1.1 大样地

1.1.1 大样地的概念

大样地是根据特定的认识目的，在特定区域选择具有代表性的天然林或人工林、标定一个较大范围、安装长期定位观测设施的地块。

当前，以大样地为主的森林生物多样性监测受到了国内外学者的青睐，成为森林群落组成与生物多样性研究的重要平台。通过长期监测，积累丰富的生物多样性信息，一方面，能够掌握森林资源现状和动态变化，为森林资源经营提供科学依据；另一方面，可以了解森林生态系统结构和物种组成关系、物种共存机制、稀有种生境需求等诸多问题，有利于研判环境变化和人为干扰对生物多样性的影响，预测森林生物多样性变化对生态环境的影响。

1.1.2 大样地的特点

森林生物多样性监测是为了更清晰认识大样地的特点，这里将之与森林资源连续清查固定样地（简称"连清样地"）和临时样地进行比较（表 1-1）。

表 1-1　大样地、连清样地和临时样地的比较

项　目	大样地	连清样地	临时样地
特　点	针对典型林分；固定性、面积大、指标多、精度高、周期长	针对一定区域；固定性、数量多、指标单一、周期长	针对林分或区域；临时性、一次性、机动灵活
优　点	可从微观上解释资源变化与功能的形成机制	可测算一定区域的森林资源消长变化	可根据研究目的，随意变更位置、面积与调查内容
缺　点	投入大、成本高、技术要求高，在一个地区，难以建立多个大样地；无法满足重复性需求	监测内容有限，很难从生物生态学层次上进行资源消长的解释	只是一个时间断面的现状，难以反映森林消长变化及原因

与连清样地和临时样地相比，大样地的特点归纳为"博、大、精、深"四个方面：

博——内容广博，要素齐全。监测内容广博、测量指标多样。对样地内植物、动物、微生物等生物要素，光、温、水、土、气等环境要素，以及生物量、生产力、种子雨、凋落物分解等生态过程指标，进行长期定位观测与研究。监测内容的广博，可以保证认

识的全面性与系统性。

大——规模宏大，数据量大。规模宏大是大样地的最主要特征，面积通常为 10~50hm²，大小与森林经营管理的林班相当，也是多数动物的活动范围，是森林的特征尺度。面积足够大才能保证获得足够的动植物样本、生态过程样本，以满足统计学需要；保证涵盖足够多的生境类型，可反映动植物生态学特征；保证足够的空间距离，探讨种群扩张、种子传播等的空间过程。样地的大型性保证了森林的实体性、生态系统的完整性。

精——位置精准，数据精确。样地位置、植株位置固定和植株身份确定性。样地的四个角和网格全部都安装固定标桩。对所有胸径大于 1cm 的植株都进行定位、测量、挂牌、鉴定，每棵植株的出生死亡时间确定，为时空格局与生态过程的精准量化与生态恢复的精细操作提供了保证。同时，所有的样地都按同样规程建立，为全国大样地联网研究提供便利。

深——钩深致远，成果深刻。通过长期定位监测与研究，可以深入地、系统地认识森林。深入认识是指从宏观到微观、从现象到机制；系统认识是指从不同层次、不同环节和各种关系中认识，从局部到总体上认识森林，克服普通样地的片面性、表观性和局部性，从而获得"博大精深"的研究成果。

为了克服大样地建设成本高、难以重复的缺点。一般在大型样地建设时，多采用"一大多小""一主多辅"的卫星模式，从而形成大样地体系。如今大样地已成为国际科研领域研究和揭示生态系统的结构与功能变化规律而采用的最重要和最有效的手段，是认识生态系统化学物质循环和能量平衡过程不可替代的研究方法（罗佳 等，2013）。

1.2 大样地建设进展

1.2.1 大样地建设与空间分布

1.2.1.1 国际现状

尽管大样地建设需要大量人力、物力和财力的支持，但是由于科学发展的内生需求、社会需求和经济发展，现在世界各地陆陆续续建立了一批大样地。其中以美国史密森研究院热带森林研究所（Smithsonian Tropical Research Institute）的热带森林科学研究中心（Center for Tropical Forest Science，CTFS）的监测网络最具代表性（马克平，2017）。自从 1980 年热带森林科学研究中心在巴拿马巴罗科罗拉多岛（Barro Colorado Island）建立第一个 50hm² 森林监测大样地开始（Condit et al.，1996），采用建设长期动态大样地手段，已成为森林生态学研究的基本方法和热点领域。

至今，全世界共有大样地 69 个，遍及世界六大洲。按照林分的生态类型可将其分为10种类型,其中以热带雨林为研究对象的大样地数量最多(24个),其次是热带山地系统、亚热带湿润林和温带大陆森林,大样地数量依次为12个、11个和10个,其他林分类型的样地数较少(表1-2、表1-3)。热带雨林和亚热带常绿阔叶林为研究对象的样地数量较多,可能与以下的原因相关:①热带和亚热带地区的物种多样性较高;②热带地区和亚热带地区的发展中国家较多,在发展的道路上客观地牺牲了森林部分生态、社会服务等功能。从样地的分布区来看,亚洲建立的样地数最多31个,占45%,远高于第2位的北美洲(16个)(图1-1)。

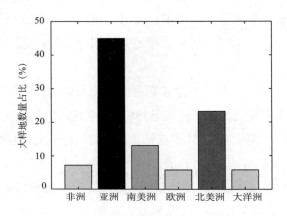

图1-1　世界大样地分布统计

表1-2　国际大样地监测的森林类型与样地数量

森林类型	样地数(个)	样地面积(hm^2)
北方苔原林地	1	21.00
温带大陆性森林	10	221.26
温带海洋性森林	3	70.00
亚热带干旱森林	1	16.00
亚热带山地系统	2	45.00
亚热带湿润森林	11	255.88
热带干旱森林	1	50.00
热带山地系统	12	399.01
热带湿润落叶林	4	129.00
热带雨林	24	625.94
总　计	69	1833.09

表1-3 世界大样地分布格局

样地名称	森林类型	样地面积（hm²）	纬度（°）	经度（°）
Scotty Creek	北方苔原林地	21.00	61.30	−121.30
University of California Santa Cruz	亚热带干旱森林	16.00	37.01	−122.08
Nanrenshan	亚热带湿润森林	5.88	22.06	120.86
Fushan Forest	亚热带湿润森林	25.00	24.76	121.56
Dinghushan	亚热带湿润森林	20.00	23.17	112.51
Gutianshan Forest	亚热带湿润森林	24.00	29.25	118.12
Lienhuachih	亚热带湿润森林	25.00	23.91	120.88
Tiantongshan Forest	亚热带湿润森林	20.00	29.81	121.78
Nonggang	亚热带湿润森林	15.00	22.43	106.95
Badagongshan	亚热带湿润森林	25.00	29.39	110.09
Hong Kong Forest	亚热带湿润森林	21.00	22.43	114.18
Heishiding	亚热带湿润森林	50.00	23.27	111.53
Baishanzu Forest	亚热带湿润森林	25.00	27.76	119.20
Baotianman forest	亚热带山地系统	25.00	33.49	111.94
Ailaoshan	亚热带山地系统	20.00	24.54	101.03
Changbaishan Forest	温带大陆性森林	25.00	42.38	128.08
Haliburton Forest	温带大陆性森林	13.50	45.29	−78.64
Wabikon	温带大陆性森林	25.60	45.55	−88.79
Yosemite	温带大陆性森林	25.60	37.77	−119.82
Dahurian larch	温带大陆性森林	25.00	51.82	123.00
Tyson Research Center	温带大陆性森林	20.00	38.52	−90.56
Lilly Dickey Woods	温带大陆性森林	25.00	39.24	−86.22
Michigan Big Woods	温带大陆性森林	23.00	42.47	−84.00
Niobrara	温带大陆性森林	20.16	42.78	−100.02
Indian Cave	温带大陆性森林	18.40	40.25	−95.54
Wytham Woods	温带海洋性森林	18.00	51.77	−1.34
Speulderbos forest	温带海洋性森林	27.00	52.52	5.70
Traunstein Forest	温带海洋性森林	25.00	47.94	12.67
Mudumalai	热带干旱森林	50.00	11.60	76.53
Rarro colorado	热带湿润落叶林	50.00	9.15	−79.85
Huai Kha Khaeng（HKK）	热带湿润落叶林	50.00	15.63	99.22
Cocoli	热带湿润落叶林	4.00	8.99	−79.62
Bidoup	热带湿润落叶林	25.00	12.17	108.19
Doi Inthanon	热带山地生态系统	15.00	18.58	98.43
La Planada Forest Dynamics Plot	热带山地生态系统	25.00	1.16	−77.99

续表

样地名称	森林类型	样地面积（hm²）	纬度（°）	经度（°）
Smithsonian Environmental Research Center	热带山地生态系统	20.07	38.89	−76.56
Smithsonian Conservation Biology Institute	热带山地生态系统	25.60	38.89	−78.15
Donglingshan Forest	热带山地生态系统	20.00	39.96	115.43
Wind River	热带山地生态系统	27.20	45.82	−121.96
Harvard Forest	热带山地生态系统	35.00	42.54	−72.18
Mpala	热带山地生态系统	120.00	0.29	36.88
Hainan Jianfengling	热带山地生态系统	60.00	18.73	108.90
Zofin Forest	热带山地生态系统	25.00	48.66	14.71
University of Maryland, Baltimore County	热带山地生态系统	12.50	35.25	−76.71
Utah	热带山地生态系统	13.64	37.66	−112.85
Pasoh	热带雨林	50.00	2.89	102.31
Lambir Hills	热带雨林	52.00	4.19	114.02
Luquillo	热带雨林	16.00	18.33	65.69
Sinharaja	热带雨林	25.00	6.40	80.40
Bukit Timah	热带雨林	4.00	1.35	103.78
Ituri	热带雨林	40.00	1.44	28.58
Palanan Permanent	热带雨林	16.00	17.04	122.39
Yasuní	热带雨林	50.00	−0.69	−76.40
San Lorenzo	热带雨林	5.96	9.28	−79.97
Korup	热带雨林	50.00	5.07	8.85
Mo Singto	热带雨林	30.50	14.43	101.35
Khao Chong	热带雨林	24.00	7.54	99.80
Manaus	热带雨林	25.00	−2.44	−59.79
Amacayacu	热带雨林	25.00	−3.81	−70.27
Xishuangbanna	热带雨林	20.00	21.61	101.57
Palamanui	热带雨林	4.00	19.74	−155.99
Laupahoehoe	热带雨林	4.00	19.93	−155.29
Kuala Belalong	热带雨林	25.00	4.54	115.15
Ilha do Cardoso	热带雨林	10.20	−25.10	−47.96
Wanang	热带雨林	50.00	−5.75	145.27
Rabi	热带雨林	25.00	−1.92	9.88
Danum Valley	热带雨林	50.00	5.10	117.69
Ngel Nyaki	热带雨林	20.28	7.07	11.06
Ngardok	热带雨林	4.00	7.51	134.61

注：纬度中北纬为正数，南纬为负数；经度中东经为正数，西经为负数。

1.2.1.2 国内大样地建设

2004 年，中国科学院生物多样性委员会建立中国森林生物多样性监测网络（Chinese Forest Biodiversity Monitoring Network，CForBio）。借鉴 CTFS 大样地建设的思路和方法，分别在长白山、鼎湖山建立 1~5hm^2 的辅助样地，开启了大样地建设与研究的序幕。

至今，由中国科学院组建的中国生态系统研究网络（CERN）、国家林业和草原局建立的中国森林生态系统研究网络（CFERN）及相关大学已建成大样地 36 个（表 1-4）。涉及中国科学院植物研究所、沈阳应用生态研究所、华南植物园、广西植物研究所、浙江师范大学、华东师范大学、东北林业大学及浙江古田山国家级自然保护区、广西弄岗国家级自然保护区等 251 个研究机构。

表 1-4 国内大样地类型与分布

样地名称	样地气候带分布类型	样地面积（hm^2）	纬度 N(°)	经度 E(°)
青海祁连山青海云杉动态监测样地	青海高原高寒植被	10.20	38.16	100.13
新疆天山雪岭云杉森林 8hm^2 动态监测样地	温带荒漠	8	43.14	87.07
黑龙江大兴安岭兴安落叶松林样地	寒温带针叶林	25	51.82	123.00
黑龙江小兴安岭丰林阔叶红松林样地	温带针阔混交林	30	48.08	129.12
黑龙江小兴安岭凉水典型阔叶红松林样地	温带针阔混交林	9	47.18	128.88
黑龙江帽儿山	温带针阔混交林	1	45.21	127.3
黑龙江穆棱东北红豆杉林样地	温带针阔混交林	25	43.95	130.07
吉林蛟河 42hm^2 针阔混交林样地	温带针阔混交林	42	43.57	127.44
黑龙江长白山阔叶红松林样地	温带针阔混交林	25	42.38	128.08
北京东灵山暖温带落叶阔叶林样地	暖温带落叶阔叶林	20	39.96	115.43
山西太岳山林草湿生态综合监测森林样地	暖温带落叶阔叶林	4	36.21	111.51
山西关帝山云杉次生林固定样地	暖温带落叶阔叶林	4	37.45	111.22
安徽黄山小岭脚样地	亚热带常绿阔叶林	10.24	30.08	118.06
浙江百山祖	亚热带常绿阔叶林	25	27.76	19.20
福建武夷山常绿阔叶林监测样地	亚热带常绿阔叶林	1.44	27.35	117.45
江西官山 12hm^2 常绿阔叶林监测固定样地	亚热带常绿阔叶林	12	8.33	114.34
江西阳际峰常绿阔叶林样地	亚热带常绿阔叶林	25	27.51	117.11
台湾福山	亚热带常绿阔叶林	25	24.76	121.56
台湾莲花池	亚热带常绿阔叶林	25	23.91	120.88
河南宝天曼暖温带落叶阔叶林样地	亚热带常绿阔叶林	25	33.49	111.94
陕西温带-亚热带过渡区秦岭落叶阔叶林样地	亚热带常绿阔叶林	25	33.69	107.82
湖北木林子常绿落叶阔叶混交林大样地	亚热带常绿阔叶林	15	29.56	109.60
湖北金子山常绿落叶阔叶混交林大样地	亚热带常绿阔叶林	6	30.17	109.02

续表

样地名称	样地气候带分布类型	样地面积（hm²）	纬度 N(°)	经度 E(°)
湖南八大公山中亚热带山地常绿落叶阔叶混交林样地	亚热带常绿阔叶林	25	29.39	110.09
浙江天童亚热带常绿阔叶林样地	亚热带常绿阔叶林	20	29.81	121.78
浙江古田山亚热带常绿落叶林样地	亚热带常绿阔叶林	24	29.25	118.12
云南玉龙雪山寒温性云冷杉林样地	亚热带常绿阔叶林	25	27.14	100.23
云南哀牢山亚热带常绿阔叶林样地	亚热带常绿阔叶林	20	24.54	101.03
广西木论喀斯特常绿落叶阔叶混交林样地	亚热带常绿阔叶林	25	25.13	108.00
广东鼎湖山南亚热带常绿阔叶林样地	亚热带常绿阔叶林	20	23.17	112.51
广东黑石顶	亚热带常绿阔叶林	50	23.27	111.53
香港大埔滘	热带雨林	21	22.42	114.18
台湾南仁山	热带雨林	5.88	22.06	120.86
广西弄岗喀斯特季节性雨林样地	热带雨林	15	22.43	106.95
云南西双版纳热带雨林样地	热带雨林	20	21.61	101.57
海南尖峰岭热带雨林样地	热带雨林	60	18.73	108.90

按照林分的生态类型可将其分为6种林分类型，主要为亚热带常绿阔叶林（19个），超过大样地总数的一半，其他林分类型的样地数较少。从样地的分布区来看，华东地区建立的样地数最多，达到10个，占27.78%，其次是东北和华南地区，分别有7个和6个样地，其中，华南地区的大样地面积最大，为191.00hm²（表1-5）。

表1-5 国内大样地林分类型与空间分布

林分类型	样地数量	占比（%）	面积（hm²）	地区	样地数量	占比（%）	面积（hm²）
寒温带针叶林	1	2.78	25.00	东北	7	19.44	157.00
青海高原高寒植被	1	2.78	10.20	华北	3	8.33	28.00
温带荒漠区	1	2.78	8.00	华东	10	27.78	173.56
温带针阔混交林	6	16.67	132.00	华南	6	16.67	191.00
暖温带落叶阔叶林	3	8.33	28.00	华中	4	11.11	71.00
亚热带常绿阔叶林	19	52.78	403.68	西南	3	8.33	65.00
热带雨林	5	13.89	121.88	西北	3	8.33	43.20
合计	36	—	728.76	合计	36	—	728.76

1.2.2　研究热点与进展

1.2.2.1　国际研究热点

1990—2020年这30年间的675篇相关领域文章共包含了3255个关键词，根据重复性及无关性筛选，其中频次前十的关键词分别是多样性、热带雨林、生长、格局、死亡率、分布、功能性状、出生、树木、群落。

将之分成三个阶段看,1990—2000年,共出现211个关键词,其中巴拿马、巴西亚马逊、马来西亚、种子传播、物种共存、边际效应、干旱等关键词出现频次最多;2001—2010年期间,共出现255个关键词,其中空间格局、β多样性、丰富度、密度制约、中性理论、全球变化、碳储藏、藤本、亚热带森林、生境相关性等关键词频次较高;2011—2020年,共有328个关键词,其中功能性状、生物多样性、地上生物量、土壤养分、温带森林、负密度制约、碳固定、生境异质性、气候变化、土壤养分、激光雷达、全球森林地面观测站等关键词频次较高,其中在2016—2020年期间,碳密度、氮、种子捕食、环境异质性、激光雷达出现频次增加显著。

1.2.2.2 国内研究热点

虽然国内研究成果不全以中文形式发表,但对中文论文计量分析也反映国内大样地的研究情况。通过对307篇发现,阔叶红松林、物种组成、径级结构、常绿阔叶林、群落结构、空间分布、古田山、物种多样性、喀斯特季节性雨林、长白山为计量频次前10的关键词。

我国大样地建设起步较晚,将2005—2020年这15年分成三个阶段。2005—2010年,主要关键词是长白山、小兴安岭、鼎湖山、西双版纳、植物组成、空间格局、点格局分析、空间关联、同属共存、种子雨、区系分析等关键词频次较高;2011—2015年,功能性状、密度制约、群落结构、红外相机、叶面积指数、凋落物法、功能性状、喀斯特季节性雨林、区系组成和分布、冰雪灾害、东灵山、地形等关键词频次较高;2016—2020年,喀斯特季节性雨林、尖峰岭、生境异质性、点格局等关键词频次较高。

不论国际国内,大型固定样地关注的核心问题是:物种共存机制,包括中性理论、扩散理论、生态位理论、密度制约等。一般前期阶段的研究多集中在群落物种组成和结构、树木空间分布格局等方面,并开始探究扩散限制和生境异质性等在森林生物多样性维持机制中的贡献。接着,随着研究的深入开展,不断有新的科学问题提出,研究热点也发生了相应的改变。近些年开展了大量有关功能性状和树木生长、系统发育以及密度制约等方面的研究,为揭示群落构建机制提供了丰富的理论依据。此外,动物多样性和微生物多样性研究也逐渐成为新的研究热点。监测技术上开始采用无人机激光雷达、红外机制等技术。以大型固定样地为主的森林生物多样性监测能为了解生物多样性的变化及其影响,理解物种共存机制等提供详细的数据。CForBio从建立之初以植物群落生态学研究为主,正逐步发展为多学科交叉的生物多样性科学综合研究平台。伴随CForBio研究体系的逐步完善和研究方案不断优化,近些年论文发表数量迅速增长,CForBio的建设为我国森林生物多样性监测研究做出了重要贡献。

1.3　官山大样地监测体系

1.3.1　大样地及卫星样地

2014年4月在国家财政部、环保部"全国生物多样性野外监测示范基地修缮项目""江西官山国家级自然保护区能力建设项目"支持下，江西农业大学、生态环境部南京环境科学研究所、江西官山国家级自然保护区三家单位联合，在江西官山国家级自然保护区东河管理站正式启动"江西官山生物多样性野外监测基地"建设。2020年，官山大样地监测体系初步建成，包括12hm^{2}大样地和35个卫星样地建设，8间实验室、1个实验大棚、1个气象站。重点开展森林资源、生态系统组成结构、生态学过程及重点植物种群的监测与研究。

1.3.2　监测对象与研究内容

1.3.2.1　监测对象

①典型森林类型：次生常绿阔叶林、杉木（*Cunninghamia lanceolata*）林、马尾松（*Pinus massoniana*）林、毛竹（*Phyllostachys edulis*）林。

②珍稀植物群落：闽楠（*Phoebe bournei*）林、南方红豆杉（*Taxus wallichiana* var. *mairei*）林、毛红椿（*Toona ciliata*）林、穗花杉（*Amentotaxus argotaenia*）林、榧树（*Torreya grandis*）林、长柄双花木（*Disanthus cercidifolius* subsp. *longipes*）林。

1.3.2.2　研究内容

充分利用大样地及卫星样地群平台，开展以下内容的监测与研究：

①亚热带常绿阔叶林群落组成及生物多样性变化；

②亚热带主要森林资源生产力形成与维持机制；

③亚热带次生常绿阔叶林植物—动物—微生物—环境相互作用过程；

④保护区竹类植物扩张过程、机制与危害及其管控方法；

⑤南方人工杉木林阔叶化过程与生态功能评价；

⑥亚热带次生林藤本植物危害及防控措施；

⑦亚热带珍稀植物濒危机制与保护策略；

⑧亚热带森林生态系统生态服务功能评价。

通过对官山大样地及卫星样地的定期测量，长期监测森林物种组成及生物多样性的动态变化，来更好地了解森林生物多样性形成与维持机制。

1.3.3 官山大样地体系的建设意义

1.3.3.1 全国重点监测网点

中国地域广阔,森林类型多样,拥有各类针叶林、针阔混交林、落叶阔叶林、常绿阔叶林和热带雨林及其各种次生类型。根据《中国植被》对天然乔灌林的分类体系,我国有森林 210 个群系、竹林 36 个群系、灌林与灌丛 94 个群系,还拥有许多人工栽培营造的用材林、防护林、经济林和农林复合生态类型,从而更加丰富了生态系统类型多样性。这些林分类型都是生物多样性的保护对象,也都在生态建设中有着不可替代的作用。因此,建立官山大样地,是对中国森林生物多样性监测网络的丰富和完善,可以更加系统地掌握我国森林生物多样性变化的总体格局。

1.3.3.2 服务地方生态建设

江西地处中亚热带东部,长江中游南岸,属亚热带季风湿润气候,气候温暖湿润,雨量充沛,光照充足,四季分明。拥有丰富森林资源,素有"江南木竹之乡"的美称,是国家木材战略储备基地省份之一。第九次森林资源调查表明,全省森林覆盖率 61.16%、森林蓄积量 5.0 亿 m^3。2016 年 8 月,江西省被纳入首批国家生态文明试验区,肩负起"探索形成可在全国复制推广的成功经验"的重任。站在新的历史起点,江西省开启了生态文明建设的新时代,推进生态文明试验区建设,探索具有江西特色的绿色发展新路,实现经济社会发展与生态文明建设相互促进,实践"绿水青山就是金山银山"的战略思想。明确把"绿色崛起"作为江西发展的最佳路径。官山大样地监测体系,作为国家生态环境保护建立的第一批森林大样地,它的建成及随后的监测研究,对充分认识亚热带地区主要树种的生物生态学习性、森林更新与演替规律,揭示森林资源变化与生态服务功能形成的内在机制,为地方或区域森林资源培育、生态系统管理、生态环境保护与自然保护区管理提供科学参考,将为亚热带森林生态系统功能的评价提供技术支撑,也为濒危物种保护和提高自然保护区管理水平提供依据。

1.3.3.3 培养专业技术人才

监测的成败关键在人才,然而生物多样性监测与研究是一个新鲜事物,工作涉及面广、专业性强,涵盖分类学(植物、动物、微生物)、林学、自然保护区学、生态学、数据分析等专业,而且工作辛苦。因此不论是国家层面,还是自然保护区层面,这方面人才储备不多,大学生、研究生较少,严重制约了森林生物多样性的监测效果。在大样地建设与监测过程中,通过开展专题培训和现场实践锻炼,不但培养了本科生和研究生,而且也为官山保护区培养了专业人才,形成了一支训练有素的生物多样性监测工作团队。另外,通过交流和观摩,官山大样地体系建设及生物多样性监测技术,被推广给其他保护区,促进了当地生物多样性的监测、保护与管理。

第2章
研究区概况与样地建设

2.1 研究区概况

2.1.1 地理区位

官山保护区位于赣西北九岭山脉西段的宜丰、铜鼓两县境内。九岭山是江西省西北部东北—西南走向的一个相对独立的山脉，与幕阜山平行，二者共同组成长江中游江西鄱阳湖平原、湖北江汉平原和湖南洞庭湖平原等三大平原之间的"生态孤岛"。

官山保护区是该"生态孤岛"的核心，地理坐标为28°30′~28°40′N、114°29′~114°45′E，总面积11500.5hm^2。它在江西省生物多样性保护、全国生物多样性保护，具有明显的地理区位重要性，对于我国履行《生物多样性公约》等国际公约具有十分重要的意义。

2.1.2 气候条件

官山保护区地处东亚季风区，受季风影响十分明显，属于中亚热温暖湿润气候区。具有四季分明、光照充足、无霜期长的特点。境内小气候较为明显，夏无酷热，冬无严寒，基本上雨热同季，有利于各种植物生长，生长期长达328天。保护区内气候类型多样，随海拔的变化气候差异极大。

官山大样地所在的东河管理站附近，年平均太阳辐射总量为283.3J/cm^2，年平均气温为16.2℃，7月平均气温为26.1℃，1月平均气温为4.5℃，年均降水量为1950~2100mm，年最大降水量高达2980mm，年最小降水量为1460mm。

2.1.3 地形地貌

官山保护区在大地构造背景上地处江西两大构造单元——扬子古板块与华南古板块结合带的北部，属"江南古陆"的组成部分，属内陆山地地貌，区内地形复杂，山体纵横交错，绵延起伏，最高海拔为麻姑尖1480m，最低海拔为200m。海拔千米以上的山峰有30多座，大部分地区坡度为30°左右，坡度对应的面积基本呈正态分布，最大坡度出现在海拔500~800m之间。

官山保护区地表水系发育充分，自成水系。大小河流呈树枝状、扇形或梳齿状向外分布，无外来水流，年均径流总量$1.31\times10^8m^3$。南坡河流汇入赣江的支流——锦江，北坡的河流汇入修水的源头——定江河。赣江和修水都是长江流域鄱阳湖水系的五大河流之一。因此，官山保护区对下游水资源环境供给具有重要意义。

2.1.4 生物多样性

中亚热带暖温湿润东南季风气候、独特的地理位置和复杂多变的地貌特征，为各种野生动植物的栖息、繁衍提供了多种生境，形成了丰富的物种多样性和遗传多样性。

2.1.4.1 动物多样性

官山保护区内已查明有脊椎动物35目122科371种，其中哺乳类8目22科39种，鸟类18目61科201种，爬行类2目20科67种，两栖类2目9科34种，鱼类5目10科30种，昆虫1894种。同时，区内有60种国家重点保护野生动物，尤其是我国特有的、世界近危物种白颈长尾雉，野生外种群数量占全国野生种群数量的2%~10%。

2.1.4.2 植物多样性

官山保护区不但种类资源丰富，而且还具有明显的过渡性、古老性和稀有性。高等植物有2679种，其中被子植物158科824属2148种，裸子植物6科13属19种，蕨类植物26科71属224种，苔藓植物72科139属288种；大型真菌11目33科132种。这里是中国东南部中亚热带南北物种的过渡带，也是我国东、西物种的"跳板"。因此官山保护区是华东与华中、华南、西南的交汇带，从而形成了该区系热带地理成分和温带地理成分相互"混杂"的特征。

官山保护区内有62种国家珍稀濒危保护植物，有国家重点保护野生植物62种，如南方红豆杉、银杏、霍山石斛等3种国家一级重点保护野生植物，闽楠、伯乐树、毛红椿、榉树等59种国家二级重点保护野生植物。尤其是小西坑的穗花杉林，沿沟谷"走廊"式分布，树龄从几年到400多年不等，天然更新良好；将军洞分布有面积$13hm^2$的长柄双花木林，大坳坑分布有面积$7hm^2$的银钟花群落，种群数量之多和树冠之大列江西第一，全国罕见。

2.1.4.3 群落多样性

官山保护区在中国植被区划中所处的位置是：Ⅳ亚热带常绿阔叶林区域→ⅣA东部（湿润）常绿阔叶林亚区域→ⅣAii中亚热带常绿阔叶林地带→ⅣAiia中亚热带常绿阔叶林北部亚地带→ⅣAiia-4湘赣丘陵、栽培植被、青冈、栲类林区。

官山保护区内森林茂密，森林覆盖率达93.8%，原生性的中亚热带常绿阔叶林和针阔混交林随处可见。根据中国植被分类系统，将保护区的植被类型归纳为5个植被型组11个植被型60个群系，主要森林群系为甜槠（*Castanopsis eyrei*）林、米槠（*Castanopsis carlesii*）林、钩锥（*Castanopsis tibetana*）林、栲树（*Castanopsis fargesii*）林、苦槠（*Castanopsis sclerophylla*）林、青冈（*Quercus glauca*）林、细叶青冈（*Quercus shennongii*）林、乐昌含笑（*Michelia chapensis*）林、巴东木莲（*Manglietia patungensis*）林、日本杜英（*Elaeocarpus japonicus*）林、杜英（*Elaeocarpus decipiens*）林、麻栎（*Quercus acutissima*）林、水青冈（*Fagus longipetiolata*）林、赤杨叶（*Alniphyllum fortunei*）林、枫香树（*Liquidambar formosana*）林、锥栗（*Castanea henryi*）林、三峡槭（*Acer wilsonii*）林、毛红椿林、银钟花（*Perkinsiodendron macgregorii*）林、南方红豆杉林、穗花杉林、榧树林、长柄双花木林、马尾松林、毛竹林、杉木林。森林质量较高，其单位面积蓄积量为 70~500m^3/hm^2，总林分蓄积量高达 80 万 m^3。

总之，官山保护区凭借所处的特殊地理位置，独特的地貌特征，古老的植物区系和丰富的植物群落以及典型的原生性中亚热带常绿阔叶林和完整的自然森林生态系统成为天然"基因库"，能够保存许多物种和各种类型的生态系统，为高等院校、科研院所的专家学者提供研究自然生态系统的场所；是进行生态研究的天然"实验室"，便于研究者进行连续、系统的长期观测，以及珍稀物种的繁殖、驯化的研究等；同时，这里也是宣传教育的"自然博物馆"。让社会了解自然，传播自然科学知识，增强热爱自然、保护自然的意识。官山保护区的建设和发展对于长江中游地区的生态安全，保存和发展白颈长尾雉等珍稀动植物种群，完善九岭山生态保护体系，改善生态环境等方面具有重要的战略意义。

2.2 样地设置

2.2.1 样地选择

2014 年，以长期定位观测亚热带次生常绿阔叶林恢复与保护为出发点，根据代表性、典型性、可行性等原则，经过多地详细踏查和综合研判，在官山保护区东河管理站龙坑，选择典型次生常绿阔叶林建立永久性监测大样地。

2.2.2 地形测量

参照 CTFS 样地建设标准，参考 1∶5000 地形图和林相图，采用全站仪以明显地标为基点，向东向西、向南向北每隔 20m 为测点，同时兼顾各地形拐点（如山脊、山顶、山谷、山坳），测量各点的相对高差、测量方向、斜面距离等指标，直到南北长 400m，东西宽 300m 的 12hm^2 范围（图 2-1）。

将整个 12hm^2 样地划分成 300 个 20m×20m 的小样方（subplot），再用罗盘仪将

20m × 20m 小样方细分成 16 个 5m × 5m 的工作样方。小样方四个角先用 PVC 管做标记，后换成永久固定大理石标桩（8cm × 10cm × 70cm），标桩上刻有位置坐标；工作样方用 PVC 管做标记，最后用红色尼龙绳将整个样地栅格化，以便植物调查时对植株进行准确定位。同时，按照一定规律，对大样地的小样方和工作样方进行编号（图 2-2）。至此，整个大样地地形测量与分格基本完成。

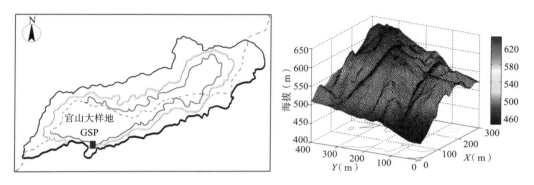

图 2-1 官山大样地地理位置与数据高程模型

0115	0215	0315	0415	0515	0615	0715	0815	0915	1015	1115	1215	1315	1415	1515	1615	1715	1815	1915	2015
0114	0214	0314	0414	0514	0614	0714	0814	0914	1014	1114	1214	1314	1414	1514	1614	1714	1814	1914	2014
0113	0213	0313	0413	0513	0613	0713	0813	0913	1013	1113	1213	1313	1413	1513	1613	1713	1813	1913	2013
0112	0212	0312	0412	0512	0612	0712	0812	0912	1012	1112	1212	1312	1412	1512	1612	1712	1812	1912	2012
0111	0211	0311	0411	0511	0611	0711	0811	0911	1011	1111	1211	1311	1411	1511	1611	1711	1811	1911	2011
0110	0210	0310	0410	0510	0610	0710	0810	0910	1010	1110	1210	1310	1410	1510	1610	1710	1810	1910	2010
0109	0209	0309	0409	0509	0609	0709	0809	0909	1009	1109	1209	1309	1409	1509	1609	1709	1809	1909	2009
0108	0208	0308	0408	0508	0608	0708	0808	0908	1008	1108	1208	1308	1408	1508	1608	1708	1808	1908	2008
0107	0207	0307	0407	0507	0607	0707	0807	0907	1007	1107	1207	1307	1407	1507	1607	1707	1807	1907	2007
0106	0206	0306	0406	0506	0606	0706	0806	0906	1006	1106	1206	1306	1406	1506	1606	1706	1806	1906	2006
0105	0205	0305	0405	0505	0605	0705	0805	0905	1005	1105	1205	1305	1405	1505	1605	1705	1805	1905	2005
0104	0204	0304	0404	0504	0604	0704	0804	0904	1004	1104	1204	1304	1404	1504	1604	1704	1804	1904	2004
0103	0203	0303	0403	0503	0603	0703	0803	0903	1003	1103	1203	1303	1403	1503	1603	1703	1803	1903	2003
0102	0202	0302	0402	0502	0602	0702	0802	0902	1002	1102	1202	1302	1402	1502	1602	1702	1802	1902	2002
0101	0201	0301	0401	0501	0601	0701	0801	0901	1001	1101	1201	1301	1401	1501	1601	1701	1801	1901	2001

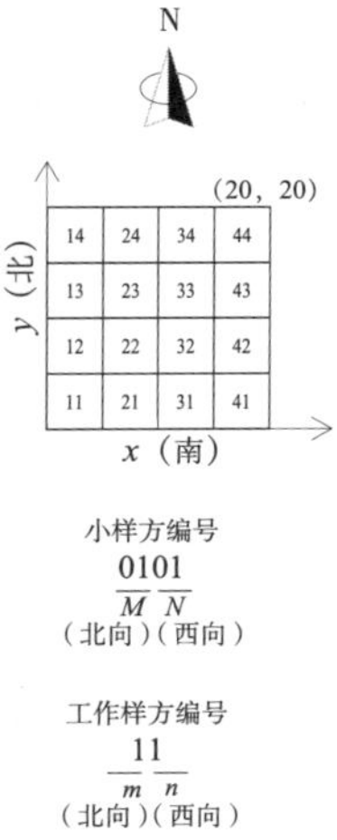

图 2-2 官山大样地的小样方与工作样方编号系统

注：根据官山样地地形特点，以样地的西南角为起点开始编号。以北向为 y 轴；小样方编号由 4 位数字组成，前 2 位为第 M 行（北向），后 2 位为第 N 列（西向）。向北走 20m 小样方编号 M+1，向西走 20m，N+1。同理，工作样方由 2 位数组成，前 1 位为 m，后 1 位为 n；向北走 5m，m+1，向西走 5m，n+1。

样地左下角（即西南角）地理坐标为 28°33′25″N、114°34′40″E。官山大样地南北走向，整个样地地形复杂，样地东北高，西南低，最高海拔 645.0m，最低海拔 444.1m，相对高差 200.9m，局部地段坡度在 60°以上（图 2-1）。

2.3 植物群落调查

2.3.1 树木调查

树木是指胸径≥1.0cm 木本植物。树木调查按以画胸径、挂树牌、量坐标、定物种、测属性等步骤。以 20m×20m 的小样方为调查单位，以 5m×5m 的工作样方为工作单元，记录植物的编号、树种名称、坐标、胸径、树高、冠幅、生长状况、受光条件等指标。

2.3.2 灌木调查

在每个 20m×20m 小样方中，固定选择 22 号（第 2 列，第 2 列）的 5m×5m 工作样方，调查胸径<1.0cm 的灌木层木本植物（含乔木幼苗、幼树和灌木物种），记录灌木层的总盖度、种名、高度、地径、冠幅、多度（株或丛）。

2.3.3 草本调查

在灌木调查工作样方中间，设定一个草本样方，样方大小 2m×2m，记录草本总盖度、种名、高度、多度（丛或株）、物种盖度等信息。

2.4 数据整理与数据库建设

2.4.1 调查数据的核对

用 Excel 电子表格建立数据库。主数据库包括树木编号、物种名称、树木在样地中的坐标以及在 5m×5m 的工作样方中的坐标（x, y）、胸径（DBH）、树高（H）、光照强度、树木生长状态、数据采集日期以及采集人员等。

2.4.2 数据库建设

植物种类统计就是编制一份完整的植物名录及属性数据库，它是群落研究的基础。高质量的数据库，可以提高大样地数据管理和分析水平，提供基础信息，为植物多样性保护及可持续利用奠定科学基础。项目组形成了大样地植物数据库，并与其他各单位进行了共享。统计样地内所有个体的所属的科、属,并附上学名。同时,为了方便海量数据的计算,给每个物种一个唯一的编码(ID 号),见图 2-3。

	A	B	C	D	E	F	G	H	I	J	K	L	M	N	O	P	Q	R	S	T	U
1	ID	20×20样方	5×5小样	物种	Tag 牌 号	枝号	DBH(cm)	H(m)	枝下高	X(m)	Y(m)	X	Y	东	西	南	北	状态	光照	长势	备注
2	010110	0101	11	枫香树	1	0	4.9	7.5	4.8	3.5	2.4	297.6	3.5					正常	1	3	
3	010120	0101	11	毛豹皮樟	2	0	8.9	8	2.1	3.5	2.2	297.8	3.5	2	0.5	0.4	0.3	正常	1	3	
4	010130	0101	11	杜鹃	3	0	1.8	2.5	0.5	2.8	1.75	298.25	2.8	0.5	0.5	0.5	0.5	正常	1	3	
5	010140	0101	11	木荷	4	0	2.1	2.6	0.7	2	2.15	297.85	2	1.5	1.6	1.3	0.8	正常	1	3	
6	010150	0101	11	红楠	5	0	7.5	6.5	1.5	2.25	2.95	297	2					断梢倒	1	2	
7	010151	0101	11	红楠	5	1	1.4	7	1.15	2.25	2.95	297.05	2.25	0.4	0.2	0.4	0.3	正常	1	1	病虫害
8	010152	0101	11	红楠	5	2	1.18	2.3	2	2.25	2.95	297.05	2.25	1	0	0.4	0.5	正常	1	1	病虫害
9	010160	0101	11	甜槠	6	0	5.2	5	1.25	1.9	4.76	295.24	1.9	2	1.2	1.5	0.4	倾斜	1	2	
10	010170	0101	11	宜昌荚蒾	7	0	2.3	4.1	3	4.3	0.17	299.83	4.3	0.5	0.5	1.2	0.2	正常	1	2	
11	0101880	0101	12	米槠	88	0	3	5.5	0.3	0.35	294.65	0.3	2	2	1.3			正常	1	3	
12	0101881	0101	12	米槠	88	1	2.45	5	0.28	0.35	294.65	0.28	1.5	2	1.5	0.3		正常	1	3	
13	0101882	0101	12	米槠	88	2	2.3	4.5	0.28	0.35	294.65	0.28					正常	1	3	
14	0101890	0101	12	红楠	89	0	1.4	2.3	1.1	1.75	1.25	293.75	1.75					正常	1	2	病害
15	0101900	0101	12	甜槠	90	0	1.2	3	1.65	1.55	293.45	1.25					正常	1	2	病害
16	0101910	0101	12	杉木	91	0	15.3	13	8	1.6	2.5	292.5	1.6	0	0	1	0	正常	2	4	
17	0101911	0101	12	杉木	91	1	2.4	3	1.5	1.6	2.5	292.5	1.6					正常	1	2	
18	0101920	0101	12	红楠	92	0	1.4	2	1.3	1.5	2.6	292.4	1.5					正常	1	2	
19	0101930	0101	12	短柄枹栎	93	0	28.3	22.3	9.2	3.15	2.2	292.5	2.5	3	3	3	2	正常	2	4	
20	0101940	0101	12	米槠	94	0	1.1	2.3	0.6	3.75	2.55	292.45	3.75					正常	1	2	
21	0101950	0101	12	赤杨叶	95	0	5.8	12	9	3.15	2.7	292.3	3.15					倾斜45	2		
22	0101960	0101	12	赤杨叶	96	0	8.75	12.5	9	4.5	2.2	292.8	4.5	1	0.6	1	0.5	倾斜25	2		
23	0101970	0101	12	杉木	97	0	1	2	1.3	4.35	4.45	290.55	4.45					正常	1	2	
24	0101971	0101	12	杉木	97	1	1	2	1.1	4.45	4.45	290.55	4.45					正常	1	2	
25	0101980	0101	12	短尾鹅耳枥	98	0	13.45	13	6.2	2.7	3.75	291.25	2.7	1.5	1.5	1.5	3.2	倾斜10	2	3	
26	0101981	0101	12	短尾鹅耳枥	98	1	7.4	9	5.15	2.7	3.75	291.25	2.7	1	1.5	1.9	1.6	倾斜10	1	5	
27	0101982	0101	12	短尾鹅耳枥	98	2	5	7	2	2.7	3.75	291.25	2.7					正常	1	3	
28	0101990	0101	12	米槠	99	0	3.2	5	1.55	1.5	4.9	290.1	1.5	0	1.2	1.5	1.3	正常	1	3	
29	01011000	0101	12	罗浮柿	100	0	9.9	1.95	0.55	1.25	4.85	290.15	1.25					断梢	1	1	
30	01011001	0101	12	罗浮柿	100	1	2.3	3.9		1.25	4.85	290.15	1.25					正常	1	2	

图 2-3 官山大样地数据库示例

第3章
样地地形与土壤特征

地形（topography）是地物形状和地貌的总称，具体是指地表固定性物体共同呈现出的高低起伏、各种各样的状态，总称为地形，是影响生物多样性的重要因子。大尺度上地表起伏称为地势（也称地貌），按其形态可分为山地、高原、平原、丘陵和盆地五种类型。小尺度范围内林地的起伏状况称为微地形（薛建辉，2006），包括海拔、坡向、坡度、坡位、凹凸度等因素。地形属于间接作用生态因子，可通过影响光照、水分、土壤等直接生态因子的性质与数量，影响物质、能量供给而间接影响植物的生长与发育。选用海拔、凹凸度和坡度3个地形因子，研究其对常绿树种和落叶树种分布的影响以及这两类树种对地形生境的选择差异，以期从生态位分化的角度初探常绿树种与落叶树种的共存机制。

现存生物都是对环境条件长期适应的结果，各种自然群落都是在特定环境中长期演化形成的。在全球与区域尺度上，地带性气候条件（水热因子）是决定植物种类、生活型或植被类型分布的主导因素（沈泽昊 等，2000）。在局域尺度上，因气候条件相对一致，非地带性的环境因子主导植物分布格局。如在山地区域，地形可以影响繁殖体扩散而影响物种的分布格局，还可以通过影响太阳辐射、降水、蒸发、土壤的空间再分配，营造局部小生境间接影响植物的生长和分布（刘海丰，2013；杨士梭 等，2014）。

土壤是森林生态系统的重要组成部分，是影响植物生长的关键因子。土壤作为植物生长的重要物质基础，为植物提供了其生长、发育、繁殖所必需的各种矿质元素和水分，同时为植物根系固定提供了物理支持。地形与土壤因子的密切相关，例如坡向能够改变光照、水分状况、温度等环境因素，进而影响土壤理化性质，对森林群落物种多样性产生重要的影响。土壤pH值、土壤温度、矿质元素比率、土壤含水率和土壤质地等因子普遍存在空间异质性（徐媛 等，2010），都会直接或间接地影响植物个体或植物种群在群落或生态系统中生长、发育、繁殖状况和分布格局等，从而影响植物群落的生物多样性（Robert et al.，2007）。探究土壤因子空间变异规律及影响因素，有利于揭示土壤与植物间的相互关系、生物多样性维持以及物种共存机制。

森林凋落物是指森林生态系统中由生物组分产生并归还到林地表面的所有有机物质的总称，包括落枝、落叶、落花、落果、剥落的树皮等杂物（戴雯笑 等，2021）。凋落物及其分解是联系森林生态系统地上部分和地下部分的纽带,在养分循环、能量流动和信息传递中都发挥着关键作用,也是影响小尺度上土壤养分空间异质性的重要因素之一(María et al.,2015)。凋落物产量是单位时间内单位面积土地上植物产生凋落物的重量,反映植物凋落物生产力水平(杨佳萍 等,2017);凋落物储量是凋落物产生及养分释放动态平衡的结果,是森林生态系统一个重要的碳库和养分库,具有改善土壤养分及土壤水分等生态功能(兰长春,2008)。本章分析了官山大样地海拔、坡向、坡度、凹凸度等地形因子和有机碳(SOC)、总氮(TN)、总磷(TP)含量、pH值等土壤化学性质,以及凋落物的产量与储量。

鉴于此,本章主要开展以下内容的研究:①官山大样地的微地形特征,海拔、坡度、坡向及凹凸度的空间分布;②土壤pH值、碳(C)、氮(N)、磷(P)含量及空间分布特征;③凋落物产量与储量时空动态。通过地形因子、土壤因子的研究,可为后面的植物生态习性分析、种分布格局和生物多样性空间计量分析提供原因解释,凋落物产量与储量研究,可为亚热带森林生态系统养分生物地球化学循环及生物多样性维持机制等研究提供基础数据。

3.1 研究方法

3.1.1 地形计算

3.1.1.1 数字高程模型(DEM)绘制

利用全站仪所测得各点的原始高程数据(X,Y,Z),用克里金(Kriging)插值法测制官山大样地海拔等高线图和数字高程模型。再根据数字高程模型,计算各个20m×20m样方内海拔、坡度、坡向及凹凸度的平均值(杨庆松,2014),具体计算参考Hara 等(1996)和王雨茜(2013)的研究结果。

3.1.1.2 坡度坡向的计算

坡度表示了地表面在该点的倾斜程度,在数值上等于过该点的地表微分单元的法线矢量$\vec{n}$与z轴的夹角(图3-1A);对于地面任何一点来说,坡向则表征了该点高程值改变量的最大变化方向,在数值上等于地表面上一点的切平面的法线矢量$\vec{n}$在水平面的投影n_{xoy}与过该点的正北方向的夹角(图3-1A)。

如图3-1B所示,设中心格网点为(i,j),相应坐标为(x_i,y_j),局部地形曲面设为$z=f(x,y)$,g为格网间距,则坡度、坡向的计算公式为:

坡度:$Slope = \arctan(\sqrt{f_x^2 + f_y^2})$ (3-1)

坡向:$Aspect = \pi - \arctan\left(\dfrac{f_y}{f_x}\right) + \dfrac{\pi}{2} \times \dfrac{f_x}{|f_x|}$ (3-2)

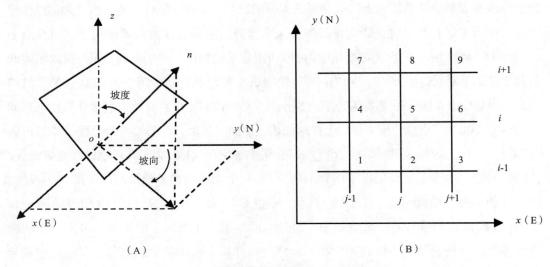

图 3-1 坡度坡向和差分法计算原理
注：x 轴为正北方向。

其中，f_x 为东西方向高程变化率；f_y 为南北方向高程变化率。

$$f_x = \frac{(z_{i-1,j+1} + z_{i,j+1} + z_{i+1,j+1}) - (z_{i-1,j-1} + z_{i,j-1} + z_{i+1,j-1})}{6g} \quad (3-3)$$

$$f_y = \frac{(z_{i+1,j+1} + z_{i+1,j} + z_{i+1,j-1}) - (z_{i-1,j-1} + z_{i-1,j} + z_{i-1,j+1})}{6g} \quad (3-4)$$

3.1.1.3 凹凸度的计算

凹凸度为某一样方海拔与其相邻的 8 个样方平均海拔之间的差值。对那些位于样地边缘的样方而言，其凹凸度则是其中心点的海拔减去其四个顶点的海拔均数（赖江山 等，2010）。

3.1.2 土壤取样与分析

3.1.2.1 土壤样品采集

采用梅花取样法，在 20m×20m 的小样方中选取 5 个点，即在四角上的工作样方（11，14，44，41）与小样方中心，采集土壤样品。首先拨除地表的凋落物层，用内径 10cm 的土钻，采集 0~20cm 表层土，将 5 个样点的样品放入盆中，去除石头、植物体、动物残体等杂物，捏碎大块，充分搅匀。采用四分法去除多余的土样，并将保留样品放在牛皮纸上铺成约 2cm 厚的薄层，放在通风良好处阴干（切忌暴晒和酸碱等化学品的污染）。最后将风干土用木棒碾碎，过 100 目筛后将土样装入器皿中待测。

3.1.2.2 土壤样品测定

土壤 pH 值采用雷磁牌 pH-3C 酸度计测定。碳含量采用硫酸—重铬酸钾氧化（容量法）、氮含量测定采用凯氏定氮法；全磷采用浓硫酸混合试剂消煮法—钼锑抗比色法测定。具体步骤参考《土壤农业化学分析》（鲁如坤，2000）。

3.1.3 凋落物收集

凋落物产量根据林分类型、林分密度、海拔、坡向及坡度等因素，在大样地中总共设置 68 个凋落物收集框。收集框大小 1.0m（边长）× 1.0m（边长）× 0.3m（高），由孔径 0.2mm × 0.2mm 尼龙纤维网缝制，用 PVC 管做支架，将其固定，距离地面 50cm。以 2 个月为周期，定时收集框内凋落物。

凋落物现在储量采用梅花布点采样法，每个 20m × 20m 小样方中的四周及中心（5 个点），设定 0.5m × 0.5m 样方，收集样方内全部凋落物。生长季和非生长季各收一次。

将收集到的凋落物装入塑料袋内，统一编号（日期和样点）。经风干后，再进行分捡落叶、落枝、杂物（包括花果、动物残体、粪便、树皮等）等，分别将其称重，并记录下相应数据。最后，再将部分样品用烘箱烘至恒重，换算成凋落物产量和储量。

3.1.4 数据分析

采用 Excel 2016 整理数据，用 Matlab 2018a 进行编程计算、统计分析、图表制作。

3.2 微地形特征

3.2.1 海拔特征

全站仪共测得 688 个点的高程数据，结合 GSP 测得的经纬度和海拔等数据，最后绘制出等高线地形（图 3-2）。图 3-3 显示了样地海拔的空间分布，样地横向剖面图，样地的纵向剖面图。由图可知，整个大样地地形西南低、东北高，海拔较高点位于样地的右上方，最高海拔为 633.54m（0514 样方），海拔较低点位于样地的左下角，最低海拔为 448.4m（2001 样方），平均值为 551.40 ± 40.07m。说明样地的地形复杂，相对高差较大。

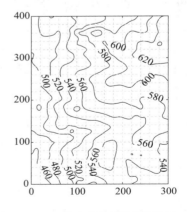

图 3-2 官山大样地等高线地形

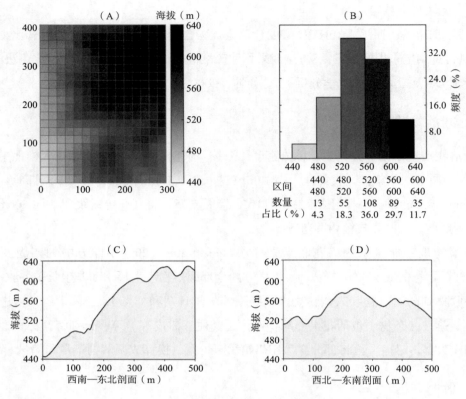

图 3-3 样地海拔的空间分布与剖面

3.2.2 坡向特征

以 45° 为单位，将方位角划分为 8 个坡向（图 3-4）。经统计发现，西南坡的小样方数量最多，达 96 个，其次是正西坡有 74 个，西北坡 46 个；正北、东北、正东、东南这 4 个坡向的样方较少，依次只有 20 个、9 个、14 个、15 个。

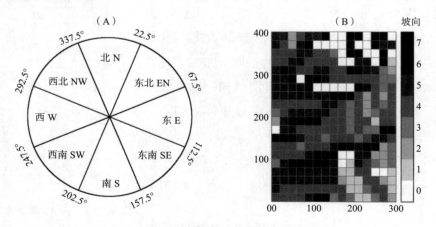

图 3-4 研究区域坡向示意图和坡向分布格局

3.2.3 坡度特征

由图 3-5 可知，整个样地的坡度值变化较大，处于 1.36°~62.86° 之间，平均值为 33.12°±11.30°。如果按坡度的 7 级划分（0°~5° 为平坡，6°~15° 为缓坡，16°~25° 为斜坡，26°~35° 为陡坡，36°~40° 为急陡坡，41°~45° 为急坡，46° 以上为险坡），险坡样地主要出现在样地北部的中间和西南角，其中 0207、0208 样方最陡，坡度值分别为 62.86°、62.78°；0205、0206、1403、2005 样方的坡度次之，坡度值依次为 55.41°、59.54°、55.40°、57.70°；坡度值小于 5° 的样方是 0514（4.24°）、1301（3.02°）、1410（1.36°）、1513（3.33°）。

3.2.4 凹凸度特征

整个样地的地形高低起伏不平（图 3-6）。最凹的样方是 2006 样方，其凹凸度为 -11.35，其次是样地中下部的样方，如 1407、1408、1505 样方的凹凸度依次为 -8.95、-8.44、-8.98；最凸的样方是 0307，其凹凸度为 15.83，紧随其后的是 0308 样方（14.06）。

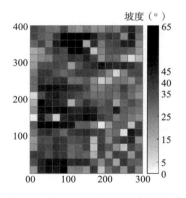
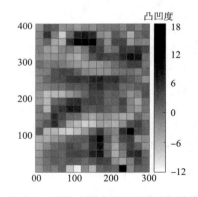

图 3-5 官山大样地坡度的空间分布　　图 3-6 官山大样地凹凸度的空间分布

3.3 土壤化学性质

3.3.1 pH 值

图 3-7 是官山大样地的 pH 值空间分布情况。pH 值介于 3.63~5.65 之间，平均值为 4.42±0.26。最大值出现在大样地西南部，如 0301 样方（5.20）、0401 样方（5.40）、0501 样方（5.19）、1101 样方（5.18）、1301 样方（5.15）。最小值位于样地中部，如 0707 样方（3.79）、0807 样方（3.79）、0907 样方（3.92）、1007 样方（3.90）、1207 样方（3.97）。

3.3.2 有机碳

图 3-8 是官山大样地的土壤有机碳含量的空间分布情况。有机碳含量介于 130.99~608.03mg/g，平均值为 280.99±72.69mg/g。其中，有机碳含量较高的样方出现在样地的西南部（主要为阔叶树），如 0201 样方（478.81mg/g）、0301 样方（557.16mg/g）、0401 样方（489.46mg/g）；含量较低的样方出现在样地的东南部（主要为杉木），如 1702 样方（324.03mg/g）、1802 样方（287.28mg/g）、1902 样方（350.48mg/g）。可见，相比于阔叶林，杉木林有机碳含量更低。

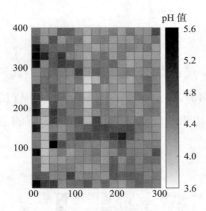 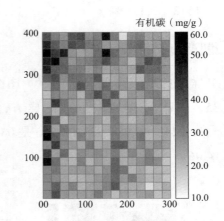

图 3-7 官山大样地 pH 值空间分布　　图 3-8 官山大样地土壤有机碳含量的空间分布

3.3.3 总氮含量

总氮含量介于 13.37~52.09mg/g、平均为 24.65±6.12mg/g。由图 3-9 看出，总氮与有机碳空间分布规律相似。具体表现为，总氮较高的样方出现在样地的西南角，如 0201 样方总氮为 43.34mg/g；0301 样方为 48.64mg/g；0401 样方为 43.72mg/g。总氮含量较低的样方出现在样地的东南部，如 1702 样方为 26.55mg/g，1802 样方为 24.68mg/g，1902 样方为 28.78mg/g。说明杉木林的总氮含量较低。

3.3.4 总磷含量

图 3-10 展示了官山大样地土壤总磷含量的空间分布。总磷含量介于 1.77~10.68mg/g 之间，平均值为 3.42±1.14mg/g。由图看出，总磷与有机碳、全氮空间分布规律相似。即西南部样地总磷含量较高，如 0201 样方总磷为 6.14mg/g；0301 样方为 10.68mg/g；0401 样方为 10.43mg/g。东南部样方的总磷含量较低，如 1702 样方总磷为 3.94mg/g；1802 样方为 3.39mg/g；1902 样方为 3.44mg/g，说明杉木林总磷含量较低。

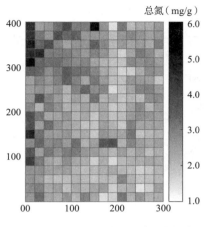 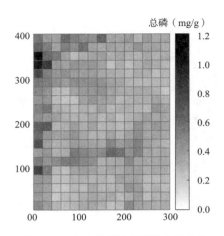

图 3-9 官山大样地总氮的空间分布　　　　图 3-10 官山大样地总磷的空间分布

3.4 凋落物特征

3.4.1 凋落物产量与动态

3.4.1.1 凋落物总产量

官山大样地年均凋落物产量为 5703.30kg/hm², 其中叶为凋落物的主要组分, 年均产量为 4209.39kg/hm², 占总量的 73.81%; 枝为 960.59kg/hm², 占总量的 16.84%; 杂物凋落物为 533.33kg/hm², 占总量的 9.35%, 枝凋落量与杂物凋落量差异不显著（表 3-1）。

表 3-1　官山大样地凋落物及各组分凋落物产量

组 分	年均凋落物产量（kg/hm²）	占比（%）
叶	4209.39 ± 942.79a	73.81
枝	960.59 ± 240.58b	16.84
杂 物	533.33 ± 83.28b	9.35
合 计	5703.30 ± 1212.39	100

注：平均值 ± 标准差, n=68, 同列中不同字母表示不同类型凋落物之间差异明显（$P<0.05$）。

3.4.1.2 凋落物生产动态

凋落物总体及各组分产量均表现出明显的变化特征（图 3-11）。由图可知, 凋落物产量呈双峰型。主峰出现在 11~12 月, 此时的凋落量达 1139.02kg/hm², 占年总产量的 19.97%, 次峰出现在次年 3~4 月, 凋落量为 326.83kg/hm², 占年总产量的 5.73%。

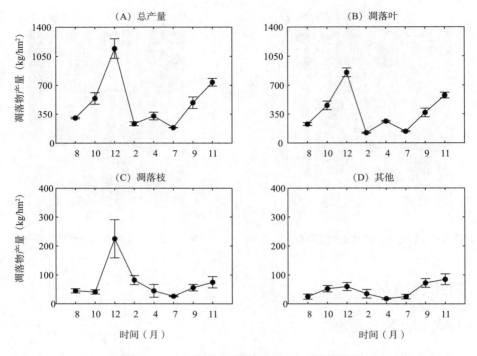

图 3-11　官山大样地凋落物及其各组分生产节律

从凋落物组分看，叶的比重最大，占总产量的 74%，其产量动态与总凋落物相似，也呈双峰型。主峰为 11~12 月，产量达 855.78kg/hm²，次峰为 3~4 月，产量为 266.34kg/hm²；1~2 月及 5~7 月，产量仅为 121.98kg/hm²、139.76kg/hm²。枝与其他杂物凋落产量动态为单峰型。

3.4.2　凋落物储量

官山大样地凋落物总储量为 1.21×10⁶kg/hm²，但各小样方差异明显，储量介于为 41.04~351.91kg/400m²，平均为 160.79kg/400m²。凋落物储量分布区呈现明显的空间异质性（图 3-12）。储量较大的样方一般出现在海拔较高、相对干燥的东北部及南部上坡位区域，如 0207 样方（351.91kg/400m²）、0407 样方（345.38kg/400m²）、1603 样方（307.66kg/400m²），而海拔相对较低的中下位平地、山沟的凋落物储量较少，如 0915 样方（41.04kg/400m²）、1215 样方（47.46kg/400m²）、2012 样方（53.22kg/400m²）。

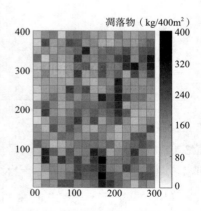

图 3-12　凋落物储量水平空间分布

3.5 小　结

3.5.1 样地地形与土壤特征

官山大样地地形复杂，土壤化学性质空间异质性大。样地东北高，西南低，最高海拔645.0m，最低海拔444.1m，相对高差200.9m；坡度处于1.36°~62.86°之间，陡坡主要出现在样地上部的中间部分和左下角；且地形凹凸不平。

土壤养分含量差异较大，整个样地左上角的养分含量较高，有机碳、总氮、总磷分别处于130.99~608.03mg/g之间、13.37~52.09mg/g之间、1.77~10.68mg/g之间；pH值的差异相对较小，分布于3.63~5.65之间，平均值为4.42±0.26。这些差异较大的地形和土壤特征给植物提供了多样的生存环境。

3.5.2 凋落物产量与储量

凋落物是森林生态系统生物量的重要组成部分。官山森林样地凋落物产量为5703.30kg/（hm^2·a），少于南亚热带鼎湖山常绿阔叶林凋落量的8390.0kg/（hm^2·a），大于北亚热带常绿落叶阔叶混交林凋落量的4380.0kg/（hm^2·a）（胡学军 等，2003），与同一纬度带的栎类萌生的次生常绿阔叶林凋落量接近（邓纯章 等，1993）。其中，以叶凋落物所占比例最大（73.81%），枝凋落量为16.84%，杂物凋落量为9.35%，各组分凋落量与西部常绿阔叶林的研究结果相似（邱学忠 等，1984；邓纯章 等，1993）。综合各组分的凋落节律，叶的凋落物量变化与总量大概一致，并决定了总凋落物量的季节变化模式，同时花果和树枝凋落物季节动态分别在不同时期对总凋落物量的节律有明显影响。

官山大样地杉木林凋落物储量最大，毛竹林次之，阔叶林储量最小。说明杉木相对于阔叶树种凋落物分解相对缓慢，从而整个养分循环减慢，最终导致杉木林内积累大量凋落物。结合土壤有机碳、总氮、总磷的空间分布也可知，相比与阔叶林，杉木林的养分含量更低。

第4章
物种组成和区系特征

组成是结构与功能的物质基础。因此，群落学研究的第一步工作就是要进行物种组成分析。物种组成（species composition）是指群落由哪些物种组合而成。物种是指在自然状态下能互相交配，并产生出可育后代的一群生物体。每种生物不但具有一定的自然分布区，而且具有一定的形态结构和生理功能。因此，物种组成决定着群落的性质、结构、外貌和功能（姚良锦 等，2017）。所以，群落学研究的第一步就是要进行物种组成分析，包括定性分析和定量分析。

定性分析回答的是群落由什么物种构成的问题，主要是进行区系分析。区系是指一定时空范围内植物类型的总和。区系分析就是根据不同的原则，将区系分成不同的成分。一般先从分类学角度，在科、属、种等分类阶元上进行数量统计，得到一份完整的植物名录；然后按地理分布、起源地、迁移路线、历史成分和生态成分划分成若干类群，分别称为植物区系的地理成分、发生成分、迁移成分、历史成分、生态成分等，帮助人们从以上各方面认识植物群落的要素构成。

定量分析回答的是"有多少、怎么样"的问题，主要是对群落内的物种及其属性进行统计分析，阐明其数量关系。即在区系分析的基础上，进一步说明群落数量特征，从而反映不同分类群的分化程度、群落地位等。当前，森林群落物种组成分析主要内容有多度分布格局、科属种重要值、生活型谱等数量特征（宋永昌，2001），帮助人们从要素数量及其比例关系上认识植物群落。

基于官山大样地的本底调查资料，本章分别从植物分类学、植物地理学和植物生态学的角度分别分析大样地的物种组成、物种重要值、地理成分和生活型等特征。从而掌握植物资源状况，制定发展规划提供科学依据，并为有效保护和持续利用野生植物资源提供重要的参考资料。主要开展以下内容的研究：①统计物种组成，说明官山大样地科、属、种的构成情况；②植物区系地理成分，反映大样地地理分布特征；③物种重要值的分析，反映不同物种的地位和作用；④群落生活型谱、叶级谱分析，反映大样地群落的外貌特征。通过以上内容的整理与研究，不但可了解当前官山大样地森林群落的物种组成和区系特征，也可为大样地的进一步监测与综合研究奠定基础。

4.1 研究方法

4.1.1 科、属、种的统计

按照恩格勒植物分类系统（第12版），对官山大样地的木本植物（胸径≥1.0cm，不包括分枝）进行科、属、种的整理和统计。

按照Hubbell等（1986）的定义，依据物种多度，划分稀有种、偶见种和常见种（表4-1），然后对稀有种进一步分级。

表4-1 稀有种、偶见种和常见种划分标准

角色名称	标准 密度大小（株/hm²）
稀有种	≤1
偶见种	(1~10]
常见种	>10

4.1.2 地理成分统计

现代地理分布相似并或多或少重合的植物（科、属、种）属于同一地理成分。根据吴征镒（1991）提出中国植物地理区系分区体系，对官山大样地植物科、属进行地理成分分析。

4.1.3 生活型谱统计

生活型是指植物对环境及其节律变化长期适应而形成的一种形态特征。采用Raunkiaer（1932）的生活型分类系统，对大样地进行休眠芽生活型谱、叶片生活型谱分析，同时还进行落叶性生活型谱、花果生活型谱分析。生活型谱及单叶面积的计算公式为：

$$L_{fi} = \frac{S_i}{S} \times 100\% \tag{4-1}$$

式中：L_{fi}为某一生活型的百分率；S_i为群落内该生活型的植物种数；S为群落内全部植物种数。

阔叶树单叶面积将阔叶树单叶或复叶小叶片近似当作椭圆计算，公式为：

$$A = \frac{a \times b}{4} \pi \tag{4-2}$$

式中：A 为阔叶树单叶面积；a 为叶片宽度；b 为叶片长度。

$$A = \frac{d^2 + 4d}{8} \pi L \tag{4-3}$$

式中：马尾松针叶为 2 针 1 束，将 1 束针叶近似地看作一个圆柱体；d 为针叶直径；L 为针叶长度。

杉木、南方红豆杉的单叶面积计算方法同阔叶树。

4.1.4 重要值的计算

科重要值是从科级水平上反映某植物单元在群落中的地位和作用的综合数量指标。优势科是指植物群落中占优势或常见的科。优势科的确定原则是：如果某科所含物种数（S_i）≥平均科含物种数（$\overline{S}$），则该科为优势科，否则不是优势科。

物种重要值是反映某物种在群落中的地位和作用的综合数量指标，反映该物种的生存状况及其对资源的利用能力（汪媛燕 等，2014）。物种首位度表示物种在群落中的竞争力，用首位物种重要值与第二位物种（或更多物种）重要值的比值表示。一般有二物种首位度（PI_2）和四物种首位度（PI_4）。按照位序—规模法则的原理，如果 $PI_2 \geq 2$ 或 $PI_4 \geq 1$，则表示首位物种优势度明显。

（1）科重要值、物种重要值及首位度计算公式如下：

$$IV_f = \frac{RS + RA}{2} \tag{4-4}$$

式中：IV_f 为科重要值，取值范围为 [0，100]；RS 为相对物种数，为某科物种数占总物种数的百分比；RA 为相对多度，为某科株数（个体数）占总株数的百分比。

（2）物种重要值

$$IV = \frac{RA + RF + RD}{3} \tag{4-5}$$

式中：IV 为物种重要值，取值范围为 [0，100]；RA 为相对多度，为某物种的株数（个体数）占总株数的百分比；RF 为相对频度，为某物种出现的小样方数占所有种出现的总小样方数的百分比；RD 为相对胸高断面积，为某物种的胸高断面积占所有种的胸高断面积之和的百分比。

（3）二物种首位度

$$PI_2 = \frac{IV_1}{IV_2} \tag{4-6}$$

式中：PI_2 取值范围为 [1，+∞)；IV_1、IV_2 分别为第 1、第 2 位物种的重要值。

（4）四物种首位度

$$PI_4 = \frac{IV_1}{IV_2 + IV_3 + IV_4} \tag{4-7}$$

式中：PI_2 取值范围为 $[1, +\infty)$；IV_1、IV_2、IV_3、IV_4 分别为第 1、第 2、第 3、第 4 位物种的重要值。

4.1.5 物种—多度格局

物种—多度格局（species abundance pattern）是指一个群落中物种的多度组成比例关系（多度谱），主要应用于分析物种生态位、种群扩散、密度依赖、物种形成和灭绝对群落结构和动态的影响等方面研究（马克明，2003）。一般先用多度分布表或曲线图表示。然后，用位序—规模法则（Zipf 模型法则）或基尼系数进行量化描述。

位序—规模法则，计算公式

$$N_k \times k^q = C \tag{4-8}$$

$$\ln(N_k) = \ln C - q \ln(k) \tag{4-9}$$

式中：k 为物种的位序；N_k 为物种多度排序后第 k 个物种的多度；C 为常数；q 为分维的性质，常被称作 Zipf 维数，它和分位数 D 互为倒数，即 $D=1/q$。当系数 q 即分维数 D 为 1 时，多度分布呈等级规模分布（即第 2，3，$\cdots$，n 位分别为第 1 位的 1/2，1/3，$\cdots$，1/n），结构达到最优状态；当 $q>1$、$D<1$ 时，物种多度结构较松散，相互之间等级规模差异较大；当 $q<1$、$D>1$，表示规模结构较集中，处于中间位序的物种较多，多度分布比较均匀。

物种多度分配基尼系数（Gini coefficient）是判断群落内植物个体数在物种间分配的均匀程度的指标，或称洛伦兹系数（李海涛 等，2003）。将群落内物种按个体数由低到高的顺序平均分为 n 个等级组，再计算每个组的个体数占总株数的比重。然后以物种数累计百分比为横轴，以个体数累计百分比为纵轴，绘出一条反映物种多度分配曲线，即为洛伦兹曲线。最后，采用分组计算法，计算基尼系数。见公式：

$$G = 1 - \frac{1}{n}\sum_{i=1}^{n}[(\sum_{i=1}^{i-1} y_i + \sum_{i=1}^{i} y_i) / \sum_{i=1}^{n} y_i] \tag{4-10}$$

式中：i 为从小到大的第 i 位序数；y_i 为第 i 组物种的个体数；n 为分组数。

基尼系数在 0~1 之间，系数越大，表示越不均等，系数越小，表示越均等。基尼系数越小，洛伦兹曲线的弧度越小，个体多度在种间分配越是趋向平等，反之，洛伦兹曲线的弧度越大，个体多度在种间分配越不平等，多数个体属于少数物种。

4.1.6 物种—面积曲线

物种—最小面积（species-minimum area）是指可以展现出特定群落类型的种类组成、结构和运动变化的真实特征的群落面积，它属于尺度范畴中的特征尺度。本节通过物种—面积曲线反映大样地物种丰富度特征，同时求解群落最小面积。

以工作样方（5m×5m）为基本单元，从大样地 4800 个工作样方中随机选择 1、2、4、8、16、32、64、128、256、512、1024、2048、4096 个工作样方（成倍增加样方数），得到相应的样地面积为 $25m^2$、$50m^2$、$100m^2$、$200m^2$、$400m^2$、$800m^2$、$1600m^2$、$3200m^2$、$6400m^2$、$12800m^2$、$25600m^2$、$51200m^2$、$102400m^2$，再依次统计物种丰富度，重复 100 次，求其平均值和方差，并绘制物种—面积散点图。

参考物种—面积散点趋势图，选择饱和和非饱和两种曲线进行物种—面积关系的拟合（刘灿然 等，1999），其表达式如下：

$$S = \frac{aA}{1+bA} \quad (4\text{-}11)$$

式中：S 为饱和曲线；A 为样地面积；S 为物种丰富度；a、b 为待定参数，下同；饱和曲线为近似双曲线。它是一条单调递增的曲线。它可分成快速上升、缓慢上升和趋于饱和三个阶段。

$$S = a + b\ln(A) \quad (4\text{-}12)$$

式中：S 为非饱和曲线；非饱和曲线为对数曲线。它是一条单调递增的曲线，但增长速度逐渐减慢。

物种最小面积的求解方法有两种：约定法，即根据事先规定，当面积增加一倍时，物种数增加不超 P（$0<P<0.5$）时，此时的取样面积即为最小面积（$A_{\min}$）。导数法，即通过对物种—面积关系函数求一阶导数，得到最小面积（$A_{\min}$）。

4.1.6.1 饱和曲线最小面积

$$\text{约定法} \quad A_{\min} = \frac{1-P}{2bP} \quad (4\text{-}13)$$

$$\text{导数法} \quad A_{\min} = \frac{\sqrt{a}-1}{b \times \Delta S} \quad (4\text{-}14)$$

式中：$A_{\min}$ 为最小面积；P 为物种增长率；ΔS 为物种增长速率（$0<\Delta S<$平均增长速率），平均增长速率 = 样地内总物种数 / 样地总面积，下同。

4.1.6.2 非饱和曲线最小面积

$$\text{约定法} \quad A_{\min} = \exp\left[\frac{b\ln(2)-aP}{bP}\right] \quad (4\text{-}15)$$

$$导数法 \quad A_{\min} = \frac{b}{\Delta S} \quad (4\text{-}16)$$

4.2 物种组成特征

4.2.1 分类统计

官山大样地中挂牌监测的木本植物（$DBH \geqslant 1.0$cm）共有 63690 株（不含分枝），隶属 65 科（表 4-2）。其中裸子植物较少，仅 4 科 5 属 5 种 5513 株；被子植物占绝对优势，其中双子叶植物 60 科 132 属 304 种 56249 株，单子叶植物有 1 科 2 属 3 种 1928 株，说明官山大样地中双子叶植物占据主体地位。

表 4-2 大样地中木本植物统计

分类群	科数（种）	科数占比（%）	属数（种）	属数占比（%）	种数（种）	种数占比（%）	株数（株）	株数占比（%）
裸子植物	4	6.15	5	4	5	1.6	5513	9
被子植物	61	93.85	134	96	307	98.40	58177	91
双子叶植物	60	92.31	132	95	304	97.44	56249	88
单子叶植物	1	1.54	2	1	3	0.96	1928	3
合 计	65	100.00	139	100.00	312	100.00	63690	100.00

4.2.2 属的统计特征

官山大样地植物的属内物种数的统计结果（表 4-3），由表 4-3 可知，单种属占比例最大达 59.71%；寡种属次之（25.90%），而大属只有 2 个属，仅占 1.44%，即冬青属（*Ilex*）（21 种）和柃木属（*Eurya*）（12 种），说明官山大样地物种丰富性主要来自单种属和寡种属。

表 4-3 官山大样地木本植物属内种的组成

类 型	属内种数（种）	属数（种）	属数占比（%）	种数（种）	种数占比（%）	株数（株）	株数占比（%）
大 属	$[10,+\infty)$	2	1.44	33	10.58	5374	8.44
较大属	$[5,10)$	18	12.95	104	33.33	19154	30.07
寡种属	$[2,5)$	36	25.90	92	29.49	16825	26.42
单种属	1	83	59.71	83	26.60	22337	35.07
总 计	—	139	100.00	312	100.00	63690	100.00

4.2.3 科的统计特征

官山大样地植物的科内种数统计结果（表4-4）。由表4-4可知，官山大样地优势科现象明显，其中大科贡献了近45%的物种数和近50%个体数。同时，单种科、寡种科的比例较大，二者占总科数近65%，但其贡献的物种数不到25%。

表4-4 官山大样地木本植物的科内种数统计

类型	科内种数（种）	科数（种）	科数占比（%）	属数（种）	属数占比（%）	种数（种）	种数占比（%）	株数（株）	株数占比（%）
大科	[10,+∞)	8	12.3	45	32.37	140	44.87	30534	47.94
较大科	[5, 10)	15	23.08	36	25.9	95	30.45	16473	25.86
寡种科	[2, 5)	21	32.31	39	28.06	56	17.95	5335	8.38
单种科	1	21	32.31	19	13.67	21	6.73	11348	17.82
总计	—	65	100.00	139	32.37	312	100.00	63690	100.00

表4-5列出了群落中优势科的重要值特征。由表可知，大样地内的重要值最大的前三位依次为壳斗科、樟科、安息香科；含物种数最多的是樟科、蔷薇科；含个体数最多的是壳斗科，其次是樟科。

表4-5 官山大样地木本植物优势科

科名	种数（种）	个体数（个）	重要值（%）
壳斗科	15	8582	13.37
樟科	25	7172	7.74
安息香科	9	3146	7.36
山茶科	21	5134	6.18
杜鹃花科	7	6651	5.47
蔷薇科	25	2455	4.98
冬青科	21	3375	4.55
漆树科	6	922	2.77
茜草科	10	2299	2.4
金缕梅科	5	913	2.4
杜英科	6	1300	2.24
大戟科	10	1186	1.92
马鞭草科	13	331	1.64
山矾科	9	577	1.52
柿科	5	428	1.25
槭树科	5	548	1.04
忍冬科	7	474	1.01
榆科	8	77	0.91

续表

科　名	种数（种）	个体数（个）	重要值（%）
木兰科	5	444	0.84
蝶形花科	5	407	0.84
芸香科	7	40	0.78
卫矛科	6	202	0.77
清风藤科	5	344	0.77
小　计	235	47007	72.75
其他科	77	16683	27.25
总　计	312	63690	100.00

4.3 物种重要值特征

4.3.1 乔木层物种重要值

表 4-6 列出乔木层（$DBH \geqslant 5.0\text{cm}$，$H \geqslant 5\text{m}$）的物种重要值。由表可知，重要值大于 1 的物种有 28 个，其个体数占总数的 81.35%、胸高断面积占总数的 86.19%，这些物种的重要值之和达 77.84%。重要值排名前 10 的物种依次是杉木、赤杨叶、毛竹、虎皮楠（*Daphniphyllum oldhamii*）、鹿角杜鹃（*Rhododendron latoucheae*）、小叶青冈、木荷（*Schima superba*）、南酸枣（*Choerospondias axillaris*）、麻栎、红楠（*Machilus thunbergii*），这 10 个物种的重要值之和达 49.6%。其中，数量最多的是杉木，有 3191 株；平均胸径最大的是麻栎，为 35.31cm。另外，大样地的二物种首位优势度（PI_2）为 1.286，四物种首位优势度（PI_4）为 0.663，说明群落中物种首位优势度不明显。

表 4-6 官山大样地乔木层物种重要值

物　种	多度（株）	总断面积（m²）	平均胸径（cm）	平均高度（m）	重要值（%）	排序
杉　木	3191	51.66	13.19	9.54	12.77	1
赤杨叶	1572	57.75	18.41	13.02	9.93	2
毛　竹	1381	11.72	9.95	11.40	5.10	3
虎皮楠	831	18.55	14.30	9.15	4.22	4
鹿角杜鹃	1334	6.60	7.50	6.37	4.10	5
小叶青冈	478	16.11	14.97	9.26	2.94	6
木　荷	505	10.87	13.80	9.97	2.85	7
南酸枣	258	18.59	24.05	13.31	2.70	8
麻　栎	189	21.98	35.31	15.73	2.60	9
红　楠	460	6.33	11.29	8.04	2.39	10
甜　槠	354	12.47	16.55	8.49	2.22	11
日本杜英	331	7.92	15.11	9.79	2.13	12

续表

物　种	多度（株）	总断面积（m²）	平均胸径（cm）	平均高度（m）	重要值（%）	排序
枫香树	240	10.81	21.63	13.34	2.02	13
米　槠	359	7.13	12.47	9.57	1.98	14
钩　锥	315	9.28	15.19	9.21	1.82	15
短尾鹅耳枥（Carpinus londoniana）	256	7.37	15.57	11.93	1.76	16
檵　木（Loropetalum chinense）	342	5.90	12.86	8.38	1.74	17
马尾松	143	13.33	32.66	15.33	1.59	18
毛豹皮樟（Litsea coreana var. lanuginosa）	284	3.41	10.77	8.29	1.57	19
南　烛（Vaccinium bracteatum）	353	2.60	9.03	7.20	1.56	20
榕叶冬青（Ilex ficoidea）	291	2.59	9.41	8.26	1.41	21
树　参（Dendropanax dentiger）	270	2.77	10.56	7.35	1.36	22
锥　栗	122	10.19	30.19	14.16	1.36	23
栲	253	3.68	10.76	7.88	1.28	24
粉叶柿（Diospyros japonica）	126	5.53	21.30	14.30	1.21	25
橉　木（Prunus buergeriana）	157	4.37	14.67	9.63	1.11	26
矩叶鼠刺（Itea omeiensis）	212	1.06	6.93	6.66	1.08	27
三峡槭（Acer wilsonii）	206	2.08	10.35	8.56	1.05	28
小　计	14813	332.66	15.67	10.15	77.84	—
其他175种	3395	53.32	11.46	8.63	22.16	—
合　计	18208	385.98	12.04	8.83	100.00	—

4.3.2　灌木层物种重要值

表4-7列出灌木层（$DBH<5.0cm$或$H<5.0m$）物种重要值，其中重要值大于1的有26个物种，它们的个体数占总体的59.70%，重要值之和达66.44%。灌木层中个体数最多的是矩叶鼠刺。灌木层与乔木层中的优势种差异明显。乔木层的优势种中南酸枣、麻栎、枫香树、短尾鹅耳枥、檵木、马尾松、锥栗、粉叶柿、橉木、三峡槭这10个物种在灌木层的重要值均小于1（未列入表），说明它们在目前的林分中可能更新不良。

表 4-7　官山大样地灌木层的物种重要值特征

物　种	多度（株）	总断面积（m²）	平均胸径（cm）	平均高度（m）	重要值（%）	排序
鹿角杜鹃	2972	3.47	3.50	3.93	7.09	1
矩叶鼠刺	3462	1.88	2.37	3.32	6.54	2
杉　木	2034	2.93	3.60	3.53	5.46	3
红　楠	2187	1.39	2.43	3.15	4.52	4
茜　树（Aidia cochinchinensis）	1704	1.07	2.54	3.58	3.40	5
甜　槠	1592	1.03	2.41	3.41	3.29	6
小叶青冈	1422	0.86	2.39	3.47	3.00	7
赤杨叶	1206	0.94	2.69	4.72	2.88	8
毛豹皮樟	1211	0.65	2.18	3.22	2.55	9
虎皮楠	1033	0.93	2.80	3.65	2.51	10
米　槠	1092	0.71	2.59	3.85	2.46	11
钩　锥	1199	0.88	2.62	3.18	2.42	12
木　荷	976	0.73	2.70	3.52	2.23	13
细枝柃（Eurya loquaiana）	1129	0.53	2.14	2.73	2.18	14
榕叶冬青	941	0.67	2.53	3.38	2.10	15
山乌桕（Triadica cochinchinensis）	758	0.56	2.39	4.77	1.56	16
南　烛	478	0.84	4.05	3.84	1.52	17
短梗冬青（Ilex buergeri）	739	0.41	2.37	3.03	1.50	18
薄叶润楠（Machilus leptophylla）	760	0.37	2.15	2.75	1.34	19
栲	575	0.43	2.71	3.82	1.34	20
树　参	502	0.40	2.66	3.52	1.20	21
杜　鹃（Rhododendron simsii）	556	0.29	2.22	3.42	1.10	22
绒毛润楠（Machilus velutina）	654	0.15	1.61	2.73	1.10	23
日本杜英	351	0.53	3.05	3.81	1.07	24
尖连蕊茶（Camellia cuspidata）	591	0.32	2.30	3.12	1.06	25
褐毛杜英（Elaeocarpus duclouxii）	457	0.29	2.55	3.54	1.03	26
小　计	30581	23.24	2.60	3.50	66.44	—
其他 273 种	14901	9.13	2.45	3.5	33.56	—
合　计	45482	32.37	2.47	3.50	100	

4.4 植物区系特征

4.4.1 属的区系特征

依照吴征镒等（1993）对中国种子植物属的划分标准，官山大样地木本植物139属可划为15个分布区类型和13个变型。其中热带成分（2~7型）83属，占总属数的59.71%；温带成分（8~15型）52属，占总属数的37.41%；世界分布型4属，占总属数的2.88%（表4-8）。这表明，热带属性是官山自然保护区地理成分的主要特征；保护区植物与热带亚洲、东南亚交流较多，与地中海—西亚交流相对较少。

表4-8 官山大样地木本植物属分布型（含变型）

分布区类型及变型	属数（种）	占比（%）
1. 世界分布	4	2.88
2. 泛热带分布	18	12.95
2-1. 热带亚洲—大洋洲和南美洲间断分布	3	2.16
3. 热带亚洲和热带美洲间断分布	9	6.47
4. 旧世界热带分布	15	10.79
5. 热带亚洲至热带大洋洲分布	8	5.76
6. 热带亚洲至热带非洲分布	6	4.32
6-2. 热带亚洲和东非间断分布	1	0.72
7. 热带亚洲分布	16	11.51
7-1. 爪哇—喜马拉雅和华南—西南星散分布	1	0.72
7-3. 缅甸—泰国至华西南	3	2.16
7-4. 越南至华南分布	3	2.16
8. 北温带分布	9	6.47
8-4. 北温带和南温带间断分布	2	1.44
9. 东亚和北美洲间断分布	4	2.88
10. 旧世界温带分布	5	3.60
10-1. 地中海区—西亚和东亚间断分布	1	0.72
10-2. 地中海区和喜马拉雅间断分布	1	0.72
10-3. 欧亚和南非洲间断分布	1	0.72
11. 温带亚洲分布	2	1.44
12. 地中海区—西亚至中亚分布	7	5.04
12-3. 地中海区至温带—热带亚洲，大洋洲和南美洲间断分布	1	0.72
13. 中亚分布	2	1.44
13-2. 中亚至喜马拉雅分布	3	2.16
14. 东亚分布	1	0.72
14-1. 中国—喜马拉雅	2	1.44
14-2. 中国—日本	5	3.60
15. 中国特有分布	6	4.32
总　计	139	100.00

4.4.2 科的区系特征

科是植物分类中最大的自然分类单位，依照吴征镒等（2003）对世界种子植物科的分布区类型系统划分方案，将官山保护区木本植物区系的65科归为8个类型和7个变型。其中，泛热带分布型和世界广布型占据绝对优势，分别占26.15%、18.46%。热带—亚热带分布型（2~7型）35科，在官山大样地植物区系中占了很大的比例（53.85%）；温带分布型（8~15型）18科，占27.69%；世界广布型有12科（表4-9）。说明该区域植物区系是典型的热带性质。

表4-9 官山大样地木本植物科分布型（含变型）

分布区类型及变型	科数（种）	占比（%）
1. 世界广布	12	18.46
2. 泛热带分布	17	26.15
2.1. 热带亚洲—大洋洲和热带美洲分布	1	1.54
2.2. 热带亚洲—热带非洲—热带美洲分布	2	3.08
2S. 以南半球为主的泛热带分布	2	3.08
3. 东亚及热带南美间断分布	7	10.77
4. 旧世界热带分布	2	3.08
5. 热带亚洲至热带大洋洲分布	2	3.08
6d. 南非（主要是好望角）	1	1.54
7d. 全分布区东达几内亚分布	1	1.54
8. 北温带分布	3	4.62
8.4. 北温带和南温带间断分布	9	13.85
9. 东亚及北美间断分布	4	6.15
14. 东亚分布	1	1.54
14SJ. 中国—日本分布	1	1.54
总　计	65	100.00

4.5 生活型谱特征

4.5.1 休眠芽生活型谱

根据Raunkiaer生活型分类体系，官山大样地木本植物生活型谱见表4-10，由表可看出，中高位芽与小高位芽种类占据主导地位，大高位芽与矮高位芽的种类偏少，即植物高度大多在8m以上。说明本研究样地的水热环境条件较好，形成的林冠较高。

表 4-10　官山大样地木本植物 Raunkiaer 生活型谱（休眠芽生活型谱）

生活型	种数（种）	占比（%）	代表物种
大高位芽	19	6.09	麻栎、锥栗、钩锥
中高位芽	170	54.49	赤杨叶、栓叶安息香（*Styrax suberifolius*）、小叶白辛树
小高位芽	121	38.78	厚叶冬青（*Ilex elmerrilliana*）、杜鹃、鹿角杜鹃
矮高位芽	2	0.64	白棠子树（*Callicarpa dichotoma*）、轮叶蒲桃（*Syzygium grijsii*）
合　计	312	100.00	—

4.5.2　落叶性生活型谱

表 4-11 展示了官山大样地落叶性生活型谱。由表可知，乔木层、灌木层的常绿树种和落叶树的物种丰富度上相近，但均以常绿性生活型的个体数占主要部分，大约是落叶树 3 倍。

表 4-11　官山大样地发育节律生活型谱

层次	特征	种数（种）	占比（%）	株数（株）	占比（%）
乔木	常绿	101	50.00	13382	73.50
	落叶	101	50.00	4826	26.50
	小计	202	100.00	18208	100.00
灌木	常绿	145	48.49	33800	74.32
	落叶	154	51.51	11682	25.68
	小计	299	100.00	45482	100.00
总体	常绿	150	48.08	47182	74.08
	落叶	162	51.92	16508	25.92
	合计	312	100.00	63690	100.00

4.5.3　花果生活型谱

4.5.3.1　花序生活型谱

表 4-12 呈现了大样地植物的花序种类多样性。由表可知，聚伞花序的植物种类最多（87 种），占 27.88%，主要有宜昌荚蒾（*Viburnum erosum*）、大青（*Clerodendrum cyrtophyllum*）、海通（*Clerodendrum mandarinorum*）等；肉穗花序的植物种类较少，仅壳菜果 1 种；无隐头花序的植物。

表 4-12　官山大样地花果生活型谱

项目	类型	种数（种）	占比（%）	代表植物
花序	单花	42	13.46	油桐（Vernicia fordii）、冬青（Ilex chinensis）、鹿角杜鹃等
	穗状花序	21	6.73	柯（Lithocarpus glaber）、锥栗、四川山矾（Symplocos lucida）等
	总状花序	52	16.67	山乌桕（Triadica cochinchinensis）、杜英、虎皮楠等
	柔荑花序	8	2.56	青钱柳（Cyclocarya paliurus）、多穗石栎（Lithocarpus polystachyus）、青冈等
	肉穗花序	1	0.32	壳菜果（Mytilaria laosensis）
	圆锥花序	62	19.87	小叶白辛树（Pterostyrax corymbosus）、黄檀（Dalbergia hupeana）、臭椿（Dalbergia hupeana）等
	头状花序	6	1.92	枫香树、三尖杉（Cephalotaxus fortunei）、香港四照花（Cornus hongkongensis）等
	伞形花序	29	9.29	蓝果树（Nyssa sinensis）、尾叶樱桃（Prunus dielsiana）、木姜子（Litsea pungens）等
	伞房花序	14	4.49	五裂槭（Acer oliverianum）、江南花楸（Sorbus hemsleyi）、石楠（Photinia serratifolia）等
	簇生花序	44	14.10	胡颓子（Elaeagnus pungens）、粗叶木（Lasianthus chinensis）、厚皮香（Ternstroemia gymnanthera）等
	隐头花序	0	0	—
	聚伞花序	87	27.88	乐昌含笑、大青、宜昌荚蒾等
	聚伞圆锥花序	6	1.92	香椿（Toona sinensis）、南酸枣、茜树等
果型	球果	4	1.28	杉木、马尾松、榧树、化香树（Platycarya strobilacea）
	聚合果	7	2.24	乐昌含笑、黄山木兰（Yulania cylindrica）、巴东木莲等
	聚花果	1	0.32	华桑（Morus cathayana）
	蓇葖果	10	3.21	野鸦椿（Euscaphis japonica）、梧桐（Firmiana simplex）、花椒簕（Zanthoxylum scandens）等
	荚果	7	2.24	花榈木、黄檀、山槐等
	蒴果	46	14.74	赤杨叶、山乌桕、木荷等
	瘦果	3	0.96	石斑木（Rhaphiolepis indica）、异叶榕（Ficus heteromorpha）、紫麻（Oreocnide frutescens）
	颖果	3	0.96	毛竹、水竹（Phyllostachys heteroclada）、糙花少穗竹（Oligostachyum scabriflorum）
	翅果	6	1.92	臭椿、三峡槭、榆树（Ulmus pumila）等
	坚果	27	8.65	短尾鹅耳枥、多穗石栎、锥栗等
	浆果	35	11.22	杨桐（Adinandra millettii）、柃木（Eurya japonica）、樟（Camphora officinarum）等
	梨果	10	3.21	江南花楸、光叶石楠（Photinia glabra）、桃叶石楠（Photinia prunifolia）等
	核果	153	49.04	冬青、山樱花（Prunus serrulata）、闽楠等

4.5.3.2 果实型谱

表4-12展示了果实类型的多样性。由表可知，核果植物占据明显优势（153种），占总数49.04%，如冬青科 [冬青、枸骨（*Ilex cornuta*）、三花冬青（*Ilex triflora*）等]、蔷薇科 [椤木、山樱花等]、樟科 [木姜子、闽楠、湘楠（*Phoebe hunanensis*）] 等；种类较少的是蓇葖果，仅朵花椒、花椒簕、青花椒（*Zanthoxylum schinifolium*）3种；聚花果仅1种（华桑）。

4.5.3.3 花果期谱

图4-13展示了花果期的统计特征。由表可知，大部分植物的花期为春季（233种），近75%，冬天开花植物（23种），仅占7.37%。大部分植物的果期为秋季（240种），占76.92%；春季果期植物最少，占5.66%。

表4-13 官山木本植物花期与果期生活型谱

项目	季节	数量（种）*	占比（%）	代表植物
花期	春	233	74.68	油桐、山樱花、鹿角杜鹃等
	夏	132	42.31	南烛、小叶青冈、椴树（*Tilia tuan*）等
	秋	49	15.71	猴欢喜（*Sloanea sinensis*）、短柱柃（*Eurya brevistyla*）、盐肤木（*Rhus chinensis*）等
	冬	23	7.37	山鸡椒（*Litsea cubeba*）、红楠、油茶（*Camellia oleifera*）等
果期	春	28	8.97	尾叶樱桃、绒毛润楠、榆树
	夏	191	61.22	褐毛杜英、柯、南烛等
	秋	240	76.92	赤杨叶、麻栎、青冈等
	冬	36	11.54	木荷、香椿、柞木等

注：春季3~5月，夏季6~8月，秋季9~11月，冬季12月至翌年2月。*表示跨季度开花、结果的物种分多季节计，故花期、果期总物种数要多于样地内的总物种数。

4.5.4 叶片生活型谱

采用Raunkiaer叶级分类系统和Paijmana叶质分类系统，对大样地群落植物叶的性质进行了分析（表4-14）。从叶级看，官山大样地木本植物以中型叶为主，中型叶物种占76.60%；但无巨型叶和微型叶的树种。从叶型看，以单叶植物为主，占89.42%；复叶植物较少，仅占10.58%，多为豆科、漆树科、芸香科的植物。从叶缘看，齿状叶物种最多，占48.40%；波状叶植物最少，仅占2.88%，如蓝果树、香樟。

从叶尖看，渐尖型植物最多，占62.18%；从叶质看，纸质和革质2种类型的种类最多，都占32.37%。纸质叶植物主要是以马鞭草科、蔷薇科和忍冬科为主；革质叶植物主要是壳斗科、山茶科为主；厚革质、薄纸质、膜质、草质植物种类较少，分别为4.49%、3.85%、2.56%、2.24%。

表 4-14　官山大样地的叶级、叶型、叶质、叶缘的组成特征

项目	特征	物种数（种）	占比（%）	代表植物
叶级	巨型叶	0	0	—
	大型叶	21	6.73%	八角枫（*Alangium chinense*）、山桐子（*Idesia polycarpa*）、油桐等
	中型叶	239	76.60%	赤杨叶、芬芳安息香（*Styrax odoratissimus*）、山乌桕等
	小型叶	48	15.38%	尾叶冬青（*Ilex wilsonii*）、柃木、黄檀等
	细型叶	6	1.92%	杉木、南方红豆杉、轮叶蒲桃等
	微型叶	0	0	—
叶型	单叶	279	89.42	赤杨叶、虎皮楠、红楠等
	复叶	33	10.58	山槐、花榈木、南酸枣等
叶缘	全缘	129	41.35	米槠、栲、油桐等
	近全缘	13	4.17	栓叶安息香、粗糠柴（*Mallotus philippensis*）、亮叶冬青等
	波状	9	2.88	蓝果树、刺叶桂樱（*Laurocerasus spinulosa*）、香樟等
	齿状	151	48.40	榕叶冬青、短柄枹栎（*Quercus serrata*）、椤木石楠（*Photinia bodinieri*）等
	叶裂	10	3.21	三峡槭、枫香树、梧桐等
叶尖	渐尖	194	62.18	柞木、冬青、杜鹃等
	急尖	32	10.26	毛红椿、盐肤木、江南花楸等
	尾尖	41	13.14	香椿、紫花含笑（*Michelia crassipes*）、石楠等
	其他	45	14.42	木荷、赤楠、木姜子（*Litsea pungens*）等
叶质	草质	7	2.24	小叶石楠（*Photinia parvifolia*）、紫麻、台湾泡桐等
	膜质	8	2.56	青灰叶下珠（*Phyllanthus glaucus*）、胡枝子（*Lespedeza bicolor*）、白檀（*Symplocos tanakana*）等
	薄纸质	12	3.85	三峡槭、中华石楠（*Photinia beauverdiana*）、多花泡花树（*Meliosma myriantha*）等
	纸质	101	32.37	大青、海州常山（*Clerodendrum trichotomum*）、荚蒾（*Viburnum dilatatum*）等
	厚纸质	20	6.41	短尾鹅耳枥、珊瑚朴（*Celtis julianae*）、榉树（*Zelkova serrata*）等
	近革质	20	6.41	腺叶桂樱（*Prunus phaeosticta*）、朴树（*Celtis sinensis*）、海通等
	薄革质	29	9.29	南烛、猴欢喜、细枝柃等
	革质	101	32.37	麻栎、青冈、杨桐等
	厚革质	14	4.49	钩锥、大叶冬青（*Ilex latifolia*）、老鼠矢（*Symplocos stellaris*）等

4.6　物种多度格局特征

4.6.1　物种多度分布格局

图 4-1 展示了官山大样地物种—多度曲线。由图可知，随着物种序数的增加，个体数急剧下降，第 50 号（闽楠）之后趋于平缓。

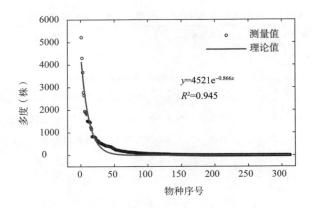

图 4-1 官山大样地物种—多度曲线

表 4-15 展示了大样地物种多度分布情况。由表可知，16 个物种的多度大于 1000，它们（5%）占全部个体数的一半以上（56.48%），有 226 个物种的多度在 100 以下，它们（72%）仅占全部个体数的 6.46%。

表 4-15　官山大样地物种多度分布

类型（株）	种数（种）	种数占比（%）	多度（株）	多度占比（%）	代表物种
≥1000	16	5.13	35972	56.48	杉木、鹿角杜鹃、矩叶鼠刺、赤杨叶
500~1000	16	5.13	10765	16.9	南烛、薄叶润楠、栲
100~500	54	17.31	12840	20.16	柯、马银花（Rhododendron ovatum）、山橿（Lindera reflexa）
<100	226	72.44	4113	6.46	紫花含笑、樱桃（Prunus dielsiana）、枳椇（Hovenia acerba）
总　计	312	100.00	63690	100.00	—

表 4-16 展示了官山大样地稀有种多度分布状况。由表可知，整个大样地稀有种为 148 种，大约占整个大样地物种总数 47%，且只有 1 株的物种比例较大，有 56 种，占整个大样地物种数的 17.95%。

表 4-16　官山大样地稀有种多度分布

类型（株）	种数（种）	种数占比（%）	多度（株）	多度占比（%）	代表特种
10~12	11	3.53	126	0.20	东南野桐（Mallotus lianus）、海州常山、胡颓子
5~10	32	10.26	192	0.30	粗糠树（Ehretia dicksonii）、宜昌润楠（Machilus ichangensis）、笔罗子（Meliosma rigida）
2~5	49	15.71	138	0.22	榧树、梧桐、香桂（Cinnamomum subavenium）
1	56	17.95	56	0.09	巴东木莲、白花泡桐（Paulownia fortunei）、厚皮香（Ternstroemia gymnanthera）
总　计	148	47.44	512	0.81	—

4.6.2 物种多度分配基尼系数

物种多度分布的洛伦兹曲线也反映了物种多度分布的不均匀性，其基尼系数为0.835，10%的物种占据75%的植株个体，90%的物种仅占25%的个体数（图4-2），这说明官山大样地中物种的多度分配极不均匀，"贫富悬殊"现象严重。

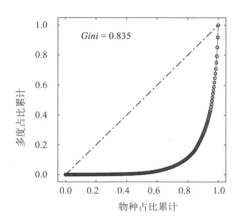

图4-2 官山大样地物种多度分配洛伦兹曲线

4.6.3 物种最小面积曲线

从物种面积曲线来看，起初曲线陡峭上升，当取样面积小于1.0hm²，物种数随面积的增加而急剧增加；当取样面积为2.0hm²时，物种增加平缓，可以用近似双曲线和对数曲线拟合（图4-3），但对数曲线拟合的决定系数（R^2）要大于近似双曲线，说明官山大样地物种多度曲线更符合对数型非饱和曲线。

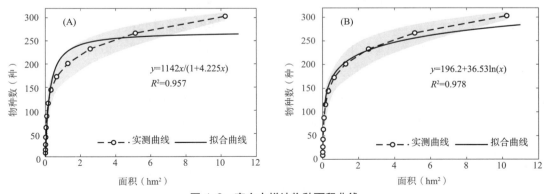

图4-3 官山大样地物种面积曲线

注：A为饱和曲线；B为非饱和曲线。

另外，根据约定法，按面积增加一倍，物种增加小于10%的约定，则饱和曲线与非饱和曲线的最小面积分别为10651m²和44239m²。根据导数法，如果按物种增加速率计算，按每26种计算，则饱和曲线与非饱和曲线最小面积分别2985m²和14088m²。

4.7 小　结

物种组成是森林群落的重要特征，了解物种组成变化对理解生物多样性格局变化以及生态系统的形成和维持机制具有重要意义（Fardusi et al., 2018，李桥 等，2022）。这里主要对物种组成、区系成分、物种面积关系、生活型谱的研究结果讨论与总结。

4.7.1　官山大样地森林群落物种丰富

官山大样地内木本植物（$DBH \geqslant 1.0$ cm）共有63690株312种，隶属65科139属。与同处于亚热带的其他大样地相比，官山大样地物种明显丰富，它远高于八大公山大样地（25hm²）232种114属53科（秦运芝 等，2018）、木林子大样地（15hm²）228种112属61科（姚兰 等，2016）和古田山大样地（24hm²）159种103属49科（祝燕 等，2008）。如果从Gleason指数看，官山大样地物种丰富度指数最高，即官山大样地（125.56）＞木林子大样地（84.19）＞八大公山大样地（72.07）＞古田山大地样（50.03）；同时，官山大样地稀有种比例较高，占总物种数的47.44%，仅次于木林子大样地，但远高于八大公山大样地（44.40%）、古田山大样地（37.11%）。这可能与官山大样地地形地貌、群落的演替阶段有关。

4.7.2　官山大样地森林亚热带特征明显

从科、属两个层次的地理区系成分看，官山大样地群落中热带成分分别占53.86%、59.71%，温带成分分别占27.70%、37.41%，说明官山大样地地理成分具有热带性质。同时，官山大样地的优势类群明显，其中重要值前三位的科依次是壳斗科、樟科、安息香科，乔木层重要值前三位的树种是杉木、赤杨叶、毛竹。

壳斗科、樟科植物占优势说明官山大样地群落具有明显的亚热带常绿阔叶林的特点，但样地中安息香科也占优势，且赤杨叶、杉木、毛竹的重要值较大，又说明官山大样地森林群落不是典型的常绿阔叶林。事实也如此，20世纪60~70年代（官山保护区成立前），这里曾有过林木采伐或局部杉木造林，1981年官山保护区成立后，严格禁止营林活动，赤杨叶等先锋树种迅速进入杉木林，促进杉木林阔叶化；同时，毛竹因失去采伐管控而得以在阔叶林中逐渐扩张；所以当前官山大样地森林群落属次生常绿阔叶林。一方面一些区域正从干扰中恢复，杉木林正在阔叶化（正向演替）；另一方面，毛竹正在一些区域群落中扩张，影响着其他树木的生长（逆向演替）。总之，官山大样地森林群落正处空间分异明显、发展不平衡的阶段。

4.7.3 官山大样地常绿森林特征明显

从 Raunkiaer 生活型谱特征看，官山大样地内中型高位芽植物（8~30m）优势明显，占 54.49%、小型高位芽植物（2~8m）次之，占 38.78%。这一生活型谱反映这里的夏季温热多湿气候特征。同时，从落叶性看，不论是乔木层、灌木层还是群落整体，常绿树个体数量是落叶树的 3 倍。另外，从叶生活型看，官山大样地群落的叶级以中型叶植物为主，叶型以单叶为主，叶缘多为齿状和全缘，叶尖以渐尖为主，叶质以革质叶和纸质叶最多。有研究表明，叶的特征是水热条件反应的敏感指标，随着纬度的增加，大型叶占比呈增加趋势；复叶占比呈下降趋势；叶缘有从全缘叶向非全缘叶变化趋势；渐尖型叶片可体现热带与温带相交过度的性质（王伯荪，1987；谢春平 等，2011）。因此，官山大样地群落的生活型谱结构反映了中亚热带常绿阔叶林的特征。

总之，以阔叶树为主的物种组成、以热带成分为主的地理区系成分、以中高型且常绿树种为主的生活型谱结构，均说明当前的官山大样地群落属于次生常绿阔叶林。今后应加强从小尺度上进行植物功能性状和环境过滤效应的研究，以便加深对群落生态的了解。

第5章
树种空间分布与生态位特征

任何种群均有一定的空间分布范围，其数量变化均系在一定的空间和时间内进行，与生态环境相互作用，使得种群内个体具有一定的空间分布型，这种空间分布型是种群生态学特性对环境适应或选择的结果。研究种群在自然环境的空间分布，不仅揭示种群的空间结构及其分布型的生态学特征，为确定抽样技术、取样数量和序贯分析以及数据代换提供理论依据，而且可以通过种群分布的信息，分析某种生物的生物学特性和环境条件的适应程度，有助于掌握种群数量动态变化规律和提高预测的质量。

空间分布格局是生物种群的重要特征，是揭示森林群落演替内在机制和变化趋势的基础（Wulder et al., 2004; Chai et al., 2017），掌握树木空间分布格局有助于理解森林生长、死亡和更新等生态过程，对解决营林过程中植株配置、林木采伐等实际问题以及提高森林经营管理的空间分辨率和准确性具有重要现实意义（Liu et al., 2014）。生活空间是生物的生态因子。

物种空间分布格局（spatial patterns）指种群个体在特定空间上的配置状况或分布状态，它反映了种群个体在空间上的相互关系，是种群空间属性的重要组成，也是种群的基本数量特征之一（农友 等，2015）。空间格局是多种生态过程的综合相互作用下产生的空间表现形式（杨晓东 等，2010）。植物种群自身生物学特性、种内种间关系自然或人为干扰，以及所处生境异质性等因素都是物种空间分布格局形成的影响因子。

种群的分布格局一般可以分为3种类型：随机分布、均匀分布、聚集分布（图5-1）。

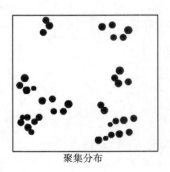 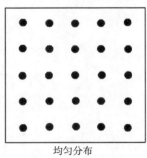 

聚集分布　　　　　　　均匀分布　　　　　　　随机分布

图5-1　物种空间分布格局

空间格局是过去生态过程的结果和印迹，类似于种群的生态档案，格局分析就是重现和解密档案信息（Wiegand et al.，2013）。结合生境选择和生态位特征分析，可推断控制生物、环境作用过程及相关假说的重要部分。在单个物种分布格局的基础上，多个物种叠加、组合便形成了群落。因此对种群分布格局的研究，不仅可以了解种群的空间分布特点，更重要的是能够直接反映森林群落中各种维持机制的相互作用（Grieg-Smith，1983；Diggle，2013），从而更好地解释森林群落中生物多样性的维持机制。

生态位（ecological niche）是指生态系统中某一种群在时间、空间上所占据的位置及其与相关种群之间的关系，它体现了种群在生态系统中的地位、作用和重要性（李燕芬 等，2014；刘润红 等，2018）。生态位宽度和生态位重叠在分析和比较不同植物的环境适应性时具有重要作用。生态位宽度是指被一个生物所利用的各种资源的总和；生态位重叠是多种生物分享同一资源或扮演相同角色的现象（图5-1）（Colwell et al.，1971；Abrams，1980）。研究物种生态位特征不仅有助于人们了解森林群落中各物种的地位和作用，而且加强了人们对群落结构、功能及演替规律的认识（张悦 等，2015）。

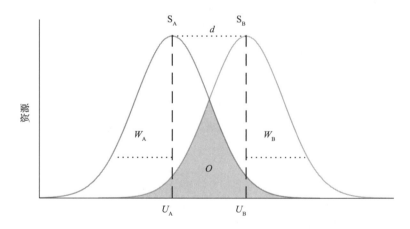

图 5-2　物种生态位宽度与生态位重叠

注：S_A、S_B 分别表示物种 A、物种 B；W_A、W_B 分别表示物种 A 和物种 B 的生态位宽度；U_A、U_B 分别表示物种 A、物种 B 最适点；d 表示最适生态位距离；O 表示生态位重叠区。

本章重点探讨官山大样地主要树种的生境选择性、生态位特征以及空间分布格局，加强人们对样地中各物种生态学特性的认识，为研究种间关系、物种共存、群落构建等基本生态学问题奠定基础。

5.1 研究方法

5.1.1 分布格局

5.1.1.1 面格局分析

基于各树种在大样地 300 个小样方的个体数（多度）数据。选取频度大于 1/6（50/300）树种作为分析对象，即在 50 个及以上小样方中出现的物种，共有 119 个物种。采用目前较为常用的分析方法，对各树种分布格局进行综合分析（为了区别于后文的点格局分析，这里称面格局分析），具体指标计算方法如下：

$$C = \frac{S^2}{m} \quad (5\text{-}1)$$

式中：C 为扩散系数，取值范围为 $[0, \infty)$，当 $C<1$ 时为均匀分布；当 $C=1$ 时为随机分布；当 $C>1$ 时为聚集分布。S^2 为各种群密度的方差；m 为各种群个体数的均值，下同。

$$t = \frac{C-1}{\sqrt{\frac{2}{\sqrt{n-1}}}} \quad (5\text{-}2)$$

用独立样本 t 检验来确定实测与预期的偏离程度，式中 n 表示基本样方数，下同。

$$m^* = \frac{m^2 - m + S^2}{m} \quad (5\text{-}3)$$

式中：m^* 为平均拥挤度，取值范围为 $[0, \infty)$，当 $m^*=1$ 时为随机分布；当 $m^*>1$ 时为集群分布；当 $m^*<1$ 时为均匀分布。

$$C_A = \frac{S - \bar{X} - 1}{n - 1} \quad (5\text{-}4)$$

式中：C_A 为 Cassie 指数，取值范围为 $[0, \infty)$，当 $C_A<0$ 时，则为均匀分布；当 $C_A=0$ 时为随机分布；当 $C_A>0$ 时，则为聚集分布。

$$I_\delta = \frac{n(\sum_{i=1}^{n} x^2 - N)}{N(N-1)} \quad (5\text{-}5)$$

式中：I_δ 为 Morisyia 指数，取值范围为 $[0, \infty)$，当 $I_\delta=1$ 时为随机分布；当 $I_\delta<1$ 时为均匀分布；当 $I_\delta>1$ 时为聚集分布。x 为每个小样方（截面）内某个树种的个体数（密度）。

$$F = \frac{I_\delta(N-1) + n - N}{n - 1} \quad (5\text{-}6)$$

用 F 值对 I_δ 的显著性进行检验。

5.1.1.2 点格局分析

点格局分析（point pattern analysis）是以树木个体的空间坐标数据的，每个个体都可以视为二维空间的一个点，这样所有个体就组成了在空间分布的点位图，以点位图为基础进行种群分布格局类型。基本研究思路为：划分一定面积的研究区域，标出区域中的所有点事件，通过一定的计算方法，分析点事件在一定距离尺度下的分布情况。计算公式如下：

$$A = \frac{1}{n}\sum_{i=1}^{n}\frac{(d_1)^2}{(d_2)^2} \tag{5-7}$$

式中：A 为集群系数，取值范围为 $[0, \infty)$，当 $A=0.5$ 时，种群为完全随机分布；当 $A<0.5$ 时，种群趋于均匀分布；当 $A>0.5$ 时，种群趋于集群分布。$i=1, 2, 3, \cdots, n$，n 为随机点数；d_1 为从随机点到最近的第一个该种植物的距离；d_2 为从随机点到次近的第二个该种植物的距离。

$$Z = \frac{\sqrt{n}}{0.2887}(0.50 - A) \tag{5-8}$$

式中：Z 为统计检验测得系数对 0.5 的偏差，Z 值在 95% 的置信度大于 1.96 或 99% 的置信度大于 2.58，则说明对随机分布格局有显著的偏差。式中 0.2887 为对随机种群 A 值的标准差。

$$K(r) = \frac{A}{n(n-1)}\sum_{i=1}^{n}\sum_{j=1}^{n}\frac{I(r)(d_{ij} \leq r)}{W_{ij}} \tag{5-9}$$

式中：A 为样地面积；n 为总的植物株数；d_{ij} 为个体 i 与个体 j 之间的距离；r 为尺度，当 $d_{ij} \leq r$ 时，$I(r)=1$，当 $d_{ij} \geq r$ 时，$I(r)=0$。

$$g(r) = \frac{K(r)}{2\pi r} \tag{5-10}$$

式中：$g(r)$ 为物种分布格局，取值范围为 $[0, \infty)$，当 $g(r) \geq 1$ 时，表示该物种在 r 尺度（幅度）上呈现聚集分布；当 $g(r)=1$ 时，表示物种在 r 尺度上呈现随机分布；当 $g(r)<1$ 时，表示物种在 r 尺度上呈现均匀分布。

5.1.1.3 分形维数

分形理论用分数维度的视角和数学方法描述和研究客观事物。它跳出了一维的线、二维的面、三维的立体乃至四维时空的传统藩篱，更加趋近复杂系统的真实属性与状态的描述，更加符合客观事物的多样性与复杂性。它认为事物的局部可能在一定条件下或过程中，在某一方面（形态、结构、信息等）表现出与整体的相似性。在生态学领域，应用分形维数能够客观地表达种群的分布式样，同时也能反映种群占有空间、利用资源的能力（袁志良 等，2011）。分形的一个重要特征是分形维数，分形维数有计盒维数、信息维数、半径维数、关联维数。计算公式如下：

$$D_b = \lim_{\varepsilon \to 0} \frac{\log N(\varepsilon)}{\log(1/\varepsilon)} \quad (5\text{-}11)$$

式中：D_b 为计盒维数，取值范围为 [0~2]，反映种群发育的有序状态及其空间分布的均衡程度，表征物种空间占据及资源利用的能力（空间越大异质性越强）。当 $D_b=0$ 时，表明所有研究对象集中一点；当 $D_b \to 1$ 时，表明研究对象空间分布趋向于一条线上；当 $D_b=2$ 时，表明研究对象在二维空间上均匀分布，标准的中心地模型即属于这种情况；一般情况下 $1<D_b<2$，D_b 越大表明研究对象空间分布越具均衡性，反之则越集中。

$$D_I = \lim_{\varepsilon \to 0} \frac{I(\varepsilon)}{\log(1/\varepsilon)} \quad (5\text{-}12)$$

式中：D_I 为信息维数，取值范围为 [0~2]，反映种群空间分布格局集聚强度（非均匀程度）的大小及尺度效应。一般来说较高的信息维数（$D_I \to 2$）反映种群在空间内集聚成块，个体分布不均匀，集聚强度较强，且尺度变化剧烈；较低的信息维数（$D_I \to 0$）说明个体分布较星散，随机性较大或是过于均匀，且尺度变化平缓。

$$I(\varepsilon) = -\sum_{i=1}^{k} \sum_{j=1}^{k} P_{ij} \log P_{ij} \quad (5\text{-}13)$$

$$P_{ij} = \frac{N_{ij}}{N} \quad (5\text{-}14)$$

式中：k 为矩形区域各边的分段数目，N_{ij} 为第 i 行第 j 列单元格中的植物个体数，N 为植物种群总数目。P_{ij} 近似等于植物在第 i 行第 j 列网格中的分布概率。

$$D_c = \lim_{R_r \to 0} \frac{\log N(R_r)}{\log(R_r)} \quad (5\text{-}15)$$

$$R_r = \sqrt{\frac{1}{N} \sum_{i=1}^{N} r_i^2} \quad (5\text{-}16)$$

式中：D_c 表示向心聚集维数，取值范围为 $[0, \infty)$，反映了种群分布从中心向周围的密度衰减特征。当 $D_c<2$ 时，种群空间分布密度由中心向四周逐渐衰减，围绕中心点呈聚集态分布，且 D_c 值越小，其集聚程度越高（向心特征越明显）；当 $D_c=2$ 时，种群围绕中心点在半径方向上均匀分布；当 $D_c>2$ 时，种群要素的分布密度由中心点向四周递增。式中 R_r 为平方平均数；r_i 为回旋半径；$N(R_r)$ 是以中心点为圆心，r 为半径的圆内个体数目。

$$D_a = \lim_{\varepsilon \to 0} \frac{\log C(\varepsilon)}{\log(r)} \quad (5\text{-}17)$$

$$C(r) = \frac{1}{N^2} \sum_{i=1}^{N} \sum_{j=1}^{N} \theta(r - d_{ij}) \tag{5-18}$$

$$\theta(r - d_{ij}) = \begin{cases} 1 & (d_{ij} \leq r) \\ 2 & (d_{ij} > r) \end{cases} \tag{5-19}$$

式中：D_a 表示空间关联维数，取值范围为 $[0, \infty)$，当 $D_a \to 0$ 时，表明植物种群分布高度集中于一点；当 $D_a \to 2$ 时，表明植物种群的空间分布很均匀。r 为考察尺度；d_{ij} 为个体 i 与 j 间的欧氏距离；θ 为 Heaviside 函数。

（1）计盒维数的计算

先在植物分布区上取一矩形区域作研究范围，根据植物坐标做点位图，视矩形区域的边长均为 1（长、宽边可取不同的单位）。对点位图进行逐次栅格化处理，即对各边长进行 k 等分（$k=1, 2, \cdots, n$），将研究区划分成 k^2 个栅格（且有 $\varepsilon=1/k$，ε 为栅格尺度），再计数每个栅格中的植株个体数 $n_{ij}(\varepsilon)$，得到多度矩阵 $A_{k \times k}$。最后统计有植物矩阵的非 0 栅格数目 $N(\varepsilon)$。伴随 ε 值改变，多度矩阵、$N(\varepsilon)$ 等会发生相应变化。若植物空间分布格局存在无标度性，则有 $N(\varepsilon_i) \propto \varepsilon_i^{-D_b}$，由于幂函数关系等价于对数线性关系，即 $\log N(\varepsilon) \approx -D_b \log(\varepsilon) = D_b \log(1/\varepsilon)$。选择栅格化的尺度为样方边长的二等分（对应小格子为 20m×7.5m）至 30 等分（对应小格子为 1.33m×0.50m），将 $N(\varepsilon)$ 非空格子数与对应的划分尺度（ε）在双对数坐标系中进行直线拟合或分段直线拟合，所得直线斜率的绝对值为计盒维数的估计值（马克明 等，2000）。

（2）信息维数计算

信息（或称负熵）是一个系统结构复杂性程度的度量。一个系统结构的信息量越少，结构越简单；反之其结构越复杂。基于种群空间分布网格化的多度矩阵 $A_{k \times k}$，可近似地定义各网格中有植物分布的概率为 $P_{ij}=N_{ij}/N$，其信息量为 $I_{ij}=-P_{ij} \times \log(P_{ij})$，则整个样地的信息量为 $I = -\sum_{i=1}^{k} \sum_{j=1}^{k} P_{ij} \log P_{ij}$。若植物空间分布格局存在无标度性，植物空间分布格局是分形的，则有 $I(\varepsilon) \propto \varepsilon^{-D_b}$，$I(\varepsilon) = I_0 - D_I \ln \varepsilon$。

上述计盒维数和信息维数均系通过将研究区域网格分割测算得来，可统称为网格维数。正常情况下计盒维数 D_b 与信息维数 D_I 不相等，它们之间存在关系 $D_b < D_I$。当植物同等概率的分布在网格中时，则 $D_b=D_I$，即说明植物空间分布格局表现出简单的分形（代雍楣 等，2016）。

（3）向心聚集维数的算法

向心聚集维数也称半径维数，以某中心地（如母树）作为测算中心，考察回旋半径为 r 的圆周范围内植物的个体数目 $N(r)$，假定植物分布按照自相似规律，围绕某中心呈凝聚态分布，且分形体各向均匀变化，则有 $N(r) \propto r^{1/D_c}$，在实际测算中考虑到 r 的单位影响，用平方平均半径 R_s 代替 r。$R_s = \sqrt{\frac{1}{N}\sum_{i=1}^{N}r_i^2}$，并由 $\log N(r) \sim \log(R_r)$ 双对数线性回归，$\ln(R_s) = \frac{1}{D_c}\ln(N) + C$，即可求得 D_c。进行"窗口"分析，即测算中心地周围一定半径范围内植物分布的分维数。

（4）空间关联维数的算法

根据植物分布点位图中的个体坐标，计算两两个体间的欧氏距离 d_{ij}，并形成距离矩阵 $D_{n \times n}$，然后给定一个距离值 r，计算距离系数 C，即 $C(r) = \frac{1}{N^2}\sum_{i=1}^{N}\sum_{j=1}^{N}\theta(r-d_{ij})$，其中 $\theta(r-d_{ij}) = \begin{cases} 1 & (d_{ij} \leq r) \\ 2 & (d_{ij} > r) \end{cases}$。变换距离值，可以得到一系列 C。如果植物空间分布是分形的，则应具有标度不变性，即 $C(r) \propto r^{D_a}$，并由 $\log C(r) \sim \log(r)$ 双对数线性回归，$\log(r) = D_a \log(C) + C_o$，即可求得 D_a。

本章以重要值位于前列及部分珍稀濒危树种为研究对象（杉木、赤杨叶、毛竹、虎皮楠、小叶青冈、木荷、南酸枣、麻栎、红楠、甜槠、日本杜英、枫香树、米槠、钩锥、马尾松、毛豹皮樟、榕叶冬青、锥栗、栲、椤木、褐毛杜英、柯、薄叶润楠、南方红豆杉、闽楠，共 25 个树种），分析它们的点格局。

5.1.2　生境选择与生态幅偏离

5.1.2.1　生境选择

生境选择性是指植物在异质生境中或生境梯度条件下种群数量的差异性，有些区段分布明显地较多，而有些区段明显较少。选择性可分为主动选择性与被动选择性。

5.1.2.2　生态幅偏离

生态幅是生物对某一生态因子的耐受范围（最低点与最高点之间的范围）。在这一因子范围内，假定种群多度呈正态分布，即在因子平均水平附近多度分布频率最高，那么这一点就是最适生境点。本章主要分析树种对海拔、坡向、坡度、凹凸度这 4 个地形因子的选择性。首先，分别将这 4 个地形因子按各自的标准，分成若干类型（表 5-1）；其次，根据相关公式分别计算各个物种对每个地形因子的选择系数和最适生境偏离系数，计算公式如下：

$$Pf_i = \frac{T_i - O_i}{T_i + O_i} \quad (5\text{-}20)$$

$$T_i = N / Q \tag{5-21}$$

$$O_i = \frac{1}{m}\sum_{j=1}^{m} c_{ij} \tag{5-22}$$

式中：Pf_i 为选择系数，取值范围 [-1，1]，若 $Pf_i>0$，表示树种对生境或资源水平有偏向选择；若 $Pf_i=0$，说明树种对某类生境或资源水平无选择；若 $Pf_i<0$，表示物种对生境或资源水平具有排斥性。i 为空间关联维数（$i=1, 2, \cdots, k$）；T_i 为生境等级 i 或资源水平 i 中植株数量均匀分布的理论值；O_i 为相应水平的平均观察值；N 为植物个体总数；Q 为样方总数(下同)；m 为第 i 资源水平的样方数；c_{ij} 第 i 资源水平第 j 样方内植株数量，下同。

$$x^2 = \sum_{i=1}^{k} \frac{(O_i - T_i)^2}{T_i} \tag{5-23}$$

用 x_2 检验对生境选择性进行显著性检验，若 $x_2 \geq x_{n-1}^2 (0.05)$ 表示选择或排斥性显著；若 $x_2 \geq x_{n-1}^2 (0.01)$ 表示选择或排斥性极显著，否则为随机型；式中 k 为生境等级数或资源水平数。

$$AC_n = \frac{1}{k}\sum_{i=1}^{k}(O_i - T_i)^2 \tag{5-24}$$

$$T_i = N \times PT_i \tag{5-25}$$

$$PT_i = \frac{1}{\delta\sqrt{2}}\exp[-\frac{1}{2}(\frac{O_i - u}{\acute{o}})] \tag{5-26}$$

式中：AC_n 为数量偏离指数，取值范围为 $[0, \infty)$，反映估计量与被估计量之间差异程度的一种度量，可以评价数据的变化程度，AC_n 值越小，则正态分布预测模型对观察数据的描述越精确；反之，观察数据偏离正态分布。PT_i 为正态分布概率，下同。

$$AC_p = \frac{1}{2}\sum_{i=1}^{k}|PO_i - PT_i| \tag{5-27}$$

$$PO_i = \frac{1}{q_i} \times \frac{n_i}{N} \tag{5-28}$$

式中：AC_p 为概率偏离系数，可以评价植物对生态因子选择的变异程度。AC_p 取值范围为 [0，1]，AC_p 值越小，植物分布就越趋向正态分布，越集中分布在资源水平的平均值；反之，偏离正态分布，植株分布远离资源水平的平均值。PO_i 为资源水平下植物分布概率的观察值；q_i 为样方数量；n_i 为植株个体数。

表 5-1　地形因子分类标准与类型

地形因子	分类标准	等级数	分类类型
坡度（°）	12.3°	5	S1 缓坡（0，13.7°）； S2 斜坡 [13.7°，26.0°）； S3 陡坡 [26.0°，38.3°）； S4 急坡 [38.3°，50.6°）； S5 险坡 [50.6°，62.9°]
坡向（°）	45°	8	A0 正北 [337.5，22.5°）；A1 东北 [22.5°，67.5°）； A2 正东 [67.5°，112.5°）；A3 东南 [112.5°，157.5°）； A4 正南 [157.5°，202.5°）；A5 西南 [202.5°，247.5°）； A6 正西 [157.5°，202.5°）；A7 西北 [202.5°，337.5°）
海拔（m）	37	5	E1 低海拔（0，485.6m）； E2 较低海拔 [485.6m，522.6m）； E3 中海拔 [522.6m，559.5m）； E4 较高海拔 [559.5m，596.5m）； E5 高海拔（596.5m 以上）
凹凸度	5.4	5	C1 深凹（-11.3，-5.9）； C2 浅凹 [-5.9，-0.5）； C3 平地 [-0.5，5.0）； C4 微凸 [5.0，10.4）； C5 突凸 [10.4，15.8）

5.1.3　生态位特征

生态位（niche）是现代生态学的重要理论之一。它在理解群落结构和功能、群落内物种间关系、生物多样性、群落动态演替和种群进化等方面有重要的作用。根据资源维数可分成单维生态位和多维生态位；生态位特征主要包括生态位宽度、生态位重叠度。

一般采用空间分割法对生态位特征进行分析。就是将第 i 个生态位维（X_i）划分为 k_i 个区间 $[X_i1_i, X_i2_i], [X_i2_i, X_i3_i], \cdots, [X_i(k-1)_i, X_ik_i]$，由此将 n 维生态位空间分割成 T 个分室，每一个分室的区间范围：$[X_1(j1-1), X_1(j1)], (X_2(j2-1), X_2(j2)], \cdots, [X_n(jn-1), X_n(jn)]$，（其中 ji=1, 2, $\cdots$, ki），确定了一个资源状态（X1, X2, $\cdots$, Xn），即 X1, X2, $\cdots$, Xn 表示这一资源状态对应的 n 维坐标区间。如一维生态位就是线段、二维就是平面，三维就是立体空间，n 维就是超体积空间。生态位宽度及生态位重叠度都可用植物种群在各单维区间或多维分室中的分布情况、对资源的利用情况来计算。

单维生态位特征，选择海拔、坡向、坡度、凹凸度 4 个地形因子，分别计算主要树种的单维生态位宽度和生态位重叠度，计算公式如下：

$$H' = -\sum_{i=1}^{k} p_i \log p_i \tag{5-29}$$

$$\sum_{i=1}^{k} p_i = 1 \tag{5-30}$$

式中：H' 为 Shannon-Wiener 生态位宽度，取值范围为 [0，1]；p_i 为资源状态 i 的植株分布概率（$i=1, 2, \cdots, k$），下同。

$$J' = -\frac{1}{\log k} \sum_{i=1}^{k} p_i \log p_i \quad (5\text{-}31)$$

式中：J' 为 Shannon-Wiener 指数标准化，取值范围为 [0，1]，Shannon-Wiener 生态位宽度标准化后对稀有资源状态有更大权重。

$$UFT = \sum_{i=1}^{k} (\sqrt{p_i \times q_i}) \quad (5\text{-}32)$$

式中：UFT 为 Smith 生态位宽度，取值范围为 [0，1]，95% 的置信区间为 [$\sin(x - \frac{1.96}{2\sqrt{N}})$，$\sin(x + \frac{1.96}{2\sqrt{N}})$]，式中 $x = \arcsin(FT)$。Smith 生态位宽度对稀缺资源的变化不敏感，权重不大。

$$UMO_{ij} = \frac{\sum_{h=1}^{k}(p_{ih} \times p_{jh})}{\sum_{h=1}^{k} p_{ih}^2} \quad (5\text{-}33)$$

式中：UMO_{ij} 为 MacArthur-Levins 生态重叠度，是一种非对称性生态位重叠测度，取值范围为 [0，1]，UMO_{ij} 反映物种 i 对物种 j 的竞争压力（注意：分母物种为主动）；一般情况下 $UMO_{ij} \neq UMO_{ji}$；只有两个种按相同比例利用相同资源水平时，$UMO_{ij}=UMO_{ji}=1$。P_{ih}、P_{jh} 分别为物种 i、物种 j 在资源水平 h 的分布概率；k 为资源水平，下同。

$$UPO_{ij} = \frac{\sum_{h=1}^{k}(p_{ih} \times p_{jh})}{\sqrt{\sum_{h=1}^{k} p_{ih}^2 \sum_{h=1}^{k} p_{jh}^2}} \quad (5\text{-}34)$$

式中：UPO_{ij} 为 Pianka 生态重叠度，是一种对称性生态位重叠测度，取值范围为 [0，1]。

$$URO_{ij} = \sum_{h=1}^{k} \min(p_{ih}, p_{jh}) \times 100\% \\ = [1 - \frac{1}{2}\sum_{h=1}^{k}(p_{ih} - p_{jh})] \times 100\% \quad (5\text{-}35)$$

式中：URO_{ij} 为百分比生态位重叠度，是两个物种的资源使用曲线实际重叠的面积。它对如何划分资源状态不敏感，取值范围为 [0，100]。

多维生态位特征，将这 4 个单维空间资源轴综合成多维资源轴，即 Hutchinson 所谓的 n 维超体积，分别计算主要树种的多维生态位宽度和生态位重叠度，计算公式如下（樊登星 等，2016）：

$$B_i = \sqrt{\frac{1}{N}\sum_{i=1}^{N} B_i^2} \tag{5-36}$$

式中：B_i 为各因子单维生态位宽度，取值范围为 [0，1]。

$$H' = -\sum_{l_1=1}^{k_1}\sum_{l_2=1}^{k_2}\cdots\sum_{l_m=1}^{k_m}(p\log p) \tag{5-37}$$

式中：H' 为 Shannon-Wiener 生态位宽度，取值范围为 [0，1]。式中 $p=p(x_{1l_1}, x_{2l_2}, \cdots, x_{ml_m})$，表示资源状态（$x_{1l_1}, x_{2l_2}, \cdots, x_{ml_m}$）的植株分布概率；$l_i=1, 2, \cdots, k_i$；$\sum_{l_1=1}^{k_1}\sum_{l_2=1}^{k_2}\cdots\sum_{l_m=1}^{k_m} p_{(x1l_1, x1l_1, \cdots, xml_m)}=1$，下同。

$$H' = -\frac{1}{\log T}\sum_{l_1=1}^{k_1}\sum_{l_2=1}^{k_2}\cdots\sum_{l_m=1}^{k_m}(p\log p) \tag{5-38}$$

式中：H' 为 Shannon-Wiener 标准化生态位宽度，取值范围为 [0，1]。

$$MFT = \sum_{l_1=1}^{k_1}\sum_{l_2=1}^{k_2}\cdots\sum_{l_m=1}^{k_m}(\sqrt{p\times w}) \tag{5-39}$$

式中：MFT 为 Smith 生态位宽度，取值范围为 [0，1]，Smith 生态位宽度对稀缺资源的变化不敏感，权重不大。与 H 显著正相关，与 J 不相关。式中 $w=w_{(x1l_1, x2l_2, \cdots, xml_m)}$ 为对资源状态（$x_{1l_1}, x_{2l_2}, \cdots, x_{ml_m}$）的利用率（权重），$\sum_{l_1=1}^{k_1}\sum_{l_2=1}^{k_2}\cdots\sum_{l_n=1}^{k_m} w_{(x_{1l_1}, x_{1l_1}, \cdots, xml_m)}=1$；$k_1, k_2, \cdots, k_m$ 意义同上。$i=1, 2, \cdots, m$（资源维数）。

$$MMO_{ij} = \frac{\sum_{l_1=1}^{k_1}\sum_{l_2=1}^{k_2}\cdots\sum_{l_m=1}^{k_m}(p_i \times p_j)}{\sum_{l_1=1}^{k_1}\sum_{l_2=1}^{k_2}\cdots\sum_{l_m=1}^{k_m} p_i^2} \tag{5-40}$$

式中：MMO_{ij} 为 MacArthur-Levins 生态重叠度，取值范围为 [0，1]，是非对称性的生态位重叠，反映物种 i 对物种 j 的竞争压力（注意：分母物种为主动）。一般情况下 $MMO_{ij} \neq MMO_{ji}$，只有两个种按相同比例利用相同资源水平时，$MMO_{ij}=MMO_{ji}=1$。P_i、P_j 分别表示物种 i、物种 j 在资源水平的分布概率（陈睿 等，2004）。

$$MPO_{ij} = \frac{\sum_{l_1=1}^{k_1}\sum_{l_2=1}^{k_2}\cdots\sum_{l_m=1}^{k_m}(p_i \times p_j)}{\sqrt{\sum_{l_1=1}^{k_1}\sum_{l_2=1}^{k_2}\cdots\sum_{l_m=1}^{k_m} p_i^2 \times \sum_{l_1=1}^{k_1}\sum_{l_2=1}^{k_2}\cdots\sum_{l_m=1}^{k_m} p_j^2}} \tag{5-41}$$

式中：MPO_{ij} 为 Pianka 生态重叠度，取值范围为 [0，1]，是一种对称性的生态位重叠测度。

$$MRO_{ij} = \sum_{l_1=1}^{k_1}\sum_{l_2=1}^{k_2}\cdots\sum_{l_m=1}^{k_m}\min(p_i,p_j)\times 100\%$$
$$= [1-\frac{1}{2}\sum_{l_1=1}^{k_1}\sum_{l_2=1}^{k_2}\cdots\sum_{l_m=1}^{k_m}(p_i\text{-}p_j)]\times 100\% \quad (5\text{-}42)$$

式中：MRO_{ij} 为百分比生态位重叠度，取值范围为 [0，100]，是两个物种的资源使用曲线实际重叠的面积，它对如何划分资源状态不敏感。

5.2 主要植物的空间分布

5.2.1 树种栅格格局特征

按照 12m、25m、50m、100m、200m、400m、625m、1200m、2500m、5000m 的单元系列，对官山大样地进行栅格化，统计各栅格内树种的个体数，获得种群分布的栅格多度数据。基于栅格数据分析了官山大样地 119 树种的空间分布格局，结果见表 5-2。由表可知，随着统计栅格面积（粒度）的增大，聚集分布的树种数目增加，而且聚集程度加强。

在 12m² 的尺度下，除了山槐表现为随机分布，锥栗、短尾鹅耳枥、台湾冬青（*Ilex formosana*）、中国绣球（*Hydrangea chinensis*）、野鸦椿、枳椇、百齿卫矛（*Euonymus centidens*）、杨梅（*Morella rubra*）、椴树、五裂槭、光叶石楠和短柄枹栎等 12 个树种为不显著聚集分布外，其他 106 种均匀显著聚集分布；在 25m² 的尺度下，只有野鸦椿、绿冬青（*Ilex viridis*）、枳椇、尾叶樱桃、山槐、短柄枹栎这 6 个树种的聚集分布不显著；在 50m²、100m²、200m² 的尺度下，只有杨梅、绿冬青表现为不显著聚集分布，其他 118 个树种均匀显著聚集分布。400~5000m² 尺度下所有物种都表现为显著聚集分布。这说明随着尺度的增加，各树种的聚集程度也逐渐增加。

表 5-2 树种分布格局随栅格尺度的变化

统计单元面积（m²）	显著聚集分布物种数（种）	分布格局指数			
		C	C_A	I_δ	m^*
12	106	1.47 ± 0.07^e	0.24 ± 0.02^e	18.48 ± 1.81^a	0.52 ± 0.08^e
25	113	1.86 ± 0.13^{de}	0.32 ± 0.02^d	16.56 ± 1.68^a	0.97 ± 0.14^e
50	118	2.40 ± 0.22^{de}	0.39 ± 0.02^c	12.84 ± 1.32^b	1.62 ± 0.23^{de}
100	118	3.40 ± 0.37^{de}	0.47 ± 0.02^b	10.60 ± 1.11^{bc}	2.83 ± 0.40^{de}
200	118	4.85 ± 0.60^{cde}	0.52 ± 0.02^a	8.29 ± 0.81^{cd}	4.71 ± 0.66^{cde}

续表

统计单元面积 （m^2）	显著聚集分布 物种数（种）	分布格局指数			
		C	C_A	I_δ	m^*
400	119	7.67 ± 1.02^{cd}	0.57 ± 0.02^a	7.24 ± 0.73^a	8.38 ± 1.15^{cd}
625	119	9.81 ± 1.50^{bc}	0.57 ± 0.02^a	5.56 ± 0.49^{ab}	11.46 ± 1.72^c
1200	119	14.54 ± 2.43^b	0.57 ± 0.02^a	4.50 ± 0.40^{bc}	18.59 ± 2.85^b
2500	119	22.11 ± 3.65^a	0.54 ± 0.02^a	3.42 ± 0.28^c	31.48 ± 4.66^a
5000	119	22.11 ± 3.65^a	0.54 ± 0.02^a	3.42 ± 0.28^c	31.48 ± 4.66^a

注：C 为扩散系数，C_A 为 Cassie 指数，I_δ 为 Morisyia 指数，m^* 为平均拥挤度；不同小写字母表示栅格尺度间的存在显著差异。

5.2.2 树种点格局特征

5.2.2.1 主要树种点格局的统计特征

选择 25 个主要物种（重要值大或珍稀植物）为研究对象，采用异质性泊松模型排除环境空间异质性对物种分布格局的影响，进一步分析树种的分布格局，统计结果如图 5-3。由图可知，随空间尺度的增加，聚集分布的树种数量急剧降低，而随机分布逐渐上升。在 20m 以内各物种主要以聚集分布为主，约占 80%；在 35m 以外随机分布占据主导地位。在 45m 左右达到峰值 21 种，后略降低，处于 12~19 种之间；在 50~70m 的尺度上聚集分布的物种数为 0，100m 以后略有增加基本维持在 3~5 种；均匀分布的物种在约 25m 内为 0，后上升到 13 种，约在 70m 的尺度上达到峰值，随后处于 4~7 种之间。

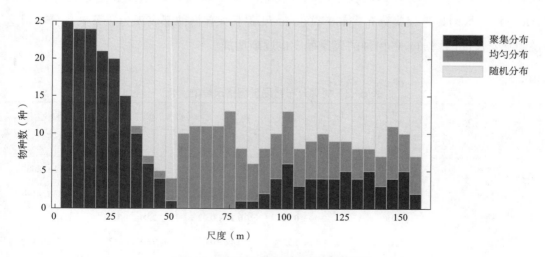

图 5-3 物种分布格局随尺度的变化规律

5.2.2.2 主要树种的点格局特征

杉木主要分布在样地东南部,西北部、北部也有少量分布(图5-4A)。点格局发现在 0~35m 的范围内呈聚集分布,然后随尺度增加,依次呈现随机分布、均匀分布、随机分布、聚集分布,但均匀分布强度较低。赤杨叶主要几乎遍布整个样地(图5-4B),在 0~25m 的尺度上呈聚集分布。然后,随尺度的增加,依次呈现随机分布、均匀分布、随机分布、聚集分布,但均匀分布、聚集分布强度较低。毛竹主要分布在样地北部,西南局部有少量分布(图5-4C)。在 0~40m 的尺度上呈聚集分布,之后随尺度的增加,呈现随机分布、均匀分布、随机分布、均匀分布,但均匀分布强度都比较低。虎皮楠几乎遍布整个样地,但东北部最多最密,西部量少(图5-4D)。它在 0~30m 的尺度上主要呈聚集分布,之后几乎都呈随机分布。

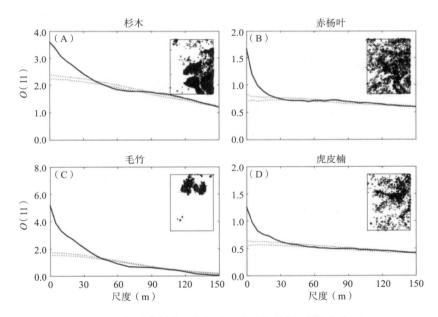

图 5-4 样地内杉木、赤杨叶、毛竹和虎皮楠的分布格局

小叶青冈几乎遍布整个样地,但呈现出由西北向东西依次减少的趋势,西北部最多最密,东南部数量较少(图5-5A)。在 0~30m 的尺度上主要呈聚集分布,之后依次呈现随机分布、均匀分布、随机分布、聚集分布交替出现,但均匀分布和聚集分布强度较低。木荷主要分布在样地西部、西南部、北部数量较少,呈现由西南向东北依次减少的趋势(图5-5B)。它在 0~25m 的尺度上主要呈聚集分布,之后基本呈随机分布。南酸枣几乎遍布整个样地(图5-5C)。它在 0~30m 的尺度上呈聚集分布,之后几乎都呈随机分布。麻栎几乎遍布整个样地,但西部、北部较少。它在几乎在所有尺度上都呈随机分布(图5-5D)。

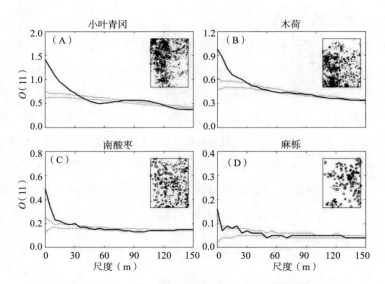

图 5-5　样地内小叶青冈、木荷、南酸枣和麻栎的分布格局

红楠遍布整个样地，且呈现由东北向西南逐渐减少的趋势。它在 0~35m 的尺度上呈聚集分布，之后依次为随机分布、均匀分布、随机分布和聚集分布，但均匀分布和聚集分布强度都较弱（图 5-6A）。甜槠几乎遍布整个样地，但西北、南部较密，它在 0~40m 的尺度上聚集分布，然后依次呈随机分布、均匀分布、随机分布，但均匀分布的强度较低（图 5-6B）。日本杜英遍布整个样地，在 0~25m 的尺度上主要呈聚集分布，之后几乎都是随机分布（图 5-6C）。枫香树几乎遍布整个样地。它除了在 0~10m 的尺度上呈聚集分布外，其他尺度几乎都是随机分布（图 5-6D）。

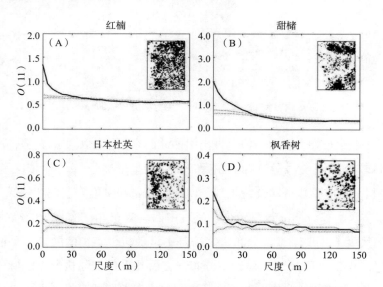

图 5-6　样地内红楠、甜槠、日本杜英和枫香树的分布格局

米槠遍布整个样地，由西南向东北呈现减少趋势，它在 0~25m 的尺度上主要呈聚集分布，之后依次呈现随机分布、均匀分布、随机分布、聚焦分布，但均匀分布和聚集分布强度都较弱（图 5-7A）。钩锥主要分布在样地西南部，它在 0~40m 的尺度上呈聚集分布，之后几乎都呈随机分布（图 5-7B）。马尾松主要分布在样地南部、东南部、中北部和西北部的山脊，它在 0~25m 的尺度上主要呈聚集分布，然后依次呈随机分布、均匀分布和随机分布（图 5-7C）。毛豹皮樟遍布整个样地。它在 0~20m 的尺度上主要呈聚集分布，之后几乎呈随机分布（图 5-7D）。

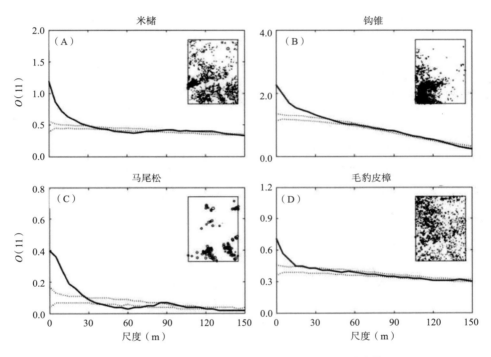

图 5-7　样地内米槠、钩锥、马尾松和毛豹皮樟的分布格局

榕叶冬青遍布整个样地，呈现由西北向东南逐渐减少趋势，它 0~10m 的尺度上呈聚集分布，之后几乎都呈随机分布（图 5-8A）。锥栗几乎遍布整个样地，但密度较低，它 0~10m 的尺度上呈聚集分布，之后几乎都呈随机分布（图 5-8B）。栲几乎遍布整个样地，但西南部和北部数量较少，它在 0~40m 的尺度上呈聚集分布，之后依次呈随机分布、均匀分布和随机分布，但均匀分布强度较弱（图 5-8C）。檫木主要分布在样地西北和东南，东北和西南较少，它在 0~25m 的尺度上主要呈聚集分布，之后几乎都呈随机分布（图 5-8D）。

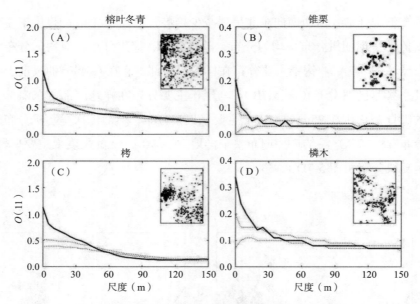

图 5-8 样地内榕叶冬青、锥栗、栲和椤木的分布格局

褐毛杜英遍布整个样地,它在 0~20m 的尺度上主要呈聚集分布,之后主要呈低强度的均匀分布(图 5-9A)。柯主要分布在样地中西部、东北部,东南部较少,它在 0~35m 的范围内呈聚集分布,之后依次呈随机分布、均匀分布和随机分布(图 5-9B)。薄叶润楠主要分布在样地中西部,它在 0~20m 的尺度上主要呈聚集分布,之后主要呈随机分布(图 5-9C)。南方红豆杉零星分布于整个样地,几乎在所有尺度上都呈随机分布(图 5-9D)。

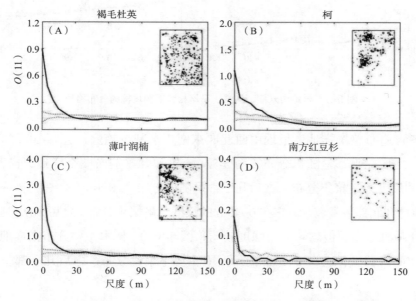

图 5-9 样地内褐毛杜英、柯、薄叶润楠和南方红豆杉的分布格局

5.3 主要树种的生境选择性

5.3.1 海拔选择性

表 5-3 展示了主要物种对海拔的选择性。由表可知，30% 表现为选择、40% 为排斥、30% 为随机。从偏向选择性看，中海拔段（E3）表现出最大的选择性，有 45 种偏向选择，占 119 树种的 37.82%，然后向上、向下选择性逐渐降低，至低海拔段（E1）表现最低的偏向选择，只有 17 种，仅占 14.29%。从偏向排斥性看，对高海拔段和低海拔段的排斥性较高，分别有 69 种、58 种树种表现为显著排斥，分别占 57.98%、48.74%。相反，对中海拔的排斥性最低，只有 25 种，仅占 20.01%。由此可见，官山大样地中的树种对海拔的选择表现出明显的中域效应。

表 5-3 树种对海拔的选择性统计

海拔段	海拔类型（m）	偏向选择		偏向排斥		随机	
		种数	占比（%）	种数	占比（%）	种数	占比（%）
E1	低海拔（0，485.6）	17	14.29	69	57.98	33	27.73
E2	较低海拔 [485.6，522.6）	38	31.93	53	44.54	28	23.53
E3	中海拔 [522.6，559.5）	45	37.82	25	21.01	49	41.18
E4	较高海拔 [559.5，596.5）	38	31.93	42	35.29	39	32.77
E5	高海拔（596.5 以上）	33	27.73	58	48.74	28	23.53
平　均	—	34	28.74	49	41.51	35	29.75

根据海拔，将大样地分成上、中、下三段，植物对海拔的选择性分选择、排斥和随机 3 种类型，理论上二者应有 25 种组合，但本研究的 25 个树种主要表现为 8 种选择类型。具体表现如下（表 5-4、图 5-10）。

南方红豆杉、杉木 2 树种属于第 1 类型，即全域随机型，占 25 个物种的 8.0%。它们在大样地中对海拔没有表现出明显的选择偏向性。

褐毛杜英、枫香树、赤杨叶、红楠、锥栗、马尾松 6 个树种属于第 2 类型，即斥下—随中—选上型，占 25 个物种的 24.0%。它们对山体上端表现明显的选择性，而对下部表现为排斥性。

麻栎、虎皮楠、毛竹 3 个树种属于第 3 类型，即斥下—斥中—选上型，占 25 个物种的 12.0%。它们对山体上端表现明显的选择性，而对中部、下部表现为排斥性。

南酸枣、柯、甜槠3个树种属于第4类型，即斥下—选中—选上型，占25个物种的12.0%。它们对大样地的低海拔段表现出明显的排斥性，而对大样地的中、高海拔地段表现出明显的偏向性。

檵木、栲、薄叶润楠、日本杜英、毛豹皮樟、小叶青冈、榕叶冬青7个树种属于第5类型，即斥上—选中—斥下型，占25个物种的28.0%。这些种对大样地中海拔具有偏向选择性，而对低海拔和高海拔表现为明显的排斥作用。

米槠、闽楠2个物种属于第6类型，即随下—选中—斥上型，占25个物种的8.0%。他们对中海拔有明显的选择性，对山体的上端表现出明显的排斥性。

木荷属于第7类型，即选下—随中—斥上型，占25个物种的4.0%。它们对低海拔具有明显的选择性，而对高海拔有明显的排斥性。

钩锥属于第8类型，即选下—斥中—斥上型，占25个物种的4.0%。这类物种只选择低海拔，而对中海拔、高海拔表现出明显的排斥性。

表5-4 各树种对海拔的选择性

树 种	型 号	类 型	海拔1（下）	海拔2（下）	海拔3（中）	海拔4（上）	海拔5（上）
杉 木	1	全域随机	−0.98	−0.99	0.3	0.24	−0.14
南方红豆杉	1	全域随机	−0.66	−0.11	−0.1	0.21	0.1
赤杨叶	2	斥下—随中—选上	−0.38*	−0.40*	0	0.19*	0.14*
红 楠	2	斥下—随中—选上	−0.88*	−0.44*	0.01	0.12*	0.31*
枫香树	2	斥下—随中—选上	−0.38*	−0.32*	−0.02	0.19*	0.12
马尾松	2	斥下—随中—选上	−1.00*	−0.87*	0.13	0.35*	−0.07
锥 栗	2	斥下—随中—选上	−1.00*	−0.57*	−0.05	0.27*	0.25*
褐毛杜英	2	斥下—随中—选上	−0.36*	−0.13*	−0.04	−0.02	0.29*
毛 竹	3	斥下—斥中—选上	−1.00*	−0.98*	−0.13*	0.39*	0.30*
虎皮楠	3	斥下—斥中—选上	−0.92*	−0.73*	−0.29*	0.23*	0.55*
麻 栎	3	斥下—斥中—选上	−0.62*	−0.41*	−0.28*	0.23*	0.43*
南酸枣	4	斥下—选中—选上	−0.75*	−0.38*	0.14*	0.13*	0.06
甜 槠	4	斥下—选中—选上	−1.00*	−0.78*	0.11	0.15*	0.29*
柯	4	斥下—选中—选上	−0.76*	−0.38*	0.14*	0.13*	0.06

续表

树种	型号	类型	海拔1（下）	海拔2（下）	海拔3（中）	海拔4（上）	海拔5（上）
小叶青冈	5	斥上—选中—斥下	−0.86*	−0.04	0.16*	0.02	−0.10*
日本杜英	5	斥上—选中—斥下	−0.20*	0.19*	0.17*	−0.16*	−0.35*
毛豹皮樟	5	斥上—选中—斥下	−0.25*	0.12*	0.26*	−0.14*	−0.49*
榕叶冬青	5	斥上—选中—斥下	−0.30*	0.44*	0.01	−0.37*	−0.12*
栲	5	斥上—选中—斥下	−0.73*	0.28*	0.28*	−0.22*	−0.64*
椤木	5	斥上—选中—斥下	−0.65*	0.07	0.25*	−0.01	−0.53*
薄叶润楠	5	斥上—选中—斥下	−0.36*	0.43*	0.13*	−0.20*	−0.85*
米槠	6	随下—选中—斥上	0.07	0.21*	0.28*	−0.27*	−0.77*
闽楠	6	随下—选中—斥上	−0.22	0.75*	−0.08	−0.75*	−0.96*
木荷	7	选下—随中—斥上	0.24*	0.45*	0.05	−0.39*	−0.61*
钩锥	8	选下—斥中—斥上	0.76*	0.64*	−0.42*	−0.95*	−0.97*

注：负值表示排斥性，* 表示物种对海拔有显著偏向选择性或排斥性。

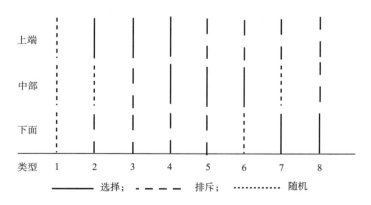

图 5-10 树种对海拔的选择类型

5.3.2 坡向选择性

表 5-5 展示了树种对坡向的选择性。从总体上看，50.0% 左右的树种对坡向没有明显的选择性，20.0% 的物种对坡向有选择性，30.0% 左右的物种对坡向表现为排斥性。从偏向选择性看，选择正西坡的物种较多，占 31.93%，选择东北、正南较少，各只占 14.29%。从排斥性看，对正南坡排斥性最大，占 34.45%，对正西坡排斥性最小，只占 20.17%。从随机性看，对东北坡的随机性最大，达 63.87% 的物种都可以随机出现在东北坡。

表 5-5 119 个物种对不同坡向的选择

类别	坡向/方向角（°）	偏向选择		偏向排斥		随机	
		种数	占比（%）	种数	占比（%）	种数	占比（%）
A0	正北（337.5~22.5]	31	26.05	36	30.25	52	43.70
A1	东北（22.5~67.5]	17	14.29	26	21.85	76	63.87
A2	正东（67.5~112.5]	23	19.33	36	30.25	60	50.42
A3	东南（112.5~157.5]	28	23.53	33	27.73	58	48.74
A4	正南 157.5~202.5]	17	14.29	41	34.45	61	51.26
A5	西南（202.5~247.5]	25	21.01	28	23.53	66	55.46
A6	正西（247.5~292.5]	38	31.93	24	20.17	57	47.90
A7	西北（292.5~337.5]	19	15.97	31	26.05	69	57.98
平均	—	25	20.80	32	26.79	62	52.42

根据 25 个树种与各种坡向的相关性，可将其大致分为 8 种坡向选择类型。具体见表 5-6。

表 5-6 主要物种对不同坡向的选择

树种	型号	类型	北 阴	东北 半阴坡	东 半阴坡	东南 半阳坡	南 阳	西南 半阳坡	西 半阳坡	西北 半阴坡
南方红豆杉	1	随机型	0.29	-1	-0.1	-0.33	0.02	0.09	-0.16	0.09
赤杨叶	2	南坡型	-0.19*	-0.18*	0.07	0.14*	0.21*	-0.01	0.02	-0.16*
枫香树	2	南坡型	-0.24	0.01	-0.02	0.21*	0.23*	0.12*	-0.13*	-0.24*
檫木	2	南坡型	-0.58*	-0.59*	0.17	-0.36*	0.34*	0.1	0.07	-0.34*
麻栎	2	南坡型	-0.11	-0.21	0.03	0.17	0.24*	0.08	-0.13	-0.17
钩锥	3	西南型	-0.95*	-0.21*	-0.83*	-0.82*	-0.30*	0.21*	0.12*	0.18*
毛豹皮樟	3	西南型	-0.25*	-0.51*	-0.12	-0.18*	-0.16*	0.09	0.20*	-0.14*
木荷	3	西南型	-0.66*	-0.32*	-0.26*	-0.28*	-0.03	0.20*	0.17	-0.23*
小叶青冈	3	西南型	-0.07	-0.59*	-0.56*	-0.37*	-0.53*	0.06	0.27*	0.02
米槠	4	东南型	-0.59*	0.04	0.46*	0.08	-0.11*	0.08*	-0.02	-0.19*
栲	4	东南型	-0.34*	0.02	0.43*	0.18*	-0.05	-0.08*	0.10*	-0.21*
榕叶冬青	4	东南型	-0.13*	-0.65*	-0.64*	0.30*	-0.15*	-0.12*	0.26*	-0.02
闽楠	4	东南型	-0.53*	-0.26	-1.00*	-0.35	-0.29*	-0.20*	0.50*	-0.02
马尾松	4	东南型	-0.25	0.31	0.68*	0.46*	0.23	-0.12	-0.34*	-0.67*
南酸枣	4	东南型	-0.04	-0.21	0.24*	0	0.37*	0.06	-0.25*	-0.20*
杉木	4	东南型	-0.29*	0.16*	0.54*	0.42*	0.28*	0	-0.34*	-0.45*
锥栗	4	东南型	-0.29	0.01	0.2	0.31*	0.07	-0.21*	0.16	-0.13

续表

| 树种 | 型号 | 类型 | 北 | 东北 | 东 | 东南 | 南 | 西南 | 西 | 西北 |
			阴	半阴坡	半阴坡	半阳坡	阳	半阳坡	半阳坡	半阴坡
薄叶润楠	5	西北型	0.14*	−0.52*	−0.82*	−0.53*	−0.77*	−0.04	0.33*	0.08
日本杜英	5	西北型	0.22*	−0.19	−0.07	−0.29*	−0.30*	−0.21*	0.12*	0.25*
红楠	6	北坡型	0.15*	0.24*	−0.07	−0.14*	0.05	−0.04*	0.03	−0.09*
褐毛杜英	7	东坡型	0.41*	0.07	0.24*	0.21*	−0.1	−0.11*	−0.05	−0.25*
甜槠	7	东坡型	0.19*	0.04	0.30*	0.30*	0.04	−0.04	−0.20*	−0.12*
柯	8	混杂型	0.36*	−0.48*	−0.77*	−0.55*	−0.43	0.24*	−0.01	−0.13
毛竹	8	混杂型	0.41*	0.21*	−1.00*	−1.00*	−0.74*	0.19*	−0.18*	0.16*
虎皮楠	8	混杂型	0.24*	−0.12	−0.33*	0.29*	0.04	0.06*	−0.25*	0.01

类型 1：随机型。物种对所有坡向都没表现出明显的偏向选择与排斥，可随机出现在任何坡向，如南方红豆杉。

类型 2：南坡型。物种主要选择南坡、东南坡、西南坡，而排斥北坡、西北坡或东北坡。如赤杨叶、枫香树、檫木、麻栎 4 个树种，说明这些树种较喜光、喜温、耐旱、耐贫瘠。

类型 3：西南型。有钩锥、毛豹皮樟、木荷、小叶青冈 4 个树种，它们主要分布于西南坡、西坡或西北坡，同时明显排斥北坡、东坡和南坡，说明这些物种比较喜湿、耐阴、喜肥沃。

类型 4：东南型。有米槠、栲、榕叶冬青、闽楠、马尾松、南酸枣、杉木、锥栗 8 个树种，这些物种主要分布于东坡、南坡，部分还选择西坡，说明它们喜欢光、半阴性环境。

类型 5：西北型。有薄叶润楠、日本杜英 2 种，这类树种主要分布在北坡、西北坡和西坡，明显排斥南坡，说明它们属于喜湿、喜阴凉、喜肥沃树种，同时不耐旱、不耐贫瘠。

类型 6：北坡型。仅红楠 1 种，它主要分布在北坡、东北坡，同时排斥东坡、西坡。说明它是典型的喜湿耐阴种。

类型 7：东北型。有褐毛杜英、甜槠 2 种，它们主要分布于东坡、北坡，而排斥西坡、西北坡，说明它们是喜湿、耐阴，但耐旱较差。

类型 8：混杂型。主要有柯、毛竹、虎皮楠 3 种，它们偏向选择北坡、西南坡，排斥东坡、西坡。北坡与南坡生态条件相反，但它们却表现出对 2 种环境都有偏向选择。这种类型可能与随机型相类似，只是抽样的原因，导致它们表现出对环境有一定选择或排斥。如果取样范围增大、样本增多，它们可能会表现为随机型，但有待进一步验证。

5.3.3　坡度选择性

总体上来看，大样地中多数植物对坡度选择性不强，仅 20.0% 表现出偏向选择性、30.0% 表现为排斥性，50.0% 多物种表现为随机性（表 5-7）。从各个坡度来看，对 S4

坡度段选择性最大，近 30%，而 S2 选择性最小，仅 15%；从对不同坡度排斥性看，对 S2 排斥性最大，有 36.97% 树种对这一坡度表现出排斥性，而对 S5 的排斥性最小，仅 13.45% 的树种排斥这一坡度。

表 5-7 主要物种对不同坡度的选择

坡度	坡度段（°）	偏向选择		偏向排斥		随机	
		种数	占比（%）	种数	占比（%）	种数	占比（%）
S1	缓坡（0.0, 13.7）	27	22.69	34	28.57	58	48.74
S2	斜坡[13.7, 26.0）	18	15.13	44	36.97	57	47.90
S3	陡坡[26.0, 38.3）	21	17.65	31	26.05	67	56.30
S4	急坡[38.3, 50.6）	35	29.41	28	23.53	56	47.06
S5	险坡[50.6, 62.9）	33	27.73	16	13.45	70	58.82
平均	—	27	22.52	31	25.71	62	51.76

根据样地坡度将 300 个样方划分为 5 个类型，根据植物对坡度的选择性分为选择、排斥和随机 3 种类型，本章分析的 25 个主要树种表现为 5 种选择类型（表 5-8）。

表 5-8 主要物种对不同坡度的选择

树种	型号	类型	坡度				
			缓坡（S1）	斜坡（S2）	陡坡（S3）	急坡（S4）	险坡（S5）
小叶青冈	1	随机型	−0.17	−0.47	0.07	0.04	0.48
榕叶冬青	1	随机型	−0.12	−0.06	0.05	−0.02	0.12
麻栎	1	随机型	0.21	−0.2	0	0.09	−0.19
南酸枣	1	随机型	0.02	0.07	0.03	−0.12*	0.08
南方红豆杉	1	随机型	−1.00*	−0.09	0.15	0.1	−0.55
马尾松	2	缓坡型	0.73*	0.06	−0.11	−0.44*	−1.00*
锥栗	2	缓坡型	0.30*	−0.37*	0.14	−0.1	0.11
虎皮楠	3	缓坡型	0.26*	0.03	0.09*	−0.23*	−0.02
赤杨叶	3	斜坡型	−0.05	−0.03	0.10*	−0.03	−0.39*
枫香树	3	斜坡型	0.16	0.16*	0.06	−0.21*	−0.33
闽楠	3	斜坡型	−0.49*	0.27*	−0.01	−0.18*	0.14
檫木	3	斜坡型	−0.59*	0.14*	0.04	0.01	−0.35*
薄叶润楠	3	斜坡型	−0.71*	0.09*	0.05	0.02	−0.17
米槠	4	急坡型	−0.03	−0.31*	−0.05	0.15*	0.31*
木荷	4	急坡型	−0.01	−0.27*	−0.25*	0.32*	0.33*

续表

树 种	型 号	类 型	坡 度				
			缓坡（S1）	斜坡（S2）	陡坡（S3）	急坡（S4）	险坡（S5）
红 楠	4	急坡型	−0.11*	−0.08*	−0.02	0.04*	0.22*
日本杜英	4	急坡型	−0.20*	−0.23*	−0.08*	0.18*	0.33*
钩 锥	4	急坡型	−0.30*	−0.33*	−0.24*	0.41*	0.14*
毛豹皮樟	4	急坡型	−0.35*	−0.07*	−0.06*	0.17*	0.03
毛 竹	4	急坡型	−0.12*	−0.14*	−0.27*	−0.18*	0.80*
栲	5	混杂型	0.15*	−0.50*	−0.14*	0.32*	0.11
褐毛杜英	5	混杂型	0.24*	−0.18*	0.10*	−0.08	−0.05
杉 木	5	混杂型	0.36*	−0.08*	0.22*	−0.28*	−0.86*
柯	5	混杂型	0.20*	−0.42*	−0.39*	0.02*	0.80*
甜 槠	5	混杂型	0.30*	−0.04	−0.02	−0.21*	0.41*

类型 1：随机型。物种对所有坡度都没表现出明显的偏向选择与排斥，可随机出现在任何坡度，如小叶青冈、榕叶冬青、麻栎、南酸枣、南方红豆杉 5 种，说明它们对土壤厚薄没有明显的选择。

类型 2：缓坡型。物种主要分布在 15° 以下样地，而排斥急坡、险坡。如马尾松、锥栗、虎皮楠 3 种，说明这些树种较喜深、疏松且不积水的环境。

类型 3：斜坡型。有赤杨叶、枫香、闽楠、椤木、薄叶润楠 5 种，它们主要分布于斜坡，且明显排斥缓坡或急坡。

类型 4：急坡型。有米槠、木荷、红楠、日本杜英、钩锥、毛豹皮樟、毛竹 7 种，这些物种主要分布于急坡和险坡，且对缓坡或斜坡表现出明显的排斥性。

类型 5：混杂型。有杉木、柯、甜槠 3 种，这类树种可间断性地分布在缓坡、陡坡、急坡、险坡，说明它们分布比较混杂，可能这一类型与随机型并无本质差异，只是取样因素导致相应物种表现出这样的选择结果。

5.3.4 凹凸度选择性

表 5-9 展示了树种对地形凹凸度的选择情况。由表可知，总体上约 30% 树种表现出偏向选择性，30% 表现为排斥性，也还有 40% 多物种表现为随机性；从对凹凸程度的选择性看，对微凸（C4）选择性最大，有 38.66% 的物种选择了此类地形，而对深凹（C1）选择性最小；对浅凹（C2）排斥性最大，而对突凸（C5）排斥性最小。对突凸地形（C5）选择随机性最大，对浅凹（C2）随机性最小。

表 5-9　官山大样地中主要树种对不同地形凹凸度的选择性统计

类　型	凹凸度	偏向选择		偏向排斥		随机	
		种　数	占比（%）	种　数	占比（%）	种　数	占比（%）
C5	突凸 [10.4，15.8）	27	22.69	15	12.61	77	64.71
C4	微凸 [5.0，10.4）	46	38.66	29	24.37	44	36.97
C3	平地 [-0.5，5.0）	43	36.13	30	25.21	46	38.66
C2	浅凹 [-5.9，-0.5）	32	26.89	58	48.74	29	24.37
C1	深凹（-11.3，-5.9）	20	16.81	42	35.29	57	47.90
平　均		34	28.24	35	29.24	51	42.52

根据样地凹凸度将 300 个样方划分为 5 个类型，根据植物对凹凸度的选择性分选择、排斥和随机 3 种类型，大样地中 25 个树种表现为 3 种选择类型（表 5-10）。

（1）凹地型：有南方红豆杉、闽楠、榕叶冬青、毛豹皮樟、橼木、薄叶润楠、钩锥 7 种，分布于深凹地或浅凹地，而排斥微凸地和突凸地。

（2）凸地型：有枫香树、南酸枣、赤杨叶、甜槠、红楠、米槠、褐毛杜英、虎皮楠、麻栎、杉木、锥栗、马尾松、柯、毛竹、小叶青冈 15 种。这些树种主要分布在平地、微凸地和突凸地，而排斥凹地。

（3）混杂型：栲、日本杜英、木荷 3 种，它们间断性地选择凹凸度，可能也是对地形凹凸度没有选择性的表现。

表 5-10　树种对不同凹凸度的选择

树　种	型号	类　型	凹凸度				
			深凹（C1）	浅凹（C2）	平地（C3）	微凸（C4）	突凸（C5）
南方红豆杉	1	凹地型	-0.2	0.26*	-0.13	-0.42	0.32
闽　楠	1	凹地型	-0.04	0.40*	-0.30*	-0.22*	-0.70*
榕叶冬青	1	凹地型	0.04	0.14*	-0.15*	0.02	-0.16
毛豹皮樟	1	凹地型	0.08	0.15*	-0.11*	-0.10*	-0.34*
橼　木	1	凹地型	0.28*	0.33*	-0.20*	-0.72*	-0.58*
薄叶润楠	1	凹地型	0.29*	0.61*	-0.62*	-0.49*	-0.89*
钩　锥	1	凹地型	0.58*	-0.08*	0.02	-0.56*	-1.00*
枫香树	2	凸地型	-0.19	-0.16*	0.13*	-0.01	0.39
南酸枣	2	凸地型	-0.02	-0.14*	0.08*	0.06	0.24*

续表

树 种	型 号	类型	凹凸度				
			深凹（C1）	浅凹（C2）	平地（C3）	微凸（C4）	突凸（C5）
赤杨叶	2	凸地型	−0.11*	−0.15*	0.14*	0.02	0
甜 槠	2	凸地型	−0.33*	−0.53*	0.17*	0.36*	0.56*
红 楠	2	凸地型	−0.34*	−0.27*	0.18*	0.19*	0.18*
米 槠	2	凸地型	−0.43*	−0.44*	0.34*	0.16*	0.03
褐毛杜英	2	凸地型	−0.55*	−0.27*	0.22*	0.09	0.42*
虎皮楠	2	凸地型	−0.75*	−0.46*	0.29*	0.26*	0.31*
麻 栎	2	凸地型	−0.85*	−0.44*	0.29*	0.24*	0.34*
杉 木	2	凸地型	−0.85*	−0.45*	0.32*	0.21*	0.33*
锥 栗	2	凸地型	−1.00*	−0.67*	0.24*	0.55*	−0.14
马尾松	2	凸地型	−1.00*	−0.90*	0.02	0.72*	0.53*
柯	2	凸地型	−0.39*	−0.32*	−0.19*	0.48*	0.74*
毛 竹	2	凸地型	−1.00*	0.01	−0.24*	0.20*	0.78*
小叶青冈	2	凸地型	−0.27*	−0.09*	−0.09*	0.22*	0.58*
日本杜英	3	混杂型	0.13	−0.12*	0.02	0.17*	−0.26
木 荷	3	混杂型	0.36*	−0.32*	0.14*	0.06	−0.22*
栲	3	混杂型	0.53*	−0.52*	0.22*	−0.07	0.07

5.4 生态位宽度与生态位重叠

5.4.1 生态位统计特征

图 5-11 展示了官山大样地中 119 个树种的海拔、坡向、坡度和凹凸度 4 个地形因子的生态位宽度统计图。绝大多数树种对 4 个生态因子的单因子生态位宽度都较大，都介于 0.9~1.0，尤其是坡度因子，117 个树种（占比 98.3%）的生态位宽度超过 0.9。主要是因为在大样地这个范围内，这些树种都有分布，只是不同坡度出现的个体数大小不同而已。

5.4.2 树种生态位宽度

表 5-11 分别列出了 25 个主要树种单维生态位及多维生态位计算结果。从表中可看出，各物种的生态位宽度值均较大，其中赤杨叶、枫香树、毛豹皮樟、日本杜英、南酸枣 5 个树种生态位最宽，杉木、闽楠、毛竹、钩锥、马尾松 5 个树种生态位宽度略微偏低。说明这些树种对大样地环境的适应性较强，而成为群落优势种。

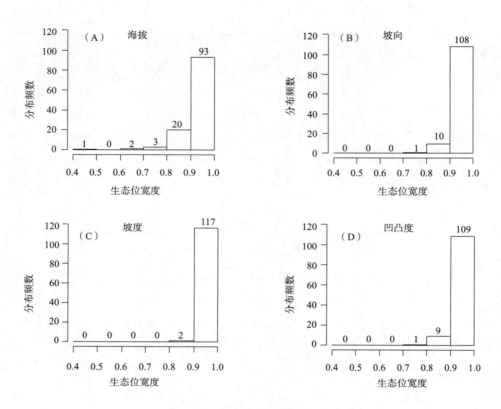

图 5-11 主要树种生态位宽度统计

表 5-11 官山大样地 25 个主要树种综合生态位宽度排序

种 名	海 拔	坡 向	坡 度	凹凸度	多维生态位	综合排名
赤杨叶	0.98	0.99	1	1	0.99	1
枫香树	0.99	0.99	0.99	0.99	0.99	2
毛豹皮樟	0.98	0.99	0.99	1	0.99	3
日本杜英	0.99	0.99	0.99	1	0.99	4
南酸枣	0.98	0.98	1	1	0.99	5
褐毛杜英	0.99	0.98	1	0.98	0.99	6
红楠	0.97	1	1	0.99	0.99	7
榕叶冬青	0.97	0.98	1	1	0.99	8
小叶青冈	0.98	0.98	0.98	0.99	0.99	9
南方红豆杉	0.99	0.98	0.96	0.98	0.98	10
麻栎	0.96	0.99	1	0.96	0.98	11
米槠	0.96	0.98	0.99	0.97	0.98	12
檫木	0.97	0.97	0.99	0.96	0.98	13
木荷	0.96	0.98	0.98	0.99	0.97	14

续表

种 名	海拔	坡向	坡度	凹凸度	多维生态位	综合排名
栲	0.96	0.99	0.98	0.96	0.97	15
甜槠	0.93	0.99	0.99	0.96	0.97	16
虎皮楠	0.92	0.99	0.99	0.96	0.97	17
锥栗	0.94	0.99	0.99	0.9	0.96	18
柯	0.98	0.97	0.92	0.95	0.95	19
薄叶润楠	0.95	0.96	0.99	0.92	0.95	20
杉 木	0.89	0.96	0.97	0.96	0.95	21
闽 楠	0.84	0.94	0.99	0.98	0.94	22
毛 竹	0.88	0.92	0.94	0.94	0.92	23
钩 锥	0.75	0.95	0.97	0.96	0.91	24
马尾松	0.92	0.93	0.92	0.82	0.90	25

采用 R3.3.6 编制树种多维生态位星状图（图 5-12）。由图可以看出，多维生态位宽度较大的前 5 名依次为红楠、赤杨叶、日本杜英、毛豹皮樟、南酸枣，其大小分别为 1.86、1.84、1.75、1.71、1.71；最后 5 位分别是闽楠、柯、钩锥、毛竹、马尾松，其大小依次为 0.71、0.53、0.39、0.15、0.04。

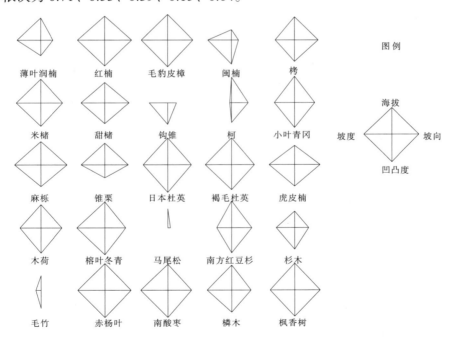

图 5-12　主要树种生态位星状图

注：星图由 4 个角构成，分别代表海拔、坡向、坡度和凹凸度 4 个地形因子；每个角都有一条轴线与中心点连接，线段离中心的长度表示变量值的大小，轴线越长，数值越大，画出来的星图也就越大，多维生态位越宽。为了便于比较，绘图前须先对各因子进行标准化，再按矩阵的行变量进行星图绘制。

5.4.3 种间生态位重叠

5.4.3.1 生态位重叠统计特征

图5-13展示了119个种树之间生态位重叠情况。119个种树构成7021种对，不论从O_{ij}值（物种i与物种j的重叠部分），还是O_{ji}（物种j与物种i的重叠部分）来看，海拔、坡向、坡度和凹凸度的生态位重叠度都较高，高度重叠（Ⅴ级）均为60%以上，部分重叠（Ⅱ级）不足3.0%；生态位完全分离（Ⅰ级）的种对根本没有。此外，海拔生态位重叠度相对较少，其高度重叠率的种对只占60%，而坡度维度有近90%种对高度重叠。生态位重叠越大，生态位分化越不明显。说明大样地中常见树种间生态需求差异较小，对环境资源需求趋同。

5.4.3.2 多维生态位对称性重叠度

图5-14展示了25个主要树种间多维生态位对称性重叠情况。由图可知，25个树种之间的生态位重叠度较大。没有出现完全分离（$O=0$）、部分重叠（$0<O<0.25$）的种对，仅1种对中等重叠（$0.25 \leqslant O<0.50$），45种对较大重叠（$0.5 \leqslant O<0.75$），占15.0%，高度重叠（$O \geqslant 0.75$）达254种对，占84.47%。

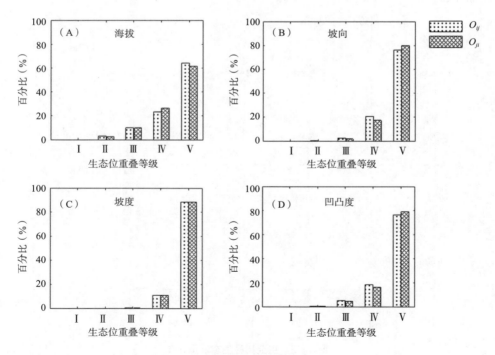

图5-13 生态位重叠统计

注：按生态位重叠指数大小，将生态位重叠程度分成Ⅰ、Ⅱ、Ⅲ、Ⅳ、Ⅴ五个等级，分别表示完全分离（$O=0$）、部分重叠（$0<O<0.25$）、中等重叠（$0.25 \leqslant O<0.50$）、较大重叠（$0.5 \leqslant O<0.75$）和高度重叠（$O \geqslant 0.75$）。

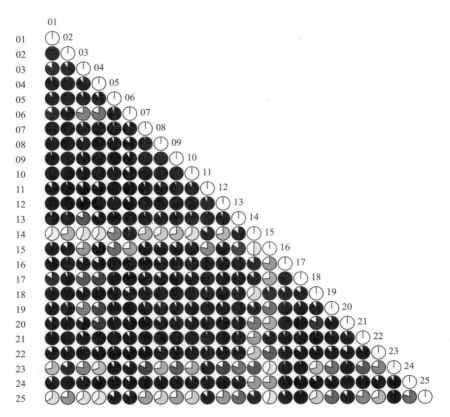

图 5-14 树种多维生态位对称性重叠

注：颜色越深表示重叠度越大，反之重叠度越小；物种自身生态位重叠（对角线元素）不计；01 为杉木；02 为赤杨叶；03 为毛竹；04 为虎皮楠；05 为小叶青冈；06 为木荷；07 为南酸枣；08 为麻栎；09 为红楠；10 为甜槠；11 为日本杜英；12 为枫香树；13 为米槠；14 为钩锥；15 为马尾松；16 为毛豹皮樟；17 为榕叶冬青；18 为锥栗；19 为栲；20 为檫木；21 为褐毛杜英；22 为柯；23 为薄叶润楠；24 为南方红豆杉；25 为闽楠。

5.4.3.3 多维生态位对称性重叠度

图 5-15 展示了 25 个主要树种间多维生态位非对称性重叠情况。从对他种重叠性看，褐毛杜英、红楠、甜槠、日本杜英、南酸枣对其他树种生态位的重叠度最大，说明这些树种对其他物种的空间竞争力较强；而钩锥、闽楠、薄叶润楠、马尾松、杉木对其他树种生态位重叠相对较小，说明它们扩散能力有限。

从易受他种重叠性看，毛豹皮樟、檫木、米槠、小叶青冈、杉木等 5 个树种的生境容易遭受其他树种侵占，因为树种生长的地方条件优越、土壤深厚肥沃；而马尾松、钩锥、毛竹、柯、甜槠 5 个树种不易受其他物种入侵。从现实情况看，这些生境要么是条件恶劣，其他树种难以适应，如马尾松多分布在山顶干旱的地方，钩锥多分布于阴湿沟谷地段，柯、甜槠多分布在陡峭、瘠薄的地方；要么是其他树种难以取胜原有树种（图 5-15 左下），如毛竹具有极强的扩张入侵性。

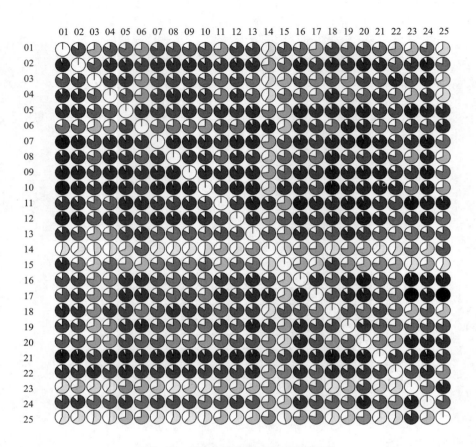

图 5-15　树种多维生态位非对称性重叠

注：颜色越深表示重叠度越大，反之重叠度越小；同一物种自身重叠（对角线元素）不计；先行后列就是行物种对列物种的生态位重叠，物种号同图 5-14。

5.4.4　重叠与被重叠的关系

图 5-16 展示了 25 个树种生态位重叠与被重叠之间关系。由图看出，对多数树种而言，生态位重叠与被重叠的秩为负相关关系，即一个树种对其他树种的生态位重叠度大，那么它被其他树种重叠可能性就小。反之，如果它被其他树种重叠度大，那么它重叠其他树种的可能性就小。例如，褐毛杜英、红楠、甜槠 3 个树种对其他物种的重叠度排名 1、2、3，被重叠排名 18、11、21。毛豹皮樟、檫木、米槠易被重叠度排名 1、2、3，而他们重叠其他树种排名第 11、20、15。

但也有部分树种例外，不但对其他树种重叠度低，而且被重叠的可能性也小，如薄叶润楠、马尾松、虎皮楠、毛竹、钩锥、闽楠 6 个树种，它们重叠度排名 15、25、19、23、24、20，被重叠度排名 23、22、18、19、25、24。可能是因为它们生态位特化，只适合生长特定生境，而很难适应其他生境或在其他生境中竞争力较差，而其他树种也难以在该生境下生存。

按英国生态学家 Grime（1979）等提出的 RSC 生活史对策划分（祝燕 等，2011），马尾松属耐干旱、贫瘠的胁迫型（S 型）树种；薄叶润楠、钩锥、闽楠属于竞争型（C 型）树种；毛竹属于杂草型（R 型）克隆植物，它具有较扩张性和竞争力。当前毛竹只出现在大样地的北部，虽扩张范围有限，但其难入侵性体现得较为充分。因此，生态位的非对称性重叠一定程度反映了物种的生境竞争力和被入侵可能性。

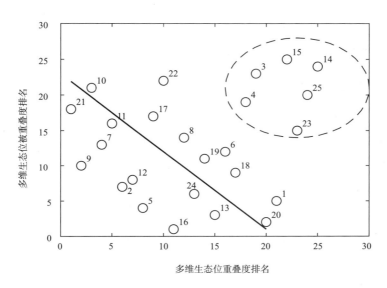

图 5-16　树种生态位重叠与被重叠的关系

注：物种号同图 5-14。

5.5　小　结

本章开展了官山大样地中主要树种的空间分布格局、对地形因子（坡位、坡度、海拔和凹凸度）的偏向性选择及其生态位特征等方面的研究，旨在了解官山大样地中主要树种的生态学特性。以下就这几个方面的研究结果进行总结与讨论。

5.5.1　树种聚集分布特征明显

采用截面数据统计分析法和点数据点格局分析法的结果都说明，主要物种空间分布都呈聚集分布。前者发现随取样粒度增加，聚集分布的树种越多，聚集分布强度越大，后者发现在小尺度范围内树种都呈聚集分布。两种分析方法各有优劣，截面数据统计法主要是研究特定空间范围内，观测单元面积对整体分布特征的影响，但它忽视了环境异质性。点格局分析法是研究不同尺度范围内种群的分布格局，它与研究区和树种个体点坐标有关（杨云方 等，2013），有完全随机模型和空间异质性模型两种分析模型，本文主要采用生境空间异质性模型进行分析。

官山大样地主要物种呈现的聚集分布特征与武夷山地区研究结果相似（杨云方 等，2013），已有的研究表明大部分常见的物种常表现为聚集分布（祝燕 等，2011）。物种聚集分布的主要因素有物种生态习性、生境异质性、种内种间关系和限制性扩散（王志高 等，2016）。在较小尺度上，物种的分布格局由种子的扩散机制决定，局部扩散的方式导致大部分种子落在母株树下，在离母株越远的地方，种子的数量越少，因此导致了种群的聚集分布（饶米德 等，2013）；在较大尺度上的空间分布格局则更多受到生境异质性的影响。因此，采用异质性泊松模型排除环境空间异质性的影响（陈云 等，2017）。

本研究结果发现，在 20m 以内的尺度上物种仍以聚集分布格局占主导地位，而 Getzin 等（2008）研究表明在大于 10m 的尺度上，如果树种呈现聚集分布，就可以解释为是受到生境异质性的影响，陈云等认为在排除生境异质性后，物种为随机分布或不规则分布（陈云 等，2016）。树种的空间分布格局主要由生物过程或非生物过程决定（Gaston et al.，2000）。生物过程包括更新、繁殖行为、扩散和竞争等；而非生物过程有生境异质性、干扰或促使物种个体非随机分布的随机事件等，可以说是"一方水土养一方人，一种环境长一种林"。那么，导致官山大样地物种聚集分布的具体原因还需进一步监测与探索。

5.5.2　多数树种具有生境选择性

生境选择性是植物生态特性的重要组成。经过长期自然选择与物种自身进化，特定物种形成了特定的环境需求，或表现为明显的生境偏好。从整体上看，官山大样地中主要树种对海拔、凹凸度两个地形因子的选择性更加明显，或者说这两个因子对物种分布的影响要大于坡向和坡度两个因子，但不同的物种选择性不同。

海拔影响着水热条件及其组合在空间上的分布，并伴随风、光、土壤等生态因子的变化，成为森林生态系统生境的重要的主导因子之一（岳明 等，2002）。官山大样地 80% 左右的物种对海拔具有明显的选择性，如钩锥、木荷选择低海拔，而排斥高海拔段；櫟木、栲、薄叶润楠选择中海拔，而排斥高、低海拔段；麻栎、虎皮楠选择高海拔段，而排斥低海拔段。从偏向选择性看，中海拔段（E3）表现出最大的选择性，有 45 种偏向选择，占比 37.82%，这些表现也符合贺金生等（1997）关于山地植被植物群落物种多样性随海拔的 5 种变化模式的第 2 种：植物群落和树种多样性在中等海拔最大，即中间高度膨胀（mid-altitude bulge）。

相比海拔、坡度和坡向，凹凸度更能反映局部区域的微地形生境（杨学成 等，2019）。地形凹凸度不仅是影响光照时间，还是影响降水存留时间的重要因子。一般而言，凹度越大光照时间越短，越有利于水分的存留，反之，凸度光照时间越长，越不利于水分的存留，因此凹凸度作为重要的地形因子也影响着植物的分布（杨学成 等，2019）。在官山大样地中，70%物种对凹凸度具有较强的选择性，如南方红豆杉、闽楠喜欢凹地，而枫香树、南酸枣偏向选择凸地。而就坡向和坡度而言，只有1/2左右的物种表现出选择性，而1/2物种没有明显的选择性，说明坡向、坡度对树种分布的影响较小。

5.5.3 多数物种生态位宽度较大

生态位宽度是指一个种群在群落中所利用的各种不同资源的总和，在可利用资源较少的条件下，生态位宽度往往会变宽，才能使种群得到充足的资源，而在可利用资源相对充裕的条件下，会导致种群选择性地利用资源，从而使生态位宽度变窄（谢春平 等，2011）；这种利用资源的能力从种群在群落中的分布范围和生物量的大小上得以体现（张金屯 等，2011）。一般地，在天然林中，一个种群必须具有较大的生态位宽度，较好地利用有限资源，才能成为群落的优势种群。

以海拔、坡向、坡度和凹凸度4个因子为单维或四维生态位轴，对官山大样地主要树种生态位宽度进行了测定，发现80%~90%树种的4个生态因子的生态位宽度较大，都介于0.9~1.0之间，尤其是坡度因子，98.3%树种超过0.9。原因可能是在官山大样地范围内，这些树种几乎所有坡度生境都有分布，只是出现的频数不同而已。从4维生态位宽度排名次序发现，赤杨叶、枫香树、毛豹皮樟、日本杜英、南酸枣5个树种生态位最宽，而杉木、闽楠、毛竹、钩锥、马尾松5种生态位宽度最小。这不但与树种的生态习性、大样地地形特点有关，而且与群落演替阶段或群落起源有关。上一章研究结果已说明，官山大样地群落具有明显的次生性，如样地中杉木是人工种植的，毛竹是克隆扩张进入的，二者存在一定的空间次序性，属于正在演替的演替群落。

以往的研究表明生态位宽度与重要值关系密切，物种重要值越大，其生态位宽度也越大，对资源利用能力和环境适应能力也越强（余树全，2003；赵永华 等，2004）。而本研究发现，物种的生态位宽度与其重要值大小无关，但与其在各样方中的重要值均匀程度存在极显著的相关性，因而物种的生态位宽度实质反映的是该物种利用资源的均匀程度（即分布范围）。因此，在判定某一物种对资源的利用情况时，不仅要看它的生态位宽度，还要考虑其实际的重要值大小（即生物量）。这一点值得我们在今后生物多样性与物种生态位相关研究中予以深入考证。

5.5.4 多数树种间生态位重叠度高

研究结果发现，不论是单维生态位，还是多维生态位，大部分种对间的生态位重叠现象严重，且60%种对属于高度重叠，根本不存在生态位分离的种对。说明大样地中当前主要树种的生态需求相似性较大。从某个角度来说，物种共存的生态位分化理论是有条件的。Hutchinson等（1991）认为生态位重叠是种间竞争的前提，如果环境已充分饱和，任何一段时间的生态位重叠都不能忍受。此时，两个部分重叠的物种都必将发生竞争排斥，这种生态位重叠引起的竞争，常被称为资源利用性竞争。但本研究认为生态位重叠并不一定能导致竞争，除非共享资源供应不足。官山大样地中常见树种间的生态位重叠值较大，各树种生态需求差异较少，对环境资源需求趋同，但它们之间的竞争力是不是较强，还需要进一步研究。同时，本研究认为：①竞争是有距离的，不是样地中所有植物间都会有竞争，换句话说，只有那些空间距离较近、共享稀缺资源的植物间才有竞争。②竞争不是物种层次上发生的，而是在个体层次上进行的。一个物种有多个个体，只要不是每一个体都受到同样的竞争排斥，那么它就可以在群落中保留下来。③在20m×20m尺度上讨论生态位重叠与物种共存的关系，是否太大，建议在更小尺度上探讨二者的关系。④生态位重叠、物种共存与植物个体大小、发育阶段有关。

第6章
物种空间关联性特征

种间关系（interspecies relation）是指不同树种在空间分布上的相互关联性，是对一定时期内植物群落组成物种之间相互关系的静态描述（林勇明等，2007）。一般可以分为3种类型，即正关联、负关联和无关联，正关联的两个物种通常表现出相同的生境偏好和相似的生态习性；负关联的两个物种往往表现为因生态位过度重叠进而产生强烈的竞争关系，或者对资源的需求完全不同；不相关是指一个物种的存在对另一个物种的生长、繁殖等没有影响（Wiegand，2004）。群落内各物种间存在着复杂的关系，对种间联结性的分析，可以反映群落中各物种对环境因子的适应程度，有利于我们认识群落的发展方向（Li et al.，2008，Su et al.，2015）。种间联结不仅是种间关系的反映，也是物种分布格局的影响因素。

分析物种间的相互关系可揭示其发展的动态过程，并有助于推断物种共存的形成机制。资源利用方式差异导致的生态位分化是物种多样性维持的一个重要假说，栖息地的特化是其中一种主要表现形式，即只要资源供应点在群落内有足够的空间变异，不同物种适应于不同生境类型，在其最适合的生境中具有最大的适合度，从而有助于多物种的共存。虽然物种的生态位分化已得到众多理论与实际研究支持，但其在物种多样性维持中的作用却很少得到验证。

种群的空间格局是当今森林生态学研究的热点问题之一。林木空间格局决定了每个林木周围的局域环境（尤其是林木周围相邻个体的种类和数目），反映了林分历史、种群动态和种内、种间的竞争关系（Haase，1995）。研究种间空间关联性有利于估计群落内物种之间的相互作用，以及不同物种在不同生境中定居的分异（Wiegand et al.，2007）。优势树种对森林群落的构成具有明显的决定作用，研究群落优势物种的空间结构，不仅可以了解优势物种空间结构的生态过程，更重要的是可以通过种间关联性推演种群或者群落的动态过程，并有助于认识群落结构的形成与维持机制（Condit et al.，1994，He et al.，2000）。

因此，本章采用样方法和点格局两种方法来分析不同尺度下物种的关联性，重点研究官山大样地中：①所有物种的总体空间关联性特征；②不同功能组（常绿与落叶、乔木与灌木）的空间关联性；③不同分类群（科、属）之间的关联性；④主要典型物种不同径级之间的关联性。本章的分析有助于人们认识官山森林群落植物与植物之间、植物与环境之间的相互关系，从而更好地保护和利用官山森林植被资源。

6.1 研究方法

6.1.1 群落多种间关联性的计算

将官山大样地按 12m、25m、50m、100m、200m、400m、625m、1200m、2500m、5000m 的单元面积系列"粒度"，对官山大样地进行栅格化，统计各栅格内树种的分布频数，出现计为 1，不出现计为 0，从而形成 119 行 10000 列的物种样地 0-1 二元数据矩阵（粒度 =12m 时）。

基于 0-1 矩阵，采用 Schluter（1984）提出的方差比率法（VR）计算群落内多物种间的关联性，计算公式如下：

$$VR = \frac{S_T^2}{\delta_T^2} \tag{6-1}$$

$$S_T^2 = \frac{1}{N}\sum_{i=1}^{N}(s_i - \bar{s})^2 \tag{6-2}$$

$$\delta_T^2 = \sum_{i=1}^{s} p_i(1-p_i) \tag{6-3}$$

式中：VR 为方差比率，在独立性假设条件下 VR 期望值为 1。若 $VR>1$，则表示物种间表现为正关联；$VR<1$，表示物种间为负关联；当 $VR=1$ 时，表示物种间无关联。值得注意的是，在具体分析时，种间的正负关联可以抵消。式中 S_T^2 为所有样方物种数的方差；δ_T^2 为所有物种出现频度的方差；S 为大样地的总物种数；s_i 为样方 i 内出现的总物种数；$\bar{S}$ 为样方中物种的平均数；p_i 为物种 i 的分布频度（$p_i=n_i/N$）；n_i 为物种 i 出现的样方数；N 为总栅格数（样本数）。

采用统计量 $W=N\times VR$ 来检验 VR 值偏离 1 的显著程度，若 W 落入由下面 χ^2 分布给出的界限之内（$\chi^2_{0.95}<W<\chi^2_{0.05}$），则物种间关联性不显著；若在界限之外，则表示物种间关联性显著（He et al.，2000）。

6.1.2 种对关联性计算

6.1.2.1 基于 2×2 联列表的关联性分析

2×2 联列表是种间联结测定的基础。基于前文的 0-1 矩阵，先将成对物种在取样中存在与不存在的数据统计排列成 2×2 联列表（表 6-1）。再分析成对物种间的联结程度，其计算方法见式（6-2）、（6-3）。

表 6-1　2×2 联列表

项目		种 A		合计
		+	-	
种 B	+	a	b	(a+b)
	-	c	d	(c+d)
合计		(a+c)	(b+d)	(a+b+d+c)

注：a 为两个物种（A、B）都出现的样方数；b、c 分别为只有物种 B 或物种 A 出现的样方数；d 为两个物种都不出现的样方数；"+"表示出现，"-"表示不出现；下同。

若 $ad \geqslant bc$，则
$$AC = \frac{ad - bc}{(a+b)(b+d)} \quad (6\text{-}4)$$

若 $bc > ad$ 且 $d \geqslant a$，则
$$AC = \frac{ad - bc}{(a+b)(a+c)}$$

若 $bc > ad$ 且 $d < a$，则
$$AC = \frac{ad - bc}{(b+d)(d+c)}$$

式中：AC 为关联系数，取值范围为 $[-1, 1]$；AC 值越趋近于 1，表明种间正关联程度越强；AC 值越趋近于 -1，表明种间负关联程度越强；$AC=0$，表明物种间相对独立。

$$x^2 = \frac{(|ad - bc| - 0.5n)^2 n}{(a+b)(a+c)(b+d)(c+d)} \quad (6\text{-}5)$$

用 x^2 检验对 AC 进行显著性检验，若 $x^2 < 3.841$（$P > 0.05$），表示种对关联不显著，两种间基本独立；若 $3.84 \leqslant x^2 < 6.64$（$0.01 < P \leqslant 0.05$），表示种对间联结性显著；若 $x^2 \geqslant 6.64$（$P \leqslant 0.01$），表示种对间联结性极显著。

6.1.2.2　基于点数据的关联分析

采用 Ripley 提出的点格局分析方法，利用植物个体的空间坐标数据，进行种间空间关联分析（吴大荣 等，2003）。其计算方法如下：

$$K_{(r)} = \frac{A}{n(n-1)} \sum_{i=1}^{n} \sum_{j=1}^{n} I_r(d_{ij})(i \neq j) \quad (6\text{-}6)$$

$$g(r) = \frac{K(r)}{2\pi r} \quad (6\text{-}7)$$

式中：A 为样地面积；n 为植株数量；d_{ij} 为两个点 i 和 j 之间的距离；当 $d_{ij} \leqslant r$ 时，$I_r=1$；当 $d_{ij} > r$ 时，$I_r=0$；W_{ij} 为权重系数，为以点 i 为圆心，以 d_{ij} 为半径的圆周长在面积 A 中

的长度占整个圆周长的比例，意为某个点（植株）可被观察到的概率，目的是消除边界效应。$g(r)$ 为关联性指数，若 $g(r)=1$ 时，表示两个物种彼此无关联；$g(r)>1$ 时显著正相关；$g(r)<1$ 时显著负相关。

点格局分析过程中的置信区间用包迹线来表示，通过重复 Monte Carlo 随机模拟 99 次产生 99% 的置信区间，尺度为 $X(0\sim300)$、$Y(0\sim400)$。

本研究采用的零模型主要为异质性泊松模型，是空间点格局中使用最广泛的一种，该模型假设任何一个个体在研究区域内任何一个位置上出现的几率相等，同时点与点之间是彼此独立的，在生态学中常用来假设物种的空间分布不受任何生物或非生物过程影响。本研究所有分析采用 Excel 2016、Matlab 2018a、Origin 8.5 以及 Programita 软件分析。

6.2 物种间的空间关联特征

6.2.1 多物种总体关联性特征

官山大样地 119 个树种的总体关联性及尺度效应见表 6-2。由表可知，①在所有取样粒度下，方差比率 $VR>1$，且统计量 W 值均大于（$\chi^2_{0.05}$, $\chi^2_{0.95}$），表明 119 个物种间总体表现出净显著正联结；②随取样粒度增大，关联程度总体呈增加趋势，粒度为 1200m² 时关联性最强，但在 5000m² 时有所下降。

表 6-2　不同尺度下的总体联结性

面积（m²）	VR	W	$\chi^2_{0.05}$	$\chi^2_{0.95}$	关联性
12	1.50	14954.07	9768.53	10233.75	(+)**
25	1.87	8955.62	4639.98	4962.29	(+)**
50	2.31	5532.46	2287.19	2515.08	(+)**
100	2.80	3358.84	1120.57	1281.70	(+)**
200	3.35	2007.78	544.18	658.09	(+)**
400	3.67	1101.54	260.88	341.40	(+)**
625	3.55	681.16	160.94	225.33	(+)**
1200	3.75	375.10	77.93	124.34	(+)**
1250	3.36	322.48	74.40	119.87	(+)**
2500	3.61	173.35	33.10	65.17	(+)**
5000	2.76	66.12	13.85	36.42	(+)**

注：$VR=1$，正负关联抵消（0）；$VR>1$，净正关联（+）；$VR<1$，净负关联（-）；* 表示显著，** 表示极显著。

6.2.2 种对关联性及其尺度效应

6.2.2.1 种间关联性统计特征

大样地中 119 个树种构成 7021 种对，其种对关联性的统计特征见表 6-3。由表可知，①不到 33% 种对表现为显著关联性，即几乎 70% 以上种对无关联，这在一定程度上支持了物种独立性假说；②随着取样粒度的增大，显著关联种对占比呈先增加后降低的单峰型变化趋势，在 200m² 的尺度下达到峰值，有 2272 种对，占 32.36%，5000m² 时显著关联种对数降到最低，仅占总数 1.92%；③在所有取样粒度条件下，正关联种对数均高于负关联种对数，正负关联种对数比处于 1.36~2.53 之间。这一结果与前文的群落多物种总体正关联性的结果相一致。

表 6-3 官山大样地主要树种种间关联性统计特征及其尺度效应

面积（m²）	显著种对		正联结		负联结		正负联结比
	对数	占比（%）	对数	占比（%）	对数	占比（%）	
12	1438	20.48	1031	71.70	407	28.30	2.53
25	1728	24.61	1184	68.52	544	31.48	2.18
50	2037	29.01	1332	65.39	705	34.61	1.89
100	2242	31.93	1441	64.27	801	35.73	1.80
200	2272	32.36	1461	64.30	811	35.70	1.80
400	2041	29.07	1275	62.47	766	37.53	1.66
625	1801	25.65	1070	59.41	731	40.59	1.46
1200	1271	18.10	758	59.64	513	40.36	1.48
1250	1204	17.15	694	57.64	510	42.36	1.36
2500	590	8.40	356	60.34	234	39.66	1.52
5000	135	1.92	82	60.74	53	39.26	1.55

进一步对显著性关联种对进行关联强度及尺度效应分析（表 6-4）。由表可知：①随着取样粒度增大，高强度（极强）负关联种对数逐渐减少，强度（极强、较强）正关联种对数逐渐增加；②取样粒度越小，弱关联种对数比重越大；取样粒度越大，强关联种对数比重增大，如粒度为 12m² 时，极弱关联（正负）种对数占总物种对数的 72%，而当 5000m² 时二者比重均为 0，但极强关联种对占总物种对数的 47.5%；③所有粒度条件下，虽然高强度负关联的种对数始终比正关联种对数多，但弱正关联种对数比弱负关联种对数相对更多，表明官山大样地多树种之间总体正关联是靠众多弱正关联种对获得的。

表 6-4 不同尺度下不同关联强度的种对数

AC 值	联结强度	12m²	25m²	50m²	100m²	200m²	400m²	625m²	1200m²	1250m²	2500m²	5000m²
[-1.0, -0.8]	极强	143 (9.9)	144 (8.3)	186 (9.1)	169 (7.5)	152 (6.7)	109 (5.3)	76 (4.2)	61 (4.8)	54 (4.5)	63 (10.7)	43 (31.9)
[-0.8, -0.6]	较强	124 (8.6)	159 (9.2)	177 (8.7)	191 (8.5)	161 (7.1)	135 (6.6)	139 (7.7)	133 (10.5)	116 (9.6)	54 (9.2)	7 (5.2)
[-0.6, -0.4]	中等	87 (6.1)	141 (8.2)	194 (9.5)	213 (9.5)	208 (9.2)	195 (9.6)	194 (10.8)	177 (13.9)	209 (17.4)	97 (16.4)	3 (2.2)
[-0.4, -0.2]	较弱	46 (3.2)	84 (4.9)	116 (5.7)	176 (7.9)	228 (10.0)	264 (12.9)	287 (15.9)	142 (11.2)	131 (10.9)	20 (3.4)	0 (0.0)
[-0.2, 0.0]	极弱	7 (0.5)	16 (0.9)	32 (1.6)	52 (2.3)	62 (2.7)	63 (3.1)	35 (1.9)	0 (0.0)	0 (0.0)	0 (0.0)	0 (0.0)
[0.0, 0.2]	极弱	1028 (71.5)	1169 (67.7)	1295 (63.6)	1377 (61.4)	1333 (58.7)	1038 (50.9)	743 (41.3)	359 (28.2)	319 (26.5)	43 (7.3)	0 (0.0)
[0.2, 0.4]	较弱	2 (0.1)	14 (0.8)	35 (1.7)	49 (2.2)	105 (4.6)	196 (9.6)	264 (14.7)	293 (23.1)	273 (22.7)	159 (26.9)	17 (12.6)
[0.4, 0.6]	中等	1 (0.1)	1 (0.1)	1 (0.0)	14 (0.6)	11 (0.5)	28 (1.4)	43 (2.4)	74 (5.8)	62 (5.1)	96 (16.3)	20 (14.8)
[0.6, 0.8]	较强	0 (0.0)	0 (0.0)	1 (0.0)	1 (0.0)	12 (0.5)	9 (0.4)	15 (0.8)	22 (1.7)	26 (2.2)	35 (5.9)	24 (17.8)
[0.8, 1.0]	极强	0 (0.0)	0 (0.0)	0 (0.0)	0 (0.0)	0 (0.0)	4 (0.2)	5 (0.3)	10 (0.8)	14 (1.2)	23 (3.9)	21 (15.6)
合计		1438 (100)	1728 (100)	2037 (100)	2242 (100)	2272 (100)	2041 (100)	1801 (100)	1271 (100)	1204 (100)	590 (100)	135 (100)

注:（ ）表示某关联程度等级占当前粒度下的显著总对数的百分比（%）。

6.2.2.2 典型种对关联性特征

(1) 典型落叶树与落叶树之间的关联性

典型树种之间的关联性见图 6-1。由图可知：南酸枣、赤杨叶、枫香树、檫木都是落叶树，但不同种对间的关联特征有一定差异。如南酸枣与赤杨叶在 0~15m 的尺度上正相关，15~55m 的尺度上不相关，55~150m 的尺度上基本为正相关（图 6-1A）；赤杨叶与檫木在 0~50m 的尺度上负相关，在 50~150m 的尺度上不相关与负相关交替出现（图 6-1B）；赤杨叶与枫香树在 0~150m 的尺度上基本不相关（图 6-1C）。

(2) 典型落叶树与常绿树之间的关联性

赤杨叶与小叶青冈在 0~150m 的尺度下均呈负相关关系（图 6-1D）；枫香树与红楠在 0~80m 的尺度上负相关，在 80~150m 的尺度上几乎不相关（图 6-1E）；檫木与木荷在约 0~80m 的尺度上负相关，在 80~110m 的尺度上不相关，在 110~150m 的尺度上正相关；（图 6-1F）。

（3）典型常绿树与常绿树之间的关联性

小叶青冈与榕叶冬青在 0~85m 的尺度下负相关，在 85~150m 的范围内基本不相关（图 6-1G）。小叶青冈与红楠、木荷与榕叶冬青均在 0~150m 的尺度下负相关（图 6-1H、6-1I）。

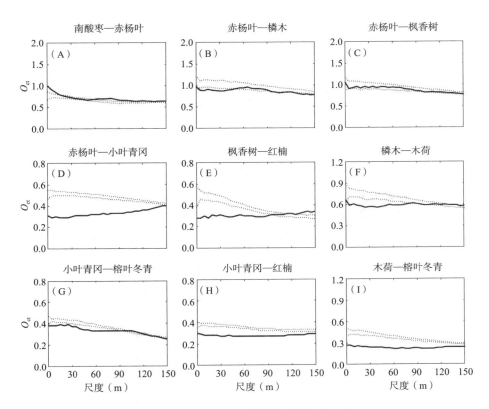

图 6-1 样地内主要种群的种间关系分析

6.3 不同类群之间的空间关联特征

6.3.1 不同功能组之间的关联性

参照亚热带常绿阔叶林对林冠层林木径级结构的划分标准（杜道林 等，1995），同时结合官山大样地内林冠层树种的实际情况，将树种划分为 10 个功能组：首先按落叶性将树木分成常绿与落叶两大类型，然后按径级分别将之分成 5 个等级，大型乔木（20cm≤DBH）、中型乔木（10cm≤DBH<20cm）、小型乔木（5cm≤DBH<10cm）、大型灌木（3cm≤DBH<5cm）和小型灌木（2cm≤DBH<3cm）。最后，分析各个类群之间的关联性。

10个功能组之间的关联特征如图6-2、图6-3所示，由图可知：①落叶乔木组与落叶灌木组在0~50m的范围内，随着胸径降低（由大型乔木到小型乔木），存在由负相关转变为正相关的趋势。②常绿乔木与落叶组（乔木型与灌木型）在整个样地中，基本以负相关的形式存在，但随着落叶植物胸径减小，常绿乔木与其负相关性略有降低。③常绿灌木组与落叶灌木组在0~5m的范围内以正相关的形式存在，5~150m的范围内大体为负相关。④常绿乔木型群落与常绿灌木型群落在0~55m的范围内，随着胸径与高度的降低，它们存在由负相关转变为不相关进而变为正相关的趋势，其他范围为负相关。

6.3.1.1　落叶组与落叶组关联性

落叶大型乔木与落叶大型灌木在0~70m的范围内呈负相关，70~150m的范围内不相关（图6-2A）；落叶大型乔木与落叶小型灌木在0~60m的范围内呈负相关，60~150m的范围内不相关（图6-2B）；落叶中型乔木与落叶大型灌木在0~70m的范围内不相关，70~150m的范围内呈正相关（图6-2C）；落叶中型乔木与落叶小型灌木在0~35m的范围内呈负相关，35~50m的范围内不相关，50~150m的范围内呈正相关（图6-2D）；落叶小型乔木与落叶大型灌木在0~25m的范围内呈正相关，25~45m的范围内不相关，45~150m的范围内正相关（图6-2E）；落叶小型乔木与落叶小型灌木在0~10m的范围内呈正相关，10~45m的范围内负相关，45~55m的范围内不相关，55~150m的范围内正相关（图6-2F）。落叶大型、中型、小型乔木3个类群分别与落叶大型灌木在约50m的尺度上呈负相关、不相关、正相关。

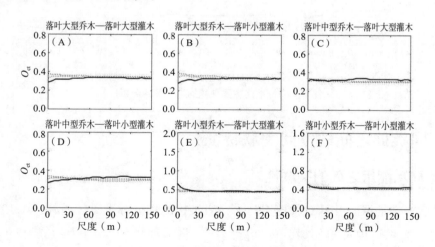

图6-2　落叶组与落叶组之间的关联性

6.3.1.2　常绿组与落叶组关联性

常绿组与落叶组之间的关联性（图6-3）。由图可知，常绿大型乔木与落叶大型乔木、常绿大型乔木与落叶大型灌木、常绿中型乔木与落叶中型乔木、常绿中型乔木与落叶大型灌木、常绿小型乔木与落叶小型乔木、常绿小型乔木与落叶大型灌木、常绿小型乔木与落叶小型灌木在 0~150m 的范围内基本呈负相关（图 6-3-A、B、D、E、G、H、I）。

常绿大型乔木与落叶小型灌木在 0~50m 的范围内负相关与不相关交替出现，在 50~150m 的范围内不相关（图 6-3C）；常绿中型乔木与落叶小型灌木在 0~45m 的范围内呈负相关，在 45~95m 的范围内不相关，在 95~150m 的范围内呈负相关（图 6-3F）；常绿小型乔木与落叶小型灌木在 0~60m 的范围内呈负相关，在 60~105m 的范围内不相关，在 105~150m 的范围内呈负相关（图 6-3I）。常绿大型灌木与落叶大型灌木在 0~5m 的范围内呈正相关，在 5~55m 的范围内呈负相关，在 55~150m 的范围内关系不稳定，正相关、负相关、不相关随机出现（图 6-3J）。常绿大型灌木与落叶小型灌木在 0~150m 的范围内基本呈正相关（图 6-3K）。常绿小型灌木与落叶小型灌木在 0~5m 的范围内呈正相关，在 5~10m 的范围内不相关，在 10~85m 的范围内呈负相关，85~130m 的范围内不相关，130~150m 的范围内呈正相关（图 6-3L）。

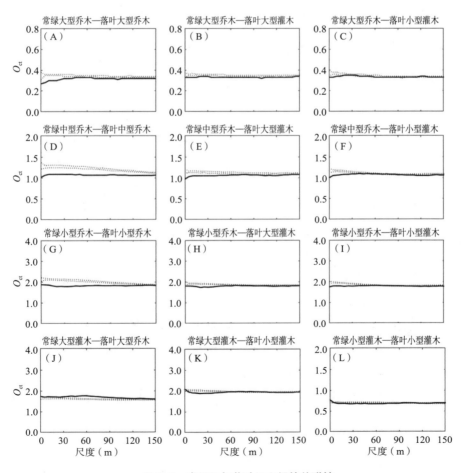

图 6-3　常绿组与落叶组之间的关联性

6.3.1.3 常绿组与常绿组关联性

常绿大型乔木与常绿大型灌木在 0~5m 的范围内不相关，在 5~150m 的范围内呈负相关（图 6-4A）；常绿大型乔木与常绿小型灌木在 0~25m 的范围内不稳定，负相关与正相关交替出现，在 25~150m 的范围内呈负相关（图 6-4B）。常绿中型乔木与常绿大型灌木在 0~25m 的范围内正相关，在 25~150m 的范围内呈负相关（图 6-4C）；常绿中型乔木与常绿小型灌木在 0~30m 的范围不稳定，正相关与不相关交替出现，在 30~150m 的范围内呈负相关（图 6-4D）。常绿小型乔木与常绿大型灌木在 0~40m 的范围呈正相关，在 40~135m 的范围内不相关，在 135~150m 的范围内呈负相关（图 6-4E）；常绿小型乔木与常绿小型灌木在 0~55m 的范围呈正相关，在 55~150m 的范围内关系不稳定，正相关与不相关交替出现（图 6-4F）。

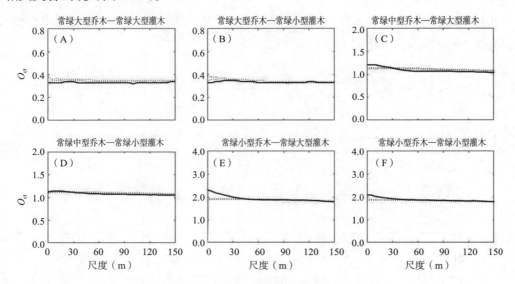

图 6-4　常绿乔木组与常绿灌木组之间的关联性

6.3.2　不同分类群之间的关联性

6.3.2.1　不同科之间的关联性

官山大样地中 7 个代表科形成的 21 个科对的联结性（图 6-5）分析显示：① 7 个代表科基本以负关联的形式存在，仅冬青科与蔷薇科在 0~50m 的范围内呈正相关，樟科在整个研究区域以不相关—负相关—正相关交替出现；木兰科与冬青科、壳斗科及樟科，蔷薇科与樟科在约 200~300m 的范围内呈正相关。②山矾科与其他 6 个科在 0~300m 范围内基本为负相关关系。

6.3.2.2　不同属之间的关联性

生活习性相似的物种一般对环境的要求、资源的利用方式具有相似性。样地内壳

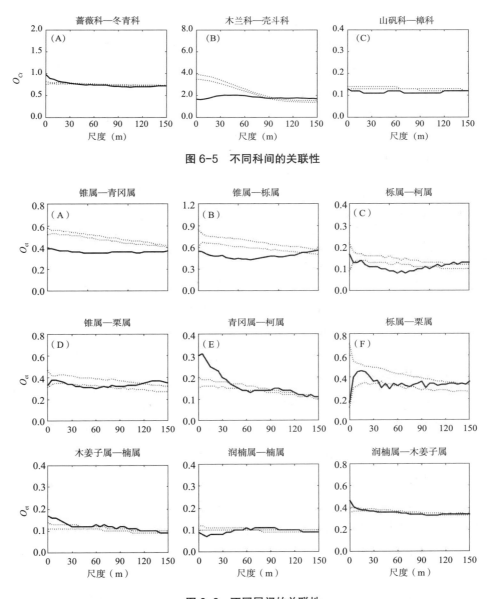

图 6-5　不同科间的关联性

图 6-6　不同属间的关联性

斗科和樟科的属数与种数均较多，故对这两个科内属间联结性进行分析（图 6-6），结果表明：①壳斗科各属间（锥属、青冈属、栎属、栗属、柯属）主要以负关联的形式存在；②樟科各属间（润楠属、木姜子属、楠属）既有负相关也有正相关。

6.4　种内大树与小树之间的关联性

以官山大样地中的重要值位于前列且个体数较多的树种为研究对象，共 18 个物种

（赤杨叶、南酸枣、橉木、枫香树、虎皮楠、甜槠、栲、小叶青冈、榕叶冬青、柯、钩锥、红楠、褐毛杜英、日本杜英、米槠、木荷、红楠、薄叶润楠、毛豹皮樟）。按胸径（DBH）和树高（H）两个指标，将各树种分成大树（$DBH>5cm$ 且 $H>5m$）与小树（$DBH\leqslant 5cm$ 且 $H\leqslant 5m$）两个生活史阶段，并分析它们之间的关系。结果表明：①落叶树种两种生活史阶段的个体主要表现为负相关；②大部分常绿树种两种生活史阶段的个体基本能共存。

6.4.1 落叶树种内关联性

赤杨叶（图 6-7A）：0~20m 关系不稳定，在正相关与不相关之间变动，20~50m 呈现负相关，50~150m 关系不稳定，在正相关与不相关之间变动。

南酸枣（图 6-7B）：0~50m 之间呈现不相关与负相关交替出现的状态，并以负相关为主体，50~150m 之间基本表现为不相关。

橉木（图 6-7C）：0~15m 之间呈现正相关，15~65m 之间不相关，65~150m 之间呈现负相关—不相关—正相关—不相关的状态，并以不相关居多。

枫香树（图 6-7D）：在 0~150m 范围内主要表现为不相关。

6.4.2 常绿树种内关联性

虎皮楠（图 6-7E）：0~135m 内呈现正相关，135~150m 为不相关。

甜槠（图 6-7F）：0~40m 之间呈现正相关，40~150m 之间大体呈现不相关。

栲（图 6-7G）：0~40m 之间呈现正相关，40~150m 呈现不相关—负相关交替出现的状态，并以负相关占据主体。

小叶青冈（图 6-7H）：0~35m 之间呈现正相关，35~150m 之间正相关—负相关—不相关交替出现，以正相关和负相关为主体。

榕叶冬青（图 6-7I）：0~35m 之间呈现正相关，35~150m 之间主要为不相关—正相关交替出现。

柯（图 6-7J）：在 0~30m 的范围内呈现正相关，30~150m 的范围内为不相关—负相关—不相关交替出现。

钩锥（图 6-7K）：0~25m 范围内呈现正相关，25~150m 范围内呈现正相关—负相关—不相关—负相关的交替状态。

红楠（图 6-7L）：0~25m 范围内呈现正相关，25~105m 之间不相关—负相关—不相关—负相关交替状态。

褐毛杜英（图 6-7M）：0~20m 范围内呈现正相关，20~150m 呈现不相关与负相关交替出现，并以不相关占据主体。

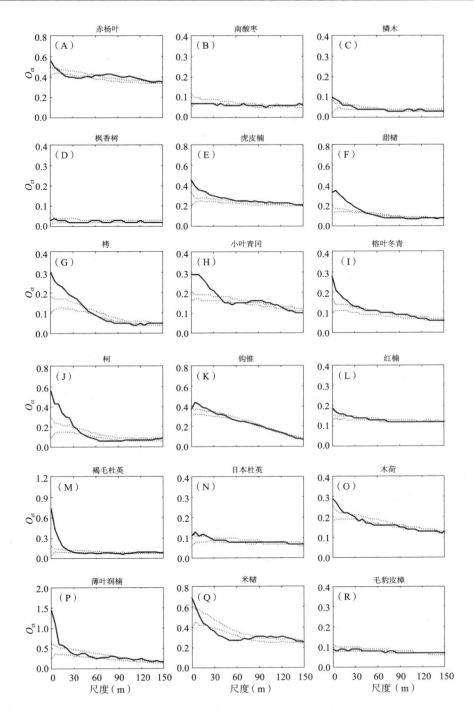

图 6-7 15 个代表物种的种内关联图

日本杜英（图 6-7N）：0~20m 之间呈正相关，20~150m 以不相关为主体。

木荷（图 6-7O）：0~20m 之间呈现正相关，20~150m 之间呈现不相关与负相关交替出现的状态。

薄叶润楠（图 6-7P）：在 0~15m 范围内呈现正相关，15~150m 之间主要为不相关。

米槠（图 6-7Q）：在 0~5m 之间呈现正相关，5~20m 之间不相关，20~60m 的范围内负相关，60~150m 的范围内基本为正相关。

毛豹皮樟（图 6-7R）：0~40m 之间呈现不相关，40~60m 之间呈现负相关，60~150m 之间呈现正相关—负相关—不相关交替出现，并以不相关为主体。

6.5 小　结

植物群落是由多个植物种共同组成的。群落内的每一个植物不是孤立存在的，而是与其他植物相互作用、相互影响的，并表现为特定的种间关系。种间联结是种间关系的一种表现形式，是指不同物种在空间分布上的相互关联性，是植物群落重要的数量和结构指标特征之一，也是群落形成和演化的基础。种间联结作为两个物种相似性的一种测度，对理解群落水平格局的形成，种群进化和群落演替动态具有重大的意义，并能为植被的经营管理、植被恢复和生物多样性保护提供依据，对认识生物群落中物种多样性的维持机制也有一定帮助。另外，种间联结性研究对于特定物种的保护也有较重要的作用，即可以通过寻找和保护与之正联结性较强的物种来保护特定物种的生存环境，最终达到保护特定物种的目的。

本研究结果表明：①大部分树种间的联结性不显著，但优势种和优势科之间主要以负关联的方式存在，如小叶青冈与红楠在 0~150m 的尺度上负相关。②样地内落叶类型群落与常绿类型群落之间多为负相关，但随着个体的减小它们之间的负关联程度有所降低，如常绿乔木型群落与落叶乔木型群落在 0~150m 的范围内负相关，常绿乔木型群落与落叶灌木型群落在 0~50m 的范围内负相关。③大树与小树之间，落叶树种主要为负相关，如赤杨叶在 0~20m、50~150m 关系不稳定，在正相关与不相关之间变动，在 20~50m 呈现负相关；常绿树种主要为正相关，如虎皮楠在 0~135m 内大树与小树呈现正相关，135~150m 为不相关。④样地内珍稀濒危植物闽楠和南方红豆杉，在 0~140m 尺度范围呈明显负相关。以上结果说明官山大样地植物群落还处于演替的早期，物种内和种间主要以负关联的方式存在，具有丰富的珍稀濒危植物种类。

6.5.1 总体关联性

多物种间总体关联性在一定程度上反映了群落的稳定性。一般来说，群落处于演替初期，物种间的关联程度往往较低，甚至会出现较大程度的负关联（李先琨 等，2000）。随着群落的演替，群落结构及其种类组成将逐渐趋于完善和稳定，种间关系也将逐渐趋向于正关联，以求达到种群间的稳定共存状态（吴大荣 等，2003）。本研究结果表明，官山大样地群落在不同的尺度下，总体联结性表现为极显著的正相关，但大部分种对间的联结性不显著，联结显著的种对中负联结的强度要高于正联结，且25个优势种之间主要以负关联的方式存在；不同的优势科之间也主要呈负关联，表明官山大样地植物群落还处于演替的早期。总体关联性为正，但多数种对表现为无关联，即使有关联大多数也只是弱正关联。说明大样地种间关系比较松散，群落处于由自由竞争向种间协调方向正向演替。

6.5.2 组间关联性

对于不同的生活型而言，落叶组与常绿组间主要为负相关，但随着个体的减小它们之间的负关联程度有所降低。其中，落叶大型、中型、小型乔木3个类群分别与落叶大型灌木在约50m的尺度上呈负相关、不相关、正相关；常绿大型、中型、小型乔木3个类群分别与落叶乔木型群落、落叶大型灌木群落在0~150m的范围内负相关；而常绿灌木与落叶小型乔木在0~150m的范围内正相关；常绿大型、中型和小型乔木3个类群对常绿大型灌木的抑制作用依次减弱。

6.5.3 种对关联性

本研究分析了不同垂直层植株的空间关系，发现在小空间尺度上，各垂直层植株间均呈空间负相关，即不同垂直层间植株互相排斥，而同一层植株呈聚集分布状态，因此这种空间负相关关系可能是不同垂直层树木间竞争排斥导致的。以往研究认为，聚集分布一定程度上体现了种群内部的正向生态关系，即种群内部植株互相有利（Kenkel，1988）。本研究中同一树种空间分布状态为聚集分布，同一垂直层中全部植株空间分布也为聚集分布。因此，导致空间负相关的空间排斥作用可能来自于不同垂直层内树种间的竞争作用。

上层植株和更新层在所有尺度上互相抑制，很多研究均报道类似结果（Franklin et al.，1987，2002）。当上层林木与下层林木是同一树种时，下层林木生长所必需的特定光质，大部分甚至全部被上层林木树叶吸收。本研究中，下层植株与上层、中层之间均呈负相关，可能是由于上层植株和中层植株对下层植株的遮挡，彼此间产生了竞争关系，从而妨碍了下层植株的生存。

第7章
群落结构特征

结构是森林生态系统中最主要和最根本的特征，是森林生长过程和生态过程发展的驱动因子，同时是森林动态变化的结果（Pommerening，2006）。群落结构（community structure）是各种要素的比例关系或空间排列次序（分布形式）。它是森林生态系统的主要特征，是森林发展（发育、演替、干扰）过程的综合反映，它在很大程度上决定了群落的稳定性和系统的功能性。研究群落结构可为揭示群落物种共存、群落演替及生物多样性维持机制等提供重要的信息，因此森林经营、植被恢复、生态环境保护实践中必须考虑的群落结构（刘海丰 等，2011）。

根据对空间位置的依赖性，可将群落结构分为非空间结构和空间结构。非空间结构（non-spatial structure）主要是指各测树因子，包括直接测量因子及其派生因子的概率分布或数量关系。如径级结构、年龄结构、生活型谱等都属于非空间结构，它们与空间位置无关。空间结构（spatial structure）是指群落要素（如个体、物种和功能群）之间的空间关系，如垂直分层结构、空间分布格局、物种混交度等。一般来说，群落的空间结构对非空间结构起着决定作用。

根据群落要素涉及到的空间维度，又可将群落结构分成 0 维结构（如径级结构）、一维结构（如基于树木高度的垂直结构）、二维结构（如基于树木坐标的空间分布格局）和三维结构（如基于坐标、高度的林元结构）。从研究层次上划分，群落结构可分成林分结构和林元结构。林分结构（stand stucture）是从群落总体上反映群落的结构特征。林元（stand unit）是空间相邻并构成邻里互动关系的树木群聚体（tree assemblages）（图 7-1）。林元结构（stand unit structure）是从林元层次上反映群落的结构特征。

目前，群落结构研究较多的胸径结构、垂直结构、空间结构，近年来林元结构研究也逐渐受到重视。径级结构（size-class structure）是指群落中乔木个体按径级大小分布的株数情况，不仅能够反映林分的胸径、干形、材积等基本性状（孟宪宇，2006），还可以很好地体现群落更新状态以及物种与环境间的相互关系（刘艳会 等，2017；谢峰淋 等，2019）。垂直结构（vertical structure）是指群落中的植物在长期自然选择过程中为了占据各自的空间而形成的分层现象，分层使植物群落在单位面积上能容纳更多的物种种类和个体数量，从而提高了植物群落对光照、生长空间、营养物质等资源的利用能力。树木形态、生长、繁殖、行为,除了与大环境有关外,由于邻里效应(neighborhood effect)的作用,个体生长的好坏主要直接取决于小环境,即林元中心树木生长、发育及健康状况与其邻近树木的距离、种类、大小、高低密切相关。

本章利用每木胸径数据,分析森林群落与主要种群的径级结构特征;利用树高数据,分析群落的垂直结构特征;利用每木空间坐标(x, y),分析主要种群的林元结构特征;基于林元结构,分析林分的结构特征。开展以上研究,将有助于揭示官山大样地群落的稳定性、演替规律和生物多样性的维持机制,同时为研究种群更新、群落演替、生产力形成等过程提供基础与保障。

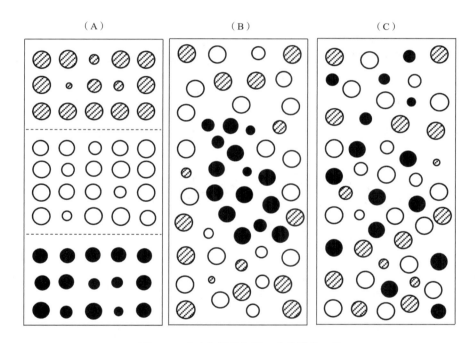

图 7-1 非空间结构相同,空间结构不同

注:⊘表示物种1;○表示物种2;●表示物种3;圆圈大小表示树木植株大小。A 为 3 个树种的林木呈现块状混交,排列方式整齐;B 为树种 1 呈不规则块状分布,树种 2 和树种 3 呈团状或单株分布;C 为 3 个树种呈不规则株间混交分布。这 3 个树种的分布形式表现的种间关系明显不同。

7.1 研究方法

7.1.1 径级结构

所有统计的乔木($DBH \geqslant 5cm, H \geqslant 5m$),按胸径($DBH$)大小分为 4 个径级(表 7-1),其中Ⅰ径级对应Ⅰ龄级(幼树),Ⅱ径级对应Ⅱ龄级(小树),Ⅲ径级对应Ⅲ龄级(大树),Ⅳ径级对应Ⅳ龄级(老树)(韩路 等,2014)。

表 7-1 树木径级类型划分标准

径级	范围 (cm)
Ⅳ	≥22.5
Ⅲ	(7.5, 22.5]
Ⅱ	(2.5, 7.5]
Ⅰ	[1, 2.5)

分析径级结构时，首先列出群落中全部植物个体的胸径，确定每个个体的径级类型，并统计每一类型中的个体，然后按照式（7-1）计算出径级类型百分率，列成表或制成图（柱状图、豆荚图），即为群落的径级结构。

$$某径级百分率（\%）=\frac{某径级个体数}{群落植株个体总数}\times100 \quad (7\text{-}1)$$

7.1.2 垂直结构

根据植株高度的大小，由下到上，划分为以下 6 个等级（表 7-2）。

表 7-2 树木高度类型划分标准

高度级	高度范围（m）
H6	≥15
H5	(8, 15]
H4	(5, 8]
H3	(3, 5]
H2	(2, 3]
H1	(0, 2]

分析高度级结构时，首先列出群落中全部植物个体的高度，确定每个个体的高度级类型，并统计每一类型中的个体数量，然后按照式（7-2）计算出高度级类型百分率，列成表或制成柱状图解，即为群落的高度级结构。以整个大样地、阔叶林、杉阔混交林、竹阔混交林为统计对象，分别计算每群落组内植株多度和丰富度。

$$某高度级百分率（\%）=\frac{某高度级个体数}{群落植株个体总数}\times100 \quad (7\text{-}2)$$

7.1.3 林元结构

7.1.3.1 林元构建

空间结构单元（林元）是指林分内任意一株林木与它周边最近4株邻体木共同构建的介于个体与群体之间的结构小组（图7-2）。测量和分析对象既有林木本身的属性，同时也考虑了对象木与邻体木的关系，这种方法着眼于各林木及其最近几株邻体木关系上，以揭示各林木在群落内的状态。以空间结构单元为基础，可以构建相应的林分空间结构参数，描述林分内林木的空间结构关系及特征，以揭示各林木在群落内的状况。

当对象木位于样地边界位置，最近邻体木很有可能不在样地树种的统计范围内，如果不考虑边缘效应，那么以上邻体结构分析将带来误差。因此，分析邻体结构特征时必须进行边缘校正，本文采用的边缘校正方法是在计算邻体结构特征参数时对位于样地边界附近的对象木不予以考虑。另外，4株最近邻体木数量与对象木构成的邻体结构是较为合理空间结构单元，所以本文采用多数研究的常规做法，将对象木周围的最近邻体树数目设定为4株（惠刚盈 等，2001）。

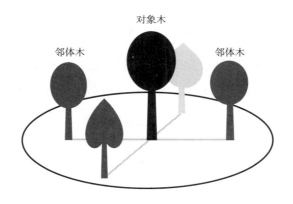

图7-2 林分中1个林元结构模型

7.1.3.2 树木株间距离

根据每株树木的坐标值，计算每株对象木 i 与其邻体木 j 之间的距离 D_{ij}，其取值范围为（0，∞）。

$$D_{ij} = \sqrt{(x_i - x_j)^2 - (y_i - y_j)^2} \tag{7-3}$$

式中：(x_i, y_i)、(x_j, y_j) 分别为对象木和邻体木的横纵坐标。

分别以对象木的坐标 (x_i, y_i) 为中心，计算对象木与邻体木 $I(x_j, y_j)$ 的方位角 A_{ij}，其取值范围为 [0，90]，计算公式如下：

$$A_{ij} = \arctan(\frac{\Delta y_{ij}}{\Delta x_{ij}}) \qquad (7\text{-}4)$$

式中：Δx_{ij}、Δy_{ij} 分别为对象木与邻体木横纵坐标的差值。将邻体木 (x_{j1}, y_{j1})、(x_{j2}, y_{j2})、…、(x_{jn}, y_{jn})，按方位角大小依次排列，计算邻体木 j_1 与 j_2 之间的夹角。$a_{ij}=a_{ki}-a_{kj}$，取小角，$a_{j1/2}=a_{ij1}-a_{ij2}$。

7.1.3.3 单木水平的林元空间结构参数

森林结构体现了林分中林木个体（结构要素）及其属性的排列方式，在很大程度上由邻体木间的空间关系决定（惠刚盈，2013）。以参照树及其相邻最近4株林木组成的最小空间结构单元能恰当地进行林分空间结构的分析（惠刚盈 等，2001）。

本研究依据林分尺度森林健康评价指标体系提出的6个要素，即树种混交度（speciesmingling, M）、林层差异化（forest differentiation）、演替理想态（succession ideal state, S）、单木质量理想态（tree quality ideal state, Q）、密集度（crowding, C）、角尺度（uniform angle index, W）、胸径大小比数（diameter dominance, U）、生物量大小比数（biomass dominance, B），可以构建一套森林空间结构指标体系，来刻画森林空间结构异质性。

$$M_i = \sqrt{\frac{s}{n^2}\sum_{j=1}^{n} m_{ij}} \qquad (7\text{-}5)$$

式中：M_i 为混交度，可以描述林元邻里树木的混交状况、物种隔离程度与多样性；s 为邻体木的物种数；n 为邻体木株数（n=4）；m_{ij} 当对象木 i 与第 j 株邻体木非同种时，$m_{ij}=1$，否则 $m_{ij}=0$。

$$W_i = \frac{1}{n}\sum_{j=1}^{n} w_{ij} \qquad (7\text{-}6)$$

式中：W_i 为角尺度，可以描述邻里树木的空间分布格局。当对象木 i 与第 j 株邻体木的夹角小于标准角时（$\alpha \leq \alpha_0$，$\alpha_0=72°$），$w_{ij}=1$，否则 $w_{ij}=0$。

$$U_i = \frac{1}{n}\sum_{j=1}^{n} u_{ij} \qquad (7\text{-}7)$$

式中：U_i 为优势度，反映林元邻里树木的大小差异状况。当对象木 i 胸径大于第 j 株邻体木时，$u_{ij}=1$，否则 $u_{ij}=0$。

$$O_i = \frac{1}{n}\sum_{j=1}^{n} o_{ij} \qquad (7\text{-}8)$$

式中：O_i 为开敞度，描述树木的生长空间和受光照条件。当对象木 i 与第 j 株邻体木之间的距离大于二者的高度差时（$d_{ij} \geq \Delta H_{ij}$），$u_{ij}=1$，否则 $u_{ij}=0$。

$$L_i = \frac{c}{k} \times \frac{1}{n} \sum_{j=1}^{n} l_{ij} \qquad (7\text{-}9)$$

式中：L_i 为林层指数，反映林元垂直结构的复杂程度。当对象木 i 与第 j 株邻体木不在同一层次时 $l_{ij}=1$，否则 $l_{ij}=0$。式中 c 为邻体木的层次数；k 为人为设定的林层数（本文将 20m 林冠高分为三等份，即 $k=3$）。

$$G_i = \frac{D_i}{D_{\max}} \qquad (7\text{-}10)$$

式中：G_i 为成熟度，表示树木的相对成熟程度；D_i 为对象木的胸径；$D_{\max}$ 表示对象木所属物种在大样地中的最大胸径。

7.1.3.4 群体水平的林元空间结构参数

以上概念都是针对一个空间结构单元而言的，在计算林分空间结构指数时，需要计算林分内所有结构单元的参数平均值，将其作为林分空间结构综合定量评价的基础。其中通过林分平均混交度来表征林分中树种的空间配置情况，通过林分平均大小比数研究林分内树木的生长状况，通过林分平均角尺度来反映林木的水平分布格局。运用 Winkelmass 林分空间结构分析软件计算固定样地的结构参数，为避免边缘效应对林分结构的影响，在计算 3 个空间结构参数时设置了 5m 缓冲区。计算林分或某一树种的角尺度、大小比数、林层指数和开敞度，即为林分内或某一树种所有单木的角尺度、大小比数、林层指数和开敞度均值。

$$M = \frac{1}{N} \sum_{i=1}^{N} M_i \qquad (7\text{-}11)$$

式中：M 为混交度，反映林分混交状况；N 为对象木的株数，下同；M_i 为第 i 株对象木所在林元的混交度。

$$W = \frac{1}{N} \sum_{i=1}^{N} W_i \qquad (7\text{-}12)$$

式中：W 为角尺度，反映林分空间分布状况；W_i 为第 i 株对象木所在林元的角尺度。

$$U = \frac{1}{N} \sum_{i=1}^{N} U_i \qquad (7\text{-}13)$$

式中：U 为优势度，反映林分树木大小差异程度；U_i 为第 i 株对象木所在林元的优势度。

$$O = \frac{1}{N} \sum_{i=1}^{N} O_i \qquad (7\text{-}14)$$

式中：O 为开敞度，反映林分平均树木的生长空间和受光照条件；O_i 为第 i 株对象木所在林元的开敞度。

$$L = \frac{1}{N}\sum_{i=1}^{N} L_i \quad (7\text{-}15)$$

式中：L 为林层指数，反映林分垂直结构的复杂程度；L_i 为第 i 株对象木所在林元的林层指数。

$$G = \frac{1}{5}\sum_{i=1}^{5} G_i \quad (7\text{-}16)$$

式中：G 为成熟度，反映树木的相对成熟程度；G_i 为第 i 株对象木所在林元的成熟度。

7.1.3.5 林分结构综合指标

多数研究在利用结构参数分析林分空间结构特征时，只是独立地用各参数分别对某一方面的群落结构进行分析，即角尺度（W_i）仅展示水平分布格局，而混交度（M_i）仅提供混交状态，大小比数（U_i）单独说明树木大小分化程度，也就是说，3 个参数仅各自单独研究了一个变量的分布频率，也就是数理统计学所说变量的一元分布。由此可见，结构参数的一元分布是无法同时分析结构单元中其他两种属性的分布特征，这不利于我们对林分空间结构更深层次的理解和认知。

混交度、大小比数和角尺度完全可以恰当地表征一个林分的空间结构，甚至可以在适合的参数基础上人工重建复杂的林分结构，因此，本文采用混交度、大小比数和角尺度作为林分空间结构综合评价的基础指标（董灵波 等，2013）。根据现代生态林业理论，混交度 =1，优势度 =1（大小比数 =0），角尺度 =0.5（随机分布）。

$$FSSI = 1 - \frac{1}{3}(|\overline{M} - 1.0| + |\overline{U} - 1.0| + |\overline{W} - 0.5|) \quad (7\text{-}17)$$

式中：$FSSI$ 为林分理想结构指数，取值范围为 [0，1]；$FSSI$ 值越大，表明距离最优林分空间结构的差异越小，即林分空间结构越优；$\overline{M}$ 为林分平均混交度（所有个体平均）；$\overline{U}$ 林分平均优势度；$\overline{W}$ 为林分平均角尺度，下同。

$$FSSD = \sqrt{[(\overline{M}-1)^2 + (\overline{U}-1)^2 + (\overline{W}-0.5)^2]/2.5} \quad (7\text{-}18)$$

式中：$FSSD$ 为林分综合指数，取值范围为 [0，1]；$FSSD$ 值越小，表明距离最优林分空间结构的差异越小，即林分空间结构越优。

7.1.4 数据分析

利用 Matlab 2019 编程，计算官山大样地中所有乔木的林元结构的各项参数；利用 SPSS 统计中的方差分析（ANOVA）、多重比较（Duncun 分析）比较不同类型树木间的各项参数差异。同时，计算了各二级样地内所有树木的各项参数的平均值（即林分结构参数）。为避免边缘效应对林分结构的影响，在计算各项空间结构参数时设置了 5m 缓冲区。

7.2 径级结构特征

7.2.1 林分径级结构

由图 7-3 可知，大样地整体和 3 种林型的径级结构相似，即随着径级增大，植株数呈现减少趋势，径级结构表现为典型的金字塔型。

官山 12hm² 大样地共有植株 63690 株，其中 Ⅰ、Ⅱ、Ⅲ、Ⅳ 径级个数占比依次为 43.88%、34.95%、17.33%、3.84%。最大胸径 120cm，物种是钩锥。阔叶林、针叶林和毛竹林的个体数分别为 33439 株、20793 株和 9458 株，阔叶林 Ⅰ~Ⅳ 径级数量占比依次为 46.35%、36.08%、13.50%、4.07%；针叶林为 42.14%、32.98%、21.01%、3.87%，毛竹林为 38.98%、35.28%、22.80%、2.94%。可见，本研究样地低龄级的个体补给充足，老树个体较少，群落还处于发展状态（图 7-3）。

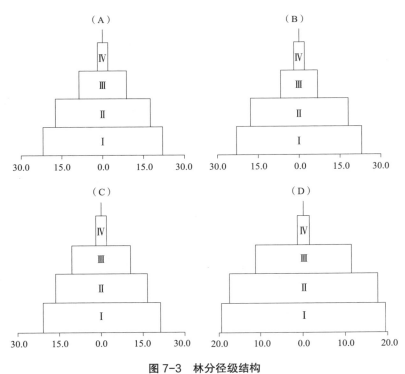

图 7-3 林分径级结构

注：A 为大样地；B 为阔叶林；C 为针叶林；D 为毛竹林。

7.2.2 主要种群径级结构

25 个主要物种中有 10 个物种的径级结构呈"金字塔"型（图 7-4），Ⅰ~Ⅳ 径级的个体数递减，Ⅰ 径级占比均接近 50%。具体表现为小叶青冈 49.30%、红楠 54.19%、甜

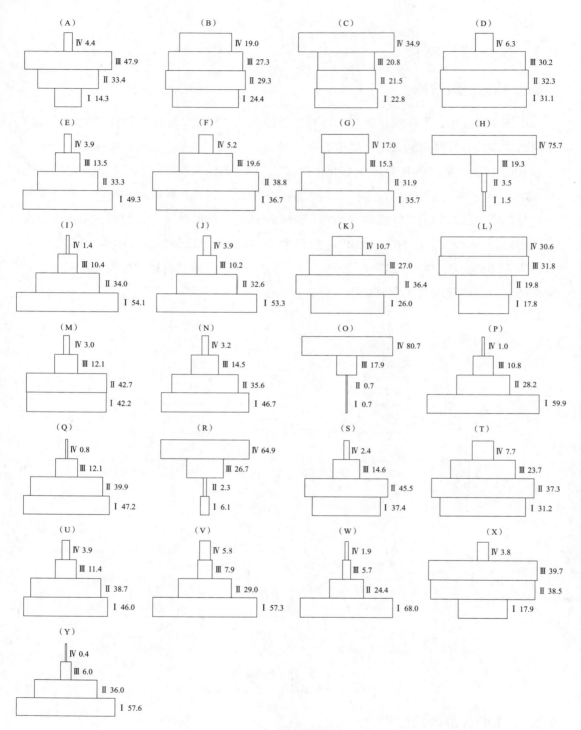

图 7-4 主要树种的径级结构

注：A 为杉木；B 为叶赤杨；C 为毛竹；D 为虎皮楠；E 为小叶青冈；F 为木荷；G 为南酸枣；H 为麻栎；I 为红楠；J 为甜槠；K 为日本杜英；L 为枫香树；M 为米槠；N 为钩锥；O 为马尾松；P 为毛豹皮樟；Q 为榕叶冬青；R 为锥栗；S 为栲；T 为椤木；U 为褐毛杜英；V 为柯；W 为薄叶润楠；X 为南方红豆杉；Y 为闽楠。

槠 53.30%、钩锥 46.70%、毛豹皮樟 59.20%、榕叶冬青 47.20%、柯 57.60%、褐毛杜英 46.00%、薄叶润楠 68.00%、闽楠 57.6%。另外 9 个树种的径级结构不稳定,虽然小树个体较多,但幼树个体不充裕。其中木荷、南酸枣、米槠这 3 个物种Ⅰ、Ⅱ径级的个体为主,分别占 38.80% 和 36.3%、31.90% 和 35.7%、42.70% 和 42.20%;南方红豆杉的Ⅱ(占 39.00%)、Ⅲ(占 38.50%)径级的个体数最多;赤杨叶、虎皮楠这 2 个树种Ⅰ、Ⅱ、Ⅲ径级的个体数接近,赤杨叶依次为 27.30%、29.30%、24.40%;虎皮楠依次为 30.20%、32.40%、31.10%;日本杜英、栲、椤木这 3 个树种,以Ⅱ径级的个体数居多,占比分别为 36.40%、45.50%、37.30%。

杉木、麻栎、枫香、马尾松、锥栗这 5 个物种的径级结构呈倒"金字塔"型。其中杉木前 3 个径级随着径级的增加个体数逐渐增加,Ⅲ径级的个体数最多,占 47.90%;枫香树Ⅲ、Ⅳ径级的个体数最多,分别占总个体数的 31.80%、30.60%。麻栎、马尾松和钩锥这 3 个树种均为Ⅳ径级的个体数最多,分别占 75.70%、80.70%、64.90%;其中麻栎的最大胸径为 83.1cm;马尾松和钩锥的最大胸径均为 70cm。毛竹结构不同于阔叶树,Ⅰ、Ⅱ、Ⅲ径级的个体数接近,介于 20.8%~22.8% 之间,Ⅳ径级占比较多为 34.9%。

综上所述,麻栎、马尾松、锥栗等种群正在渐渐退出官山大样地群落,且随着群落的演替,赤杨叶、枫香树、椤木等物种也会慢慢退出,逐渐形成以小叶青冈、红楠、木荷、钩锥等常绿阔叶树为主的常绿阔叶林。

7.3 垂直结构特征

7.3.1 官山大样地群落的垂直结构

7.3.1.1 多度结构

由图 7-5 可知,样地内林木高度呈正态分布,林冠下层的树随着高度的增加不断增加,而林冠上层的树木个体数随着高度的增加不断减少,高度处于 3~5m 的树木最多。H1~H6 等级林木多度百分比依次为 4.41%、2.59%、34.95%、21.61%、12.75%、3.70%。以上结果表明官山大样地的群落较为年轻,树木高度集中在 3~8m,且阔叶林的幼苗幼树更多。

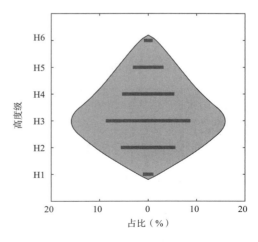

图 7-5 大样地复合群落垂直结构

7.3.1.2 物种结构

物种丰富度的变化规律与物种多度一致，林冠下层树木随着高度的增加物种丰富度越来越高，林冠上层树木随着高度的增加物种丰富度逐渐降低（表7-3）。样地中种多度超过100株的物种，H1高度级有矩叶鼠刺、红楠、细枝柃、杉木、绒毛润楠5个物种，个体数依次为211株、190株、160株、150株、110株；H2高度级有34种，其中矩叶鼠刺的数量远高于其他物种，为1234株；H3高度级有48种，最多的是鹿角杜鹃（1848株），紧随其后是矩叶鼠刺（1700株）、杉木次之（1151株）；H4高度级有29种，鹿角杜鹃的个体数最高1712株，位居第二位是杉木1397株，远高于其他物种；H5高度级有20种，其中杉木最多（1694株），其次是毛竹（1027株）、赤杨叶（846株）；H6高度级仅有赤杨叶（541株）、杉木（300株）、毛竹（190株）、麻栎（104株）4个物种。可见，官山常绿阔叶林在垂直结构上（H1→H6）的物种组成是"矩叶鼠刺+细枝柃+红楠+杉木+绒毛润楠—矩叶鼠刺—鹿角杜鹃—矩叶鼠刺+杉木—鹿角杜鹃+杉木—杉木+赤杨叶+毛竹—赤杨叶+杉木+毛竹+麻栎"。

表7-3 官山大样地复合群落不同高度级树种数量统计　　　　种

层　次	总　计	<100株	100~200株	200~500株	500~2000株
H6	99	95	2	1	1
H5	164	288	15	2	3
H4	210	181	9	16	4
H3	256	208	17	19	12
H2	238	204	15	12	7
H1	166	161	4	1	0

7.3.2 不同林型的垂直结构

7.3.2.2 多度结构

按照物种的重要值，将样地划分成3种林型，即阔叶林、针叶林、竹林。3个林分的垂直结构变化规律与整体相似（图7-6）。由下往上H1→H6，阔叶林树木多度百分比依次为4.93%、24.40%、36.37%、21.06%、9.61%、3.63%；针叶林树木多度百分比依次为3.85%、20.45%、33.45%、22.31%、16.14%、3.79%；竹林树木多度百分比依次为3.69%、20.62%、33.45%、22.06%、16.88%、3.77%。相比较而言，林冠下层的树木多度百分比，阔叶林（65.70%）要高于针叶林（57.76%）和毛竹林（57.28%）。

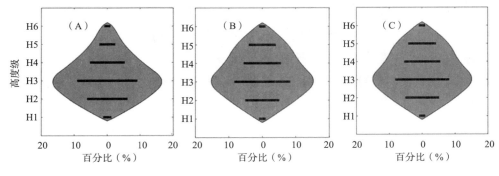

图 7-6　3 种林型垂直结构

7.3.2.3　物种丰富度

阔叶林、针叶林、毛竹林的变化规律与整体相似，但不同林分垂直结构上的主要物种组成和丰富度存在差异。（图 7-7）不同的高度级均表现为阔叶林＞针叶林＞毛竹林。阔叶林种内多度超过 100 株的物种，H1 高度级仅矩叶鼠刺（136 株）；H2 高度级有 20 种，其中矩叶鼠刺最多，有 781 株；H3 高度级有 30 种，种内多度位于前三的是矩叶鼠刺（1151 株）、茜树（937 株）、鹿角杜鹃（896 株）；H4 高度级有 21 种，其中鹿角杜鹃高达 848 株，紧随其后的是矩叶鼠刺（396 株）、茜树（302 株）；H5 高度级有 7 种，株数由高到低依次是虎皮楠（272 株）、赤杨叶（260 株）、木荷（153 株）、檵木（151 株）、日本杜英（129 株）、小叶青冈（125 株）、红楠（102 株）；H6 高度级只有赤杨叶（314 株）。可见，阔叶林在垂直结构上（H1→H6）的物种组成是"矩叶鼠刺—矩叶鼠刺—茜树＋鹿角杜鹃＋矩叶鼠刺—鹿角杜鹃＋矩叶鼠刺＋茜树—虎皮楠＋赤杨叶＋木荷＋檵木—赤杨叶"。

针叶林种内多度超过 100 株的物种，H1 高度级仅杉木（104 株）；H2 高度级有 11 种，其中苦槠最多，有 408 株，紧随其后的是红楠（267 株）、矩叶鼠刺（226 株）；H3 高度级有 19 种，最多的是杉木（948 株），其次是甜槠（408 株）、红楠（396 株）；H4 高度级有 8 种，杉木的个体数最高 1167 株，位居第二位是赤杨叶 454 株，远高于其他物种；H5 高度级有 3 种，株数由高到低依次是杉木（1616 株）、赤杨叶（532 株）、虎皮楠（106 株）；H6 高度级只有杉木（289 株）和赤杨叶（184 株）。由此说明，针叶林在垂直结构上的物种组成是"杉木—苦槠＋红楠＋矩叶鼠刺—杉木＋甜槠＋红楠—赤杨叶＋杉木—赤杨叶＋杉木—赤杨叶＋杉木"。

毛竹林种内多度超过 100 株的物种，H1 高度级未出现，种内多度最高的物种是红楠（55 株）、矩叶鼠刺（34 株）、甜槠（22 株）；H2 高度级有 4 种，种内多度由高到低依次是矩叶鼠刺（227 株）、红楠（170 株）、甜槠（139 株）、小叶青冈（107 株）；H3 高度级有 5 种，最多的是鹿角杜鹃 601 株，其次是矩叶鼠刺（280 株）、小叶青冈（189 株）、甜槠（172 株）、红楠（151 株）；H4 高度级有 3 种，鹿角杜鹃的个体数最高，为 700 株，毛竹位于第二位，为 197 株，小叶青冈 127 株；H5 高度级和 H6 高度级仅有毛竹，分别有 179 株、990 株。综上所述，竹林在垂直结构上的物种组成是"红楠＋矩叶鼠刺＋甜槠—矩叶鼠刺＋红楠＋甜槠—矩叶鼠刺＋红楠＋甜槠—小叶青冈—鹿角杜鹃＋小叶青冈＋甜槠＋红楠—鹿角杜鹃＋毛竹—毛竹—毛竹"。

表 7-4　官山大样地各高度等级物种数分布　　　　　　　　　　　　　　种

林分类型	层次	总计	<100 株	100~200 株	200~500 株	500~2000 株
阔叶林	H6	87	86	0	1	0
	H5	143	136	5	2	0
	H4	178	157	10	10	1
	H3	219	189	12	14	4
	H2	202	182	7	12	1
	H1	134	133	1	0	0
针叶林	H6	56	54	1	1	0
	H5	104	101	1	1	1
	H4	162	157	5	2	1
	H3	193	174	11	4	4
	H2	176	165	6	5	0
	H1	110	109	1	0	0
毛竹林	H6	32	31	1	0	0
	H5	77	76	0	0	1
	H4	113	110	2	0	1
	H3	149	144	3	1	1
	H2	123	119	3	1	0
	H1	67	67	0	0	0

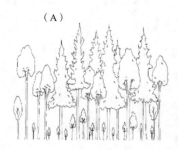
（A）
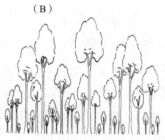
（B）
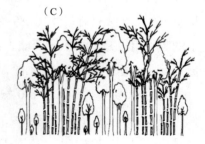
（C）

图 7-7　3 个林分垂直结构

注：A 为针叶林；B 为阔叶林；C 为毛竹林。

7.4 林元空间结构特征

7.4.1 物种水平的林元结构参数特征

选择 $DBH \geqslant 5$，$H \geqslant 5m$ 的 211 个物种进行分析，共 19752 株。

7.4.1.1 混交度（mingling, M）

25 个主要树种中大部分树种属于极强度混交，仅杉木（0.51 ± 0.26）为强度混交，毛竹（0.47 ± 0.27）为中度混交（表 7-5）。极强度混交的树种中闽楠的混交度最高（0.94 ± 0.08），毛豹皮樟（0.89 ± 0.12）、日本杜英（0.88 ± 0.13）和薄叶润楠（0.87 ± 0.17）次之；其他阔叶树的混交度也均大于 0.77。说明样地内多数树种的林元结构中至少存在 3 株以上的异种邻体木。

7.4.1.2 角尺度（uniform angle index, W）

25 个主要树种基本属于聚集分布，仅闽楠和马尾松为随机分布（表 7-5）。聚集分布的物种中，毛竹的角尺度均值最高（0.57 ± 0.18），其后依次为檫木、钩锥、甜槠、榕叶冬青、日本杜英、南酸枣、南方红豆杉、木荷、甜槠等，它们的角尺度均值差异不大，介于 $0.52 \pm 0.16 \sim 0.57 \pm 0.18$ 之间。说明样地内主要物种多数以聚集分布的形式存在，但聚集强度不大，无高度聚集物种。

7.4.1.3 优势度（dominance index, U）

从优势度来看，25 个树种的优势度均值介于 $0.26 \sim 0.94$ 范围内，兼有中庸、亚优势、优势 3 种优势度等级（表 7-5）。其中先锋树种马尾松和落叶树种锥栗、麻栎、枫香树、南酸枣、赤杨叶的优势度均值排在前列，依次为 0.94 ± 0.17、0.91 ± 0.22、0.91 ± 0.20、0.76 ± 0.31、0.72 ± 0.35、0.67 ± 0.35，前 4 个树种属于优势种，后 2 个树种属于亚优势种；中庸树种有 10 种，均为常绿树种，分别是小叶青冈、褐毛杜英、钩锥、南方红豆杉、红楠、毛豹皮樟、米槠、栲、榕叶冬青、闽楠，其中闽楠的优势度最低，接近 0.25。这说明在样地中落叶树种相比于常绿树种的优势度更大。

表 7-5 官山大样地 25 个树种的林元结构参数均值（一）

序 号	物 种	混交度（M）	角尺度（W）	优势度（U）
1	杉 木	0.51 ± 0.26^{H}	0.53 ± 0.17^{AB}	0.52 ± 0.34^{DEF}
2	赤杨叶	0.77 ± 0.20^{G}	0.54 ± 0.17^{A}	0.67 ± 0.35^{C}
3	毛 竹	0.47 ± 0.27^{H}	0.57 ± 0.18^{A}	0.55 ± 0.32^{DE}
4	虎皮楠	0.79 ± 0.17^{EFG}	0.54 ± 0.18^{AB}	0.57 ± 0.34^{D}

续表

序号	物种	混交度（M）	角尺度（W）	优势度（U）
5	小叶青冈	0.84 ± 0.16^{BCD}	0.52 ± 0.16^{ABC}	0.49 ± 0.35^{EFGH}
6	木荷	0.84 ± 0.15^{BCD}	0.55 ± 0.18^{A}	0.52 ± 0.35^{DEF}
7	南酸枣	0.86 ± 0.14^{BCD}	0.55 ± 0.16^{A}	0.72 ± 0.35^{BC}
8	麻栎	0.87 ± 0.13^{BCD}	0.53 ± 0.17^{ABC}	0.91 ± 0.20^{A}
9	红楠	0.84 ± 0.14^{BCD}	0.55 ± 0.18^{A}	0.41 ± 0.34^{HIJ}
10	甜槠	0.79 ± 0.19^{EFG}	0.56 ± 0.18^{A}	0.51 ± 0.37^{DEFG}
11	日本杜英	0.88 ± 0.13^{BC}	0.55 ± 0.19^{A}	0.57 ± 0.35^{DE}
12	枫香树	0.86 ± 0.14^{BCD}	0.53 ± 0.18^{AB}	0.76 ± 0.31^{B}
13	米槠	0.78 ± 0.18^{EFG}	0.54 ± 0.18^{AB}	0.39 ± 0.34^{IJK}
14	钩锥	0.85 ± 0.15^{BCD}	0.56 ± 0.17^{A}	0.46 ± 0.33^{FGHI}
15	马尾松	0.78 ± 0.20^{FG}	0.50 ± 0.17^{BC}	0.94 ± 0.17^{A}
16	毛豹皮樟	0.89 ± 0.12^{B}	0.54 ± 0.18^{AB}	0.40 ± 0.33^{IJK}
17	榕叶冬青	0.83 ± 0.15^{CDE}	0.55 ± 0.18^{A}	0.32 ± 0.31^{KL}
18	锥栗	0.85 ± 0.15^{BCD}	0.54 ± 0.19^{AB}	0.91 ± 0.22^{A}
19	栲	0.82 ± 0.15^{DEF}	0.54 ± 0.17^{AB}	0.37 ± 0.32^{JK}
20	檫木	0.85 ± 0.16^{BCD}	0.56 ± 0.18^{A}	0.54 ± 0.35^{DEF}
21	褐毛杜英	0.86 ± 0.13^{BCD}	0.55 ± 0.18^{A}	0.47 ± 0.37^{FGHI}
22	柯	0.85 ± 0.14^{BCD}	0.54 ± 0.17^{AB}	0.57 ± 0.39^{DE}
23	薄叶润楠	0.87 ± 0.17^{BCD}	0.54 ± 0.17^{AB}	0.58 ± 0.36^{D}
24	南方红豆杉	0.88 ± 0.13^{BC}	0.55 ± 0.15^{A}	0.44 ± 0.31^{GHIJ}
25	闽楠	0.94 ± 0.08^{A}	0.49 ± 0.16^{C}	0.26 ± 0.27^{L}

注：同一列中不同的字母表示不同物种的参数存在显著差异（$P<0.05$）。

7.4.1.4 树梢开敞度（openness index，O）

从树梢开敞度来看，落叶阔叶树和竹类植物的光照条件要高于常绿阔叶树（表7-6）。具体表现为透光条件非常充足的有7个物种，马尾松（0.95 ± 0.13）＞锥栗（0.91 ± 0.18）＞麻栎（0.90 ± 0.19）＞赤杨叶（0.86 ± 0.22）＞南酸枣（0.85 ± 0.24）＝枫香树（0.85 ± 0.24）＞毛竹（0.75 ± 0.28）；剩余的18个树种的光照条件充足，其中南方红豆杉的光照条件相对最低，树梢开敞度值为0.50 ± 0.32。说明官山大样地内的主要树种尤其是落叶树种，树冠层接收的光照水平较高，冠层生长空间较为充足。

7.4.1.5 成熟度（grade of maturity，G）

从成熟度来看，25个树种的成熟度均值介于0.11~0.47之间（表7-6）。马尾松、锥栗、麻栎、枫香树排在前列，成熟度均值分别为0.47、0.45、0.41、0.38；其后为柯、薄叶润楠、南方红豆杉、杉木、榕叶冬青等，这些树种的成熟度均值处于 0.27~0.37 范围内；成熟度低于 0.20 的树种分别为米槠、栲、闽楠、甜槠、小叶青冈、毛竹、钩锥，其中毛竹和钩锥的成熟度最小。说明这 25 个树种各自的胸径均值都不及样地内同种最大胸径的一半，说明样地林木的胸径并不均匀。

7.4.1.6 林层指数（lay，L）

方差分析表明，不同树种之间的林层指数存在显著差异（$P<0.05$）（表 7-6）。麻栎、南酸枣、马尾松、锥栗排在前列，林层指数均值分别为 0.65、0.55、0.55、0.55，说明这些树种林层指数较高，林分垂直空间结构较完整，垂直分化程度较高，树木对垂直空间利用充分，林分自然更新良好。毛竹、杉木、甜槠等树种最低，依次为 0.38、0.43、0.43。究其原因是大多数林元只有 1 或 2 个层次，与对象木不在同一林层的邻近木基本不超过 2 株；近一半邻近木与参照木都在同一林层，说明这些物种的林层指数普遍较低，林分垂直空间结构较差，林木对垂直空间利用不足，林木分化程度较弱。

表 7-6　官山大样地 25 个树种的林元结构参数均值（二）

序号	物种	树梢开敞度（O）	成熟度（G）	林层指数（L）
1	杉木	0.66 ± 0.31^{DEFG}	0.29 ± 0.13^{DE}	0.43 ± 0.27^{HI}
2	赤杨叶	0.86 ± 0.22^{B}	0.24 ± 0.15^{GH}	0.51 ± 0.32^{BCDEF}
3	毛竹	0.75 ± 0.28^{C}	0.11 ± 0.03^{L}	0.38 ± 0.28^{I}
4	虎皮楠	0.68 ± 0.30^{DEFG}	0.26 ± 0.14^{FG}	0.45 ± 0.26^{EFGH}
5	小叶青冈	0.66 ± 0.28^{DEFG}	0.15 ± 0.15^{K}	0.48 ± 0.30^{DEFGH}
6	木荷	0.69 ± 0.29^{CDE}	0.22 ± 0.15^{H}	0.50 ± 0.28^{BCDEFG}
7	南酸枣	0.85 ± 0.24^{B}	0.24 ± 0.18^{GH}	0.55 ± 0.31^{B}
8	麻栎	0.90 ± 0.19^{AB}	0.41 ± 0.19^{B}	0.65 ± 0.29^{A}
9	红楠	0.55 ± 0.30^{JK}	0.21 ± 0.13^{HIJ}	0.47 ± 0.27^{EFGH}
10	甜槠	0.64 ± 0.32^{EFGH}	0.17 ± 0.14^{K}	0.43 ± 0.30^{GHI}
11	日本杜英	0.72 ± 0.26^{CD}	0.27 ± 0.17^{EF}	0.49 ± 0.28^{BCDEFG}
12	枫香树	0.85 ± 0.24^{B}	0.38 ± 0.19^{C}	0.54 ± 0.31^{BCD}
13	米槠	0.64 ± 0.29^{EFGH}	0.19 ± 0.15^{IJK}	0.46 ± 0.27^{EFGH}
14	钩锥	0.62 ± 0.31^{FGH}	0.11 ± 0.09^{L}	0.47 ± 0.29^{DEFGH}
15	马尾松	0.95 ± 0.13^{A}	0.47 ± 0.16^{A}	0.55 ± 0.34^{BC}
16	毛豹皮樟	0.63 ± 0.29^{FGH}	0.26 ± 0.15^{EFG}	0.50 ± 0.28^{BCDEFGH}
17	榕叶冬青	0.59 ± 0.28^{HIJ}	0.27 ± 0.15^{EF}	0.47 ± 0.27^{DEFGH}
18	锥栗	0.91 ± 0.18^{AB}	0.45 ± 0.19^{A}	0.55 ± 0.32^{BC}
19	栲	0.61 ± 0.32^{GHI}	0.18 ± 0.14^{JK}	0.48 ± 0.28^{CDEFGH}
20	檫木	0.73 ± 0.28^{CD}	0.21 ± 0.18^{HI}	0.48 ± 0.27^{BCDEFGH}

续表

序号	物种	树梢开敞度（O）	成熟度（G）	林层指数（L）
21	褐毛杜英	0.69 ± 0.29^{CDEF}	0.23 ± 0.15^{H}	0.44 ± 0.28^{FGHI}
22	柯	0.72 ± 0.31^{CD}	0.37 ± 0.26^{C}	0.52 ± 0.29^{BCDE}
23	薄叶润楠	0.73 ± 0.27^{CD}	0.37 ± 0.21^{C}	0.49 ± 0.28^{BCDEFGH}
24	南方红豆杉	0.50 ± 0.32^{K}	0.31 ± 0.17^{D}	0.52 ± 0.28^{BCDE}
25	闽楠	0.55 ± 0.24^{IJK}	0.18 ± 0.14^{JK}	0.52 ± 0.25^{BCDE}

7.4.2 不同生活型树种的林元结构参数

7.4.2.1 常绿树种与落叶树种的林元结构参数比较

将样地树种按照常绿与落叶性划分为常绿树种和落叶树种两个类型，结果表明两种类型树种的邻体特征不同（图7-8）。落叶树种的混交度、优势度、树梢开敞度、成熟度、林层指数均比常绿树种高，其中前5个指标均显著大于常绿树种。常绿树种和落叶树种混交度均值分别为0.71、0.83，分别属于强度混交和极强度混交。另外，常绿树种和落叶树种的优势度均值分别为0.46、0.61，分别处于亚劣势向中庸过渡、中庸向亚优势过渡的阶段，这意味着落叶树与邻体木相比占优势，而常绿树与邻体木相比不占优势。但是常绿树种和落叶树种的角尺度均值同为0.54，高出随机分布区间范围，均表现为聚集分布格局。样地中无论是常绿树种还是阔叶树种，都具有较高的树种隔离程度，这意味着常绿树种邻体结构中至少有2株邻体木为异种，落叶树种则至少有3株邻体木为异种。

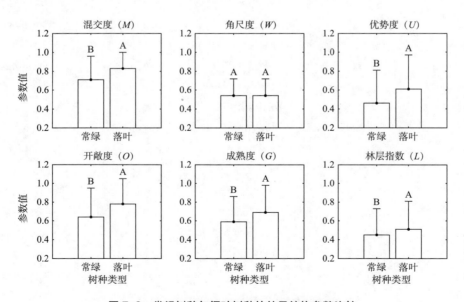

图7-8 常绿树种与阔叶树种的林元结构参数比较

注：不同字母表示同一空间结构特征参数在不同类群树种中存在显著差异。

7.4.2.2 针叶树、阔叶树与毛竹的林元结构参数比较

将样地树种按照形态特征差异划分为针叶树种、阔叶树种、竹类，三个类型的邻体结构存在差异（图 7-9）。阔叶树种的混交度、成熟度、林层指数均值均显著大于针叶树种、竹类。阔叶树种、针叶树种和竹类的混交度均值分别为 0.82、0.52、0.46，分别对应极强度混交、强度混交、中度混交。针叶树种、竹类的优势度均值均显著大于阔叶树种，针叶树、竹类、阔叶树的优势度均值别为 0.54、0.53、0.48，前两者为中庸向亚优势过渡状态、阔叶树种为亚劣势向中庸过渡状态。竹类的角尺度、树梢开敞度均值均显著大于针、阔叶树种。竹类、阔叶树、针叶树的角尺度均值分别为 0.56、0.54、0.53，与按常绿落叶性分类时一样，均表现为聚集分布格局。说明阔叶树的邻体结构中至少有 3 株以上邻体木为异种，针叶树和竹类则存在 2 株异种邻体木。另外，阔叶树在邻体结构中相对于邻体木并不占优势，竹类、针叶树相对于阔叶树则稍微占优势。

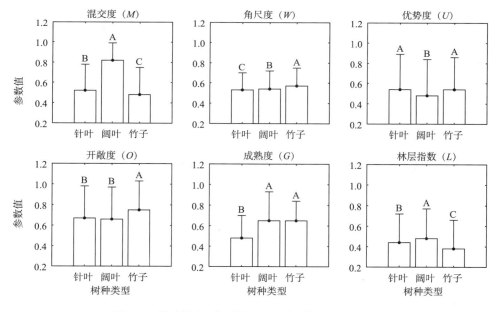

图 7-9　针叶树种、阔叶树种和竹类空间结构特征参数

注：不同字母表示同一空间结构特征参数在不同类群树种中存在显著差异。

7.4.2.3 喜光树种、中性树种与耐阴树种的林元结构比较

将样地树种按照耐阴性划分为喜光树种、中性树种、耐阴树种，三类树种的邻体结构存在差异（图 7-10）。耐阴树种的混交度显著大于喜光树种、中性树种，耐阴、喜光、中性树种的混交度均值分别为 0.83、0.82、0.69，前二者为极强度混交，后者为强度混交。喜光树种的优势度、树梢开敞度、成熟度、林层指数均值皆显著大于中性树种和耐阴树种，

且中性树种的优势度和开敞度均显著大于耐阴树种。喜光、中性、耐阴树种的优势度均值分别为 0.62、0.46、0.38，前者属于中庸向亚优势状态过渡，后二者为亚劣势向中庸过渡状态；树梢开敞度分别为 0.76、0.62、0.58，表明三类树种的树冠光照水平较低，生长空间较窄，尤其是对于中性树种和耐阴树种而言。喜光、中、耐阴树种的角尺度均值之间没有显著差异，分别为 0.54、0.54、0.55，树种分布格局均表现为聚集分布。说明样地中喜光性树种构成的邻体结构中对象木相比邻体木占优势，中性树种和耐阴树种相比于邻体木均不占优势（图 7-10）。

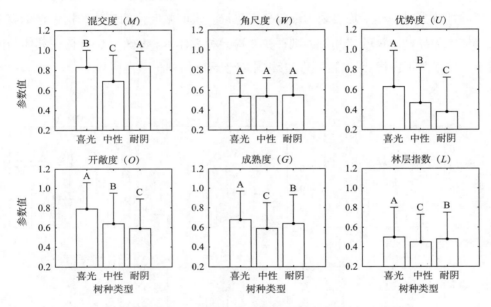

图 7-10 喜光树种、中性树种和耐阴树种的林元空间结构参数比较

注：不同字母表示同一空间结构特征参数在不同类群树种中存在显著差异。

7.4.3 林分水平的林元结构参数

7.4.3.1 混交度

官山大样地树木的混交度均值为 0.77，总体表现为较强度混交状态，但不同小样方间（300 个小样方）差异较大，混交度值介于 0.29~1.00，变异系数为 21.47。林分混交度表现出明显的空间相关性，东南部的杉木林、北部的竹林混交度较低，而中西部阔叶林明显较高（图 7-11），具体表现为：中度混交状态（0.20, 0.40] 的样方数量为 12 个，占样方总数的 4.0%，主要分布在样地东南角和北部区域；强度混交状态（0.40, 0.80] 的样方数量为 138 个，占总数的 46.0%，主要分布在样地西部、西南部、中部和东北区域，并与极强度混交样方的分布区重叠；极强度混交（0.80, 1.00] 的样方数量最多，

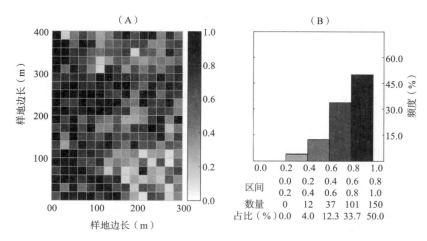

图 7-11 官山大样地林分混交度空间分布（A）与分组统计（B）

达 150 个，占总数的 50.0%，主要分布在西南、中部和北部区域。这说明样地的物种丰富度较高，且树种的空间分布并不均匀。

7.4.3.2 角尺度

整个样地树木角尺度的均值为 0.54，每个样方中树木的角尺度均值介于 0.45~0.69 之间，总体上呈聚集分布格局（图 7-12）。具体为：角尺度介于（0.40，0.60] 的样方数量为 290 个，占样方总数的 96.7%，而（0.60，0.80] 的样方数量为仅为 10 个，占样方总数的 3.3%，这说明样地树种构成的邻体结构多表现为聚集分布格局。

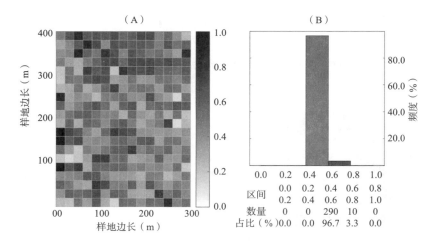

图 7-12 官山大样地林分角尺度空间分布（A）与分组统计（B）

7.4.3.3 优势度

整个样地树木的优势度均值为 0.50，处于中庸状态。各样方的树木优势度均值介于

0.33~0.59之间,处于中庸状态和亚优势状态。具体表现为:中庸状态(0.25,0.50]的样方共162个,占样方总数的54%,散布于样地的各个方位;亚优势状态(0.50,0.75]的样方共138个,占样方总数的46%,也散布于样地的各个方位。这说明,总体上对象木相对于邻体木而言既不占优势也不占劣势(图7-13)。

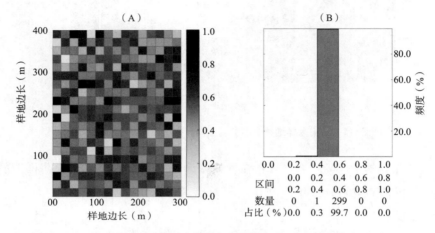

图7-13　官山大样地林分优势度空间分布(A)与分组统计(B)

7.4.3.4　开敞度

从树冠开敞度来看,整个样地的开敞度均值为0.68,300个样方的开敞度均值介于0.56~0.83范围内,总体上树冠光照条件较好(图7-14)。具体表现为:光照条件充足(0.60,0.80]的样方占据主导地位(283个,占94.3%),在样地各个方位均有分布;光照条件非常充足(0.80,1.00]的样方为5个,占总数的1.7%,这些样方随机分布在样地中。这说明样地树种树冠的光照水平较高,生长空间充足;林下光照水平较低,生长空间不充足。

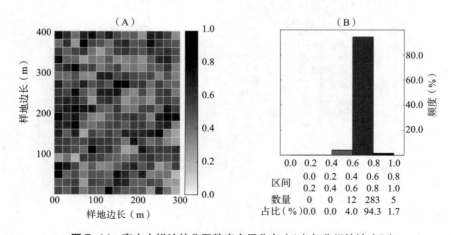

图7-14　官山大样地林分开敞度空间分布(A)与分组统计(B)

7.4.3.5 成熟度

整个样地的成熟度均值为 0.28，300 个样方的成熟度均值介于 0.13~0.54 范围内（图 7-15）。其中，不成熟（0.00，0.40］的样方数量为 1 个；低度成熟（0.40，0.60］的样方数量较多（93 个），占样方总数的 31.0%；中度成熟（0.60，0.80］的样方较多（202 个），占样方总数的 67.3%。说明样地大多树种的胸径不及同种最大胸径的一半，林木成熟度低。

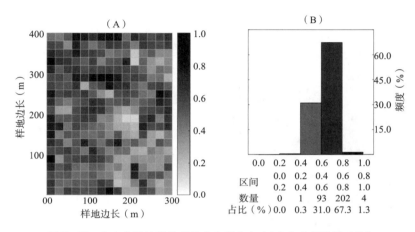

图 7-15 官山大样地林分成熟度空间分布（A）与分组统计（B）

7.4.3.6 林层指数

整个样地的成熟度均值为 0.28，300 个样方的成熟度均值介于 0.13~0.54 范围内（图 7-16）。其中，不成熟（0.00，0.40］的样方数量为 69 个，占样方总数的 23.0%，主要分布在样地的西南角、中部偏东以及北部区域；低度成熟（0.40，0.60］的样方数量最多（207 个），占样方总数的 69.0%；中度成熟（0.60，0.80］的样方仅 24 个，占样方总数的 8.0%。说明样地大多树种的胸径不及同种最大胸径的一半，林木成熟度低。

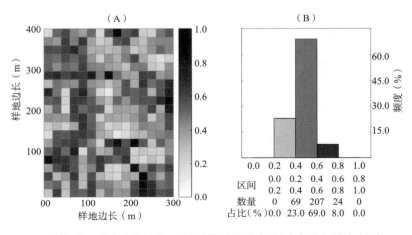

图 7-16 官山大样地林分林层指数空间分布（A）与分组统计（B）

7.5 林分综合结构系数

7.5.1 林分理想结构系数

整个样地的林分理想结构系数均值为 0.78，各个样方的林分理想结构系数均值介于 0.59~0.93 范围（图 7-17）。其中，均值处于（0.75，1.00]的样方占大多数（267 个，占总数的 89.0%）。这表明官山大样地的林分空间结构较优越。

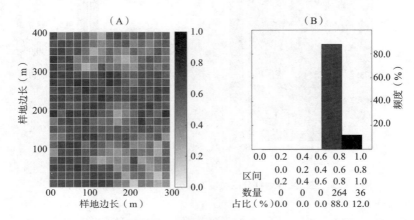

图 7-17 官山大样地林分理想结构系数空间分布（A）与统计分析（B）

7.5.2 林分结构距离系数

整个样地的林分结构距离系数均值为 0.29，300 个样方林分结构距离系数均值介于 0.20~0.60 范围内（图 7-18）。其中，均值（0.20，0.40]的样方数量最多（267 个），占样方总数的 89%，这表明官山大样地的林分结构距离较短。

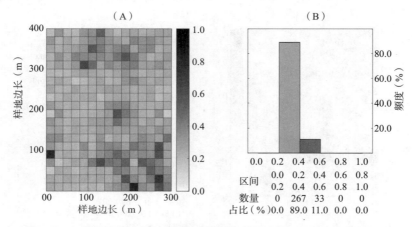

图 7-18 官山大样地林分结构距离系数空间分布（A）与统计分析（B）

7.6 不同林型林分结构指数比较

阔叶林、针叶林和毛竹林的角尺度、优势度、成熟度和开敞度指数差异不明显，这4个指数分别介于0.46~0.52、0.42~0.48、0.83~0.85、0.70~0.75，而混交度、林层指数和林分理想指数表现为阔叶林显著大于针叶林和毛竹林，但林分距离指数表现为毛竹林大于阔叶林和针叶林（图7-19）。

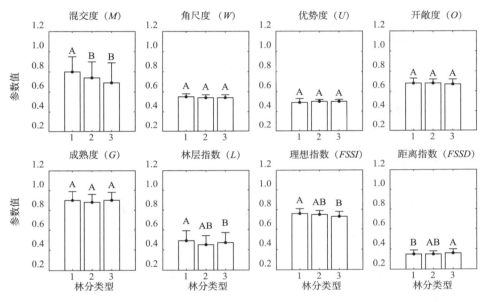

图 7-19 大样地3种林分类型的林分结构参数比较
注：1为阔叶林；2为针叶林；3为毛竹林。

7.7 小　结

本章以样地单木与其最近邻体木构成的邻体结构为研究对象，对样地乔木层树种（$DBH \geqslant 5cm$、$H \geqslant 5m$）的邻体结构特征进行了计算分析。在树种水平上，对样地主要组成树种杉木、赤杨叶、木荷、褐毛杜英等的邻体结构参数特征进行了比较；在树种类群水平上，比较了不同绿落性（常绿树、落叶树）、不同耐阴性（喜光树、中性树、阴性树）、不同生长型（针叶树、阔叶树、竹类）的邻体结构特征；在林分层次上对样地乔木层树种的邻体结构特征进行了分析。同时，利用每木（$DBH \geqslant 1cm$的所有木本）的树高和胸径信息，分析群落的垂直结构和径级结构，结果如下：

（1）径级结构：大样地整体和3种林型（阔叶林、杉木林和毛竹林）径级分布呈"金字塔"形，属于增长型群落，优势种中主要常绿树的径级结构呈典型的"金字塔"形，处于增长状态。

（2）垂直结构：林木高度呈正态分布，林冠下层的树随着高度的增加不断增加，而林冠上层的树木个体数随着高度的增加不断减少，高度处于3~8m区间的林木最多。

（3）主要树种的邻体结构：官山大样地群落树种组成复杂多样，除了毛竹、杉木为中度混交外，其余树种均达到了强度混交以上水平；演替早期落叶树种马尾松、赤杨叶、麻栎、锥栗、枫香树、南酸枣等在样地中占据较大的优势地位，但随着群落的演替会慢慢退出，逐渐形成以小叶青冈、红楠、钩锥、木荷、虎皮楠等常绿阔叶树为主的常绿阔叶林。样地森林群落正处于演替初期缓慢向演替顶级转变的阶段。样地主要树种尤其是落叶树种，树冠层接收的光照水平较高，冠层生长空间较为充足。

（4）树种类群邻体结构：落叶树的发育程度总体上高于常绿树种，前者的混交度、优势度、树梢开敞度等均值大于后者；阔叶树周围树种种类更丰富，林下光照和生长空间更充足，其树种的混交度、树基开敞度、成熟度均值均显著大于针叶树和竹类；耐阴树种、喜光树种周围树种种类更丰富，林下光照和生长空间更充足，混交度、树基开敞度均表现为耐阴树种＞喜光树种＞中性树种。

（5）官山大样地内林木总体分布格局表现为不稳定的聚集分布状态。阔叶林群落混交度较高，种类复杂、群落外貌复杂。毛竹林群落、杉木林群落混交程度相对较低，单一优势树种所占比例过大，群落生态系统稳定性不够，毛竹林混交度低与毛竹扩张排斥部分树木有关，杉木林混交度低与它原本是人工纯林有关，只是现在正在阔叶化进程中。

（6）样地全部树种邻体结构：树种组成较复杂，但大小分化不明显，林下光照和生长空间不充足。混交度均值为0.77，处于强度混交状态；角尺度均值为0.54，呈聚集分布；优势度均值为0.50，林木大小整体处于中庸状态，成熟度均值为0.28；树梢开敞度均值为0.68；树基开敞度均值为0.08，处于弱光照状态。

（7）研究可为天然林模拟经营、森林保护群落的构建、"适地适树"造林树种的选择提供理论依据。

# 第8章
物种多样性的空间格局

物种多样性（species diversity）是生物多样性在物种水平上的表现形式，是对群落组成、结构和功能复杂性与变异性的度量，不仅可以反映群落在组成、结构、功能和动态等方面的特性，也可反映不同自然地理条件与群落的相互关系（赵中华 等，2012）。任何群落或生态系统都有物种多样性特征，而这种特征正是群落或生态系统功能维持的基础（Tilman，1994；Tilman et al.，1994；Grime，1997）。因此，物种多样性一直是森林生态学与保护生物学研究的中心议题，其中物种多样性变化及其维持机制是群落生态学的核心问题（陈亮 等，2008）。

物种多样性按研究尺度由小到大可划分成 alpha（α）-多样性、beta（β）-多样性和 gamma（γ）-多样性三个大类（薛建辉，2006）。α-多样性是指特定地点或群落的物种丰富度，它反映一个群落内部物种富集程度和多度分布频度，是一个仅具有数量而无方向的指标，可反映群落环境和发育的特点。β-多样性是指群落物种组成的变化幅度，它反映了沿着群落内或群落间（从一个生境到另一个生境，或从一个时刻到另一个时刻），物种或物种与多度的变化速率或范围。β-多样性分解就是将物种数量变化与组成变化区分开来，以及探讨这两种过程对物种分布格局的影响（Baselga，2010），即明确①由物种净丢失（或净获得）而引起的群落物种组成的变化（嵌套组分）；②由物种更替引起的群落物种组成变化（周转组分）。γ-多样性表示一个区域内一系列生境或群落内的物种丰富度总和。

α-多样性和 γ-多样性刻画的是个体内在组成的差异性特征，二者合称为内部多样性或编目多样性（inventory diversity）（Jarosinski et al.，2009）。β-多样性称为外部多样性或变异多样性（differentiation diversity），强调的是异质性。由于整体与局部是相对的，只是应用场景不同，因此 β-多样性就成为局部 α-多样性和区域 γ-多样性的联系纽带。

本章利用调查数据，采用胸径代替时间的方法，利用 α-多样性、β-多样性以及 β-多样性分解等多种度量方法，从全局群落、局域群落两个尺度，从空间和时间两个维度上，分析样地内物种多样性的空间格局和时间过程。重点探讨以下问题：①官山大样地 α-多样性的空间分布格局及层际关系；②官山大样地区域 β-多样性、局域 β-多样性的现状；③官山大样地 β-多样性分解及群落物种共存机制。

通过对大样地物种多样性的多维性研究,以期解释本区植物群落更新和维持机制,以及为主要物种多样性指数的评价和该区生物多样性的保护与持续利用提供参考或依据。

8.1 研究方法

8.1.1 数据整理

8.1.1.1 层次划分

按胸径(DBH)将大样地内植物划分为4个龄级,也相应地分成4个层次,见表8-1。

表8-1 官山大样地树木龄级划分标准

胸径范围(cm)	龄级	结构层次
≥ 22.5	IV	L1
[7.5,22.5)	III	L2
[2.5,7.5)	II	L3
[1.0,2.5)	I	L4

8.1.1.2 样地区划

将官山大样地划分成300个20m×20m的小样方,分别计算各小样方的物种重要值,再根据物种重要值将大样地分成竹林、针叶林、阔叶林3种林型。为分析全局(大样地)、小样方、林型和龄级等多个尺度上的物种多样性奠定基础。

8.1.1.3 矩阵数据构建

将原始调查数据整理成矩阵数据,行代表树种,列代表样方或林型,行列交叉对应的元素为某物种某样方中出现的个体数量,或将数量数据矩阵转化面成[0,1]二元数据矩阵。

8.1.2 α-多样性

α-多样性指数按其性质大致可分为4类,即丰富度指数、变化度指数、均匀度指数和优势度指数。其中:①丰富度指数可用于度量样地内物种的数量特征,包括物种数(S)和Margalef指数;②变化度指数由物种丰富度与多度分配的均匀度共同决定,包括对丰富度、均匀度不敏感的Shannon-Wiener指数和Simpson指数;③均匀度指数用以度量物种的个体数量分布是否均匀,包括基于Shannon-Wiener指数的均匀度指数(J_{sw})、基于Simpson指数的均匀度指数(J_{sim})和与优势度关系密切的Alatalo均匀度指数(J_{al})。④优势度指数用以反映样地内各物种个体数量分配的集中性情况。优势度指数越大,说明群落内物种数量分布越不均匀，优势种的生态地位越突显，包括 Simpson 生态优势度指数（C_{sim}）。

Margalef 丰富度指数（R_m）　　$R_m = \dfrac{S-1}{\ln(N)}$　　　　　　　　　　　　　　（8-1）

种间相遇率（PIE）　　$PIE = \sum\limits_{i=1}^{S} \dfrac{n_i(N-n_i)}{N(N-1)}$　　　　　　　　　　（8-2）

Shannon-Wiener 指数（H'）　　$H' = -\sum\limits_{i=1}^{S} p_i \ln(p_i)$　　　　　　　　（8-3）

Simpson 指数（D_s）　　$D_s = 1 - \sum\limits_{i=1}^{S} p_i^2$　　　　　　　　　　　　　（8-4）

Pielou 均匀度指数（J_{sw}）　　$J_{\text{sw}} = \dfrac{H'}{\ln(S)}$　　　　　　　　　　　　（8-5）

Simpson 均匀度指数（J_{sim}）　　$J_{\text{sim}} = \dfrac{D_s}{1-1/S}$　　　　　　　　　（8-6）

Alatalo 均匀度（J_{al}）　　$J_{\text{al}} = \dfrac{(1/\sum\limits_{i=1}^{s} p_i^2)-1}{\exp[-\sum\limits_{i=1}^{s} p_i \ln(p_i)]-1}$　　　　　　（8-7）

生态优势度（C_{sim}）　　$C_{\text{sim}} = \dfrac{\sum\limits_{i=1}^{s} n_i(n_i-1)}{N(N-1)}$　　　　　　　　　（8-8）

式中：S 为第 i 物种所在样方中物种数；N 为总植株个体数；n_i 为样方中物种 i 的个体数；p_i 为第 i 物种的个体数占总个体数的比例（即 $p_i = n_i/N$）。

8.1.3　β-多样性

β-多样性指数度量方法按其性质大致可分成三类，即全局法（global method）、局域法（local method）和点对法（point to point method）。其中：①全局法用以反映一定区域或群落物种组成总体差异情况；②局域法用以具体反映区域内不同样地或群落之间的差异；③点对法主要反映区域内同一时刻两个群落，同一群落在两个时刻间物种组成的变化程度。

8.1.3.1　全局均值 β-多样性

采用倍性分配方法（global mean multiple beta diversity，GMMB）和加性分配法度量群落 β-多样性。

$$\beta_1 = \dfrac{\gamma}{\alpha_m} \tag{8-9}$$

$$\beta_2 = \gamma - \alpha_m \tag{8-10}$$

式中：β_1 为全局倍性 β - 多样性；β_2 为全局加性 β - 多样性；γ 为全局物种数（即大样地内的物种数）；α_m 为单元物种数（即所有小样方或林型、时间物种数）的平均值。

8.1.3.2 局域 β - 多样性

$$\beta_{3\_i} = \frac{\gamma}{\alpha_i} \tag{8-11}$$

$$\beta_{4\_i} = \gamma - \alpha_i \tag{8-12}$$

式中：β_{3_i} 为第 i 单元的局域倍性 β - 多样性；β_{4_i} 为局域加性 β - 多样性；γ 为全局物种数目；α_i 为第 i 小样方的物种数目或第 i 林型的物种数目。

另外，根据加性分配方法，β - 多样性对 γ 多样性的相对贡献为：$C_{beta} = \frac{\beta}{\gamma} \times 100\%$

8.1.3.3 点对 β - 多样性

$$\beta_{cody} = \frac{g(H) + l(H)}{2} \tag{8-13}$$

$$\beta_{sør} = \frac{b+c}{2a+b+c} \tag{8-14}$$

$$\beta_{jac} = \frac{b+c}{a+b+c} \tag{8-15}$$

式中，β_{cody}、$\beta_{sør}$、β_{jac} 分别为 Cody 指数、Sørensen 指数、Jaccard 指数（并交比）；$g(H)$ 为沿生境梯度 H 增加的物种数；$l(H)$ 为沿生境梯度 H 失去的物种数；a、b 分别为两群落的物种数；c 为两群落共有的物种数。

8.1.4 β - 多样性分解

β - 多样性的本质就是反映异质群落（或景观）的物种时空差异性。β - 多样性分解就是要将这种差异分解成不同组分，以了解变异来源。根据性质不同，β - 多样性来源有物种丰富度、物种均匀度、物种组成、群落类型等，由此产生不同的 β - 多样性分解方法。

8.1.4.1 单一物种或单一样点贡献率

借鉴 Legendre 方法，根据物种—样点的数量数据矩阵，经 Hellinger 数据转化（先标准化，再开平方）求总体变异系数（CV），代表总 β - 多样性（BD_{Total}），然后再分解为单个树种和单个样点对总 β - 多样性贡献度。用物种离均差平方和（SS_s）与离均差平方和（SS）的比值代表物种组分对总 β - 多样性贡献，同时也可计算单一物种对总 β - 多样性的贡献度（$SCBD$）；用样方离均差平方和（SS_p）与离均差平方和（SS）的比值代表样点组分对总 β -

多样性贡献，同时，也可计算单一样点对总 β- 多样性的贡献度（LCBD）；

$$\text{总体变异系数} \quad CV = \frac{s}{m_a} = \frac{n\sum_{i=1}^{S}\sum_{j=1}^{P}(X_{ij}-X_m)^2}{(n-1)\sum_{i=1}^{S}\sum_{j=1}^{P}X_{ij}} \quad (8-16)$$

$$\text{单物种贡献率} \quad SCBD = \frac{SS_i}{SS_T} \quad (8-17)$$

$$\text{单区域贡献率} \quad LCBD = \frac{SS_j}{SS_T} \quad (8-18)$$

式中：X_{ij} 为数量数据矩阵中物种 i 在样地 j 中个体数量；X_m 为所有物种在各样地中个体数的平均值。

8.1.4.2 全局多点 β- 多样性分解

利用物种—样点 [0，1] 二元数据矩阵，采用 Baselga 分解方法，即基于 Jaccard 相异性指数，分析整个大样地树种总 β- 多样性（β_{jac}）及其周转（β_{jtu}）和嵌套组分（β_{jne}）（Andrés，2010）。计算公式如下：

$$\text{总 β- 多样性} \quad \beta_{jac} = \frac{\left[\sum_{i<j}^{p}\min(b_{ij},b_{ji})\right] + \left[\sum_{i<j}^{p}\max(b_{ij},b_{ji})\right]}{\left[\sum_{i=1}^{p}(S_i) - S_T\right] + \left[\sum_{i<j}^{p}\min(b_{ij},b_{ji})\right] + \left[\sum_{i<j}^{p}\max(b_{ij},b_{ji})\right]} \quad (8-19)$$

$$\text{周转组分} \quad \beta_{jtu} = \frac{2\left[\sum_{i<j}^{p}\min(b_{ij},b_{ji})\right]}{\left[\sum_{i=1}^{p}(S_i) - S_T\right] + 2\left[\sum_{i<j}^{p}\min(b_{ij},b_{ji})\right]} \quad (8-20)$$

$$\text{嵌套组分} \quad \beta_{jn} = \frac{\left[\sum_{i<j}^{p}\max(b_{ij},b_{ji})\right] - \left[\sum_{i<j}^{p}\min(b_{ij},b_{ji})\right]}{\left[\sum_{i=1}^{p}(S_i) - S_T\right] + \left[\sum_{i<j}^{p}\min(b_{ij},b_{ji})\right] + \left[\sum_{i<j}^{p}\max(b_{ij},b_{ji})\right]} \times$$

$$\frac{\left[\sum_{i=1}^{p}(S_i) - S_T\right]}{\left[\sum_{i=1}^{p}(S_i) - S_T\right] + 2\left[\sum_{i<j}^{p}\min(b_{ij},b_{ji})\right]} \quad (8-21)$$

Baselga 分解法中，a_{ij} 为样地 i 和样地 j 中都出现的物种数；b_{ij} 只在样地 i 出现而在样地 j 中不出现的物种数目；反之 b_{ji} 为只在样地 j 出现而在样地 i 中不出现的物种数目，下同。周转组分（β_{jtu}）是由物种更替引起的群落物种组成变化；嵌套组分（β_{jne}）由物种净丢失（或净获得）而引起的群落物种组成的变化。

8.1.4.3 点对 β- 多样性分解

基于 Sørensen 相异性指数和 Jaccard 相异性指数，利用物种—样点 [0，1] 二元数据矩阵，采用 Baselga 分解方法，分析大样地及各小样方对之间树种总 β- 多样性及其周转组分和嵌套组分如下：

（1）Sørense 相异性指数法

总 β- 多样性
$$\beta_{\text{sør}} = \frac{b_{ij} + b_{ji}}{2a_{ij} + b_{ij} + b_{ji}} \tag{8-22}$$

周转组分
$$\beta_{\text{sim}} = \frac{\min(b_{ij}, b_{ji})}{a_{ij} + \min(b_{ij}, b_{ji})} \tag{8-23}$$

嵌套组分
$$\beta_{\text{sne}} = \left[\frac{|b_{ij} - b_{ji}|}{2a_{ij} + b_{ij} + b_{ji}} \right] \times \left[\frac{a_{ij}}{a_{ij} + \min(b_{ij}, b_{ji})} \right] \tag{8-24}$$

（2）Jaccard 相异性指数法

总 β 多样性
$$\beta_{\text{sør}} = \frac{b_{ij} + b_{ji}}{a_{ij} + b_{ij} + b_{ji}} \tag{8-25}$$

周转组分
$$\beta_{\text{sim}} = \frac{2\min(b_{ij}, b_{ji})}{a_{ij} + 2\min(b_{ij}, b_{ji})} \tag{8-26}$$

嵌套组分
$$\beta_{\text{sne}} = \left[\frac{|b_{ij} - b_{ji}|}{a_{ij} + b_{ij} + b_{ji}} \right] \times \left[\frac{a_{ij}}{a_{ij} + 2\min(b_{ij}, b_{ji})} \right] \tag{8-27}$$

式中：$\beta_{\text{sør}}$ 为 Sørensen 相异性系数；β_{sim} 为 Simpson 相异性系数（为 Sørensen 相异系数的周转组分）；β_{sne} 为 Sørensen 相异性系数的嵌套组分；β_{jac} 为 Jaccard 相异系数；β_{jtu} 为 Jaccard 相异系数的周转组分；β_{jne} 为 Jaccard 相异系数的嵌套组分。

8.2 α- 多样性特征

8.2.1 全局 α- 多样性特征

表 8-2 表示了官山大样地不同层次的物种多样性指数。四个层次的物种数（S）、个体数（N）、Margalef 物种指数（R_m）、Shannon-Wiener 指数（H'）均表现为：L1<L2<L3<L4，但生态优势度（C_{sim}）表现为：L1=L2>L3>L4。均匀度指数 J_{sim} 和 J_{sw} 在四个层次间差异不明显。这说明样地中幼树、小树种类丰富、个体数量较多，且物种个体多度分配也趋向均匀。

表 8-2　官山大样地不同林层的物种多样性比较

层次	S	N	PIE	R_m	D_s	H'	J_{sim}	J_{sw}	C_{sim}
L1	99	2471	0.92	12.54	0.92	3.24	0.93	0.70	0.08
L2	178	11247	0.92	18.98	0.92	3.41	0.93	0.66	0.08
L3	235	23398	0.96	23.26	0.96	3.94	0.97	0.72	0.04
L4	274	26574	0.98	26.80	0.98	4.28	0.98	0.76	0.02
总计	312	63690	0.97	28.11	0.97	4.17	0.98	0.73	0.03

注：S 为物种数；N 为植株个体数；PIE 为种间相遇率；R_m 为物种丰富度 Margalef 指数；D_s 为 Simpson 指数；H' 为 Shannon-Wiener 指数；J_{sim} 是 Simpson 均匀度指数；J_{sw} 是 Pielou 均匀度指数；C_{sim} 为生态优势度指数。

8.2.2　局域 α - 物种多样性特征

官山大样地 300 个小样方的物种数、密度、Shannon-Wiener 指数和均匀度等生物多样性指数的统计结果，见图 8-1。各层之间物种多样性差异较大，物种数、个体密度、Shannon-Wiener 指数都呈现相同的趋势，即 L1<L2<L3<L4，其平均物种数为 5 种、12 种、24 种和 29 种，平均密度分别为 8 株/400m²、37 株/400m²、78 株/400m² 和 89 株/400m²，Shannon-Wiener 指数分别为 1.36、1.96、2.52、2.96。Pielou 均匀度差异格局与前三者不同，其格局表现为 L1>L4>L3>L2，分别为 0.89、0.86、0.82 和 0.79。这表明大树、幼树较均匀，而壮树层均匀性较低，少数物种优势明显。

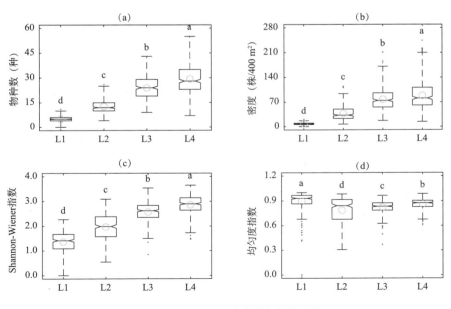

图 8-1　不同层次间多样性指数的比较

8.2.3 α-物种多样性空间分布格局

8.2.3.1 密度分布格局

图 8-2 显示了物种数的空间分布。由图可看出，各龄级间密度差异较大，从 L1 至 L4 平均个数依次为增多。不同层次各样方间密度差异也较大，L1 介于 0~20 株，变异系数为 38.52%，分布比较杂乱随机；L2 介于 8~115 株，变异系数为 47.68%，右下和中上密度较高；L3 介于 18~210 株，变异系数为 36.74%，中上偏右较为丰富；L4 介于 14~242 株，变异系数为 41.16%，较高密度出现在中下部和上部少数样方，中部、右上部相对稀疏。

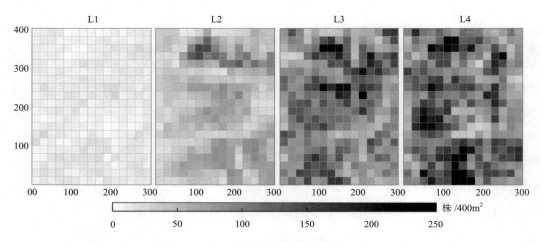

图 8-2 密度空间分布格局

8.2.3.2 物种数空间格局

图 8-3 显示了物种数的空间分布。由图可看出，各龄级间物种数差异较大，从 L1 至 L4 物种数目依次增多。样方间差异较大，L1 介于 0~11 种，变异系数为 34.17%，分布比较杂乱随机。L2 介于 4~26 种，变异系数为 31.92%，中上部样方物种较多。L3 介于 9~42 种，变异系数为 78.70%，中部样方物种相对较为丰富。L4 介于 7~55 种，变异系数为 34.17%，左边和右上部的物种较少，右下部物种最为丰富。

8.2.3.3 Shannon-Wiener 指数

图 8-4 显示了 Shannon-Wiener 多样性指数的空间分布。由图可看出，L1 至 L4 Shannon-Wiener 指数依次增大。L1 Shannon-Wiener 指数空间变异最大，Shannon-Wiener 指数介于 0.0~2.27，变异系数为 30.28%，分布比较杂乱随机。L2 介于 0.55~3.09，变异系数为 26.88%，小值主要出现在右下角。L3 介于 0.88~3.52，变异系数为 15.02%，小值主要出现在左下部和右上部，中部相对较高。L4 介于 1.47~3.66，变异系数为 12.43%，

大样地右下角的杉木林区域生物多样性最高。

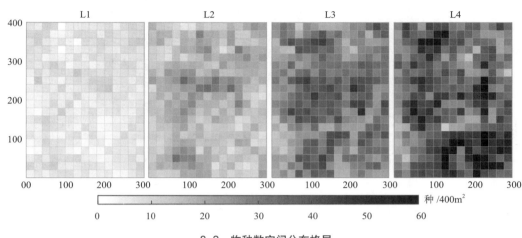

图 8-3 物种数空间分布格局

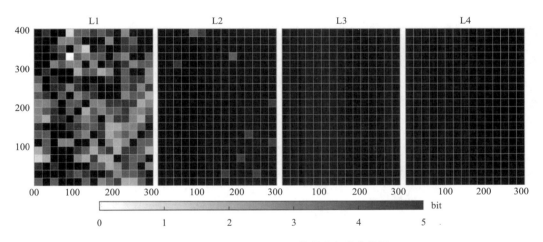

图 8-4 Shannon-Wiener 指数空间分布格局

8.2.3.4 均匀度指数

图 8-5 显示了 Pielou 均匀度指数的空间分布。从图可知，各层次间均匀度指数差异相对较小，L1 至 L4 均匀度指数呈下降趋势。L1 介于 0.60~0.98，变异系数为 7.53%，小值主要出现在右下部。L2 介于 0.31~0.98，变异系数为 20.32%，小值主要出现在右下部和中上部。L3 介于 0.0~1.0，变异系数为 16.73%，小值主要出现在中上部的毛竹林。L4 介于 0.38~0.96，变异系数为 10.0%，小值主要分布在左下部，大值主要出现在右下部，说明大样地东南部杉木林下幼树种间数量分配比较平均，没有明显优势种。

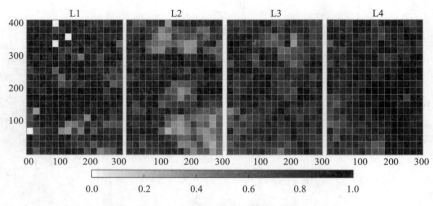

图 8-5 均匀度指数空间分布格局

8.2.4 层际多样性指数的相关关系

8.2.4.1 多度相关性

图 8-6 显示了不同龄级层次个体数量的相关关系。可以看出目前 L4 与 L3、L2 呈显著正相关,而与 L1 无关,且与 L3 相关性较大。说明幼树多的地方小树一般比较多,而且壮龄树也较多,但大树不一定多;L3 与 L1、L2、L4 均呈显著正相关,且与 L2 相关性最大,说明小树多的地方,不论幼树、壮树,还是老树都较多。L2 与 L3、L4 相关,与 L1 不相关。

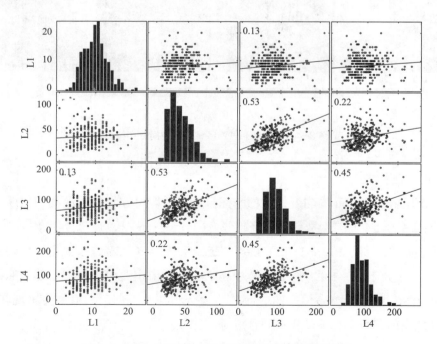

图 8-6 官山大样地 4 个龄级层次间个体数的相关关系

8.2.4.2 物种数相关性

图 8-7 显示了不同层次物种种类的相关关系。可以看出 L4 与 L2、L3 呈显著正相关，而与 L1 无关，且与 L3 相关性较大。说明幼树物种多的地方小树种类也较多，一般壮龄树也较多，但大树不一定多。L3 与 L2、L4 显著正相关，与 L1 无关，说明小树种类多的地方，幼树、壮树种类也比较多，但老树不一定。L2 与其他层次都呈正相关，说明壮龄树种多的地方，不论小树、老树种类都比较多。但 L1 除了与 L2 相关外，与 L3、L4 都不相关，说明大树的指示作用不强。

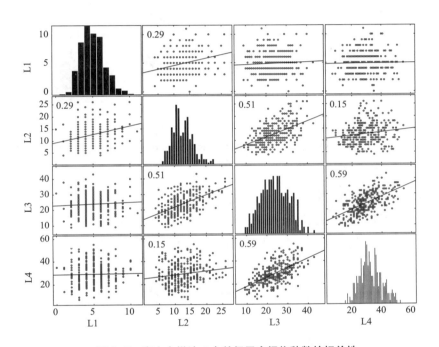

图 8-7 官山大样地 4 个龄级层次间物种数的相关性

8.2.4.3 Shannon-Wiener 指数相关性

图 8-8 展示了不同龄级层次间 Shannon-Wiener 多样性指数的相关关系。可以看出 L4 与 L3 呈显著正相关，与 L2 呈正负相关，与 L1 无关，说明幼树与小树物种数量及种间多度分布规律相似，但与壮树层相反。尽管小树物种多的地方、壮树种类也较多，但物种变化与个体数变化之间不成比例，因此呈负相关。但 L3 与 L2、L4 显著正相关，与 L1 无关，说明小树层与幼树层、壮树层物种数及个体数空间分配规律较一致。L2 与 L4 呈负相关，与 L3、L1 呈正相关，说明进入壮龄层次，其种类与种间多度分配规律基本稳定。L1 除了与 L2 相关外，与 L4、L3 都不相关，也说明进入壮龄层次，其种类与种间多度分配规律基本稳定的事实。

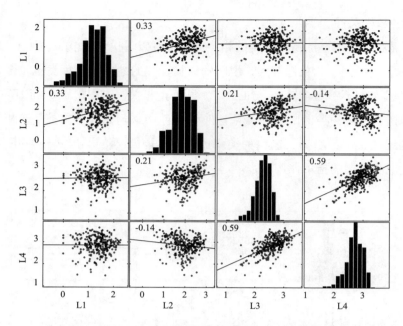

图 8-8　官山大样地 4 个径级层次间 Shannon-Wiener 指数的相关关系

8.2.4.4　Pielou 均匀度指数相关性

图 8-9 显示了不同龄级层次间 Pielou 均匀度指数的相关关系。可以看出 L4 与 L3 呈显著正相关,与 L2 正负相关,说明幼树与小树的种间多度分布规律相似,但与壮树相反。

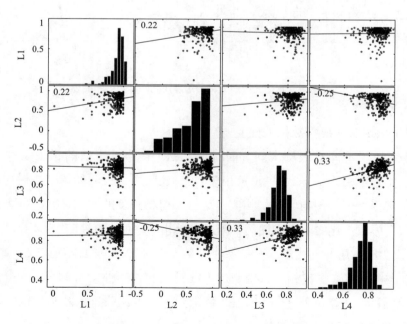

图 8-9　官山大样地 4 个龄级层次间 Pielou 均匀度指数的相关关系

但 L3 除与 L4 外,与 L2、L1 都无关,说明小树层、壮树层、老树层种间个体数分配不相关。L2 与 L4 呈负相关,与 L1 呈正相关,说明进入壮龄层次,其种间多度分配规律基本稳定。L1 除与 L2 相关外,与 L4、L3 都不相关。

8.3 β-多样性特征

8.3.1 全局 β-多样性

从空间上看,以 300 个小样方为变异点,官山大样地的全局倍性 β-多样性($GMMB$)为 6.99,加性 β-多样性($GMAB$)为 267.38。从时间上看(本书用径级代替时间),4 个时期官山大样地的 $GMMB$ 为 1.59,$GMAB$ 为 115.50。由此可看出,官山大样地物种具有较大的空间异质性和时间异质性,且在以上考察尺度上空间异质性明显大于时间异质性。

8.3.2 局域 β-多样性

8.3.2.1 空间变异

以 12hm² 为整体群落,以 300 个小样方为局域群落,官山大样地的局域 β-多样性空间分布情况(图 8-10)。由图看出,局域 α-多样性高的地方局域 β-多样性和加性 β-

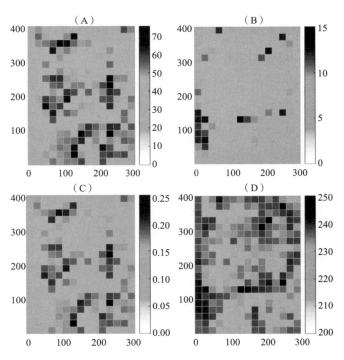

图 8-10 官山大样地局域 β-多样性空间分布

注:A 为局域 α-多样性;B 为局域 β-多样性;C 为局域 β-多样性;D 为加性 β-多样性。

多样性都较低，如大样地的东南部（杉木林区）。反之，局域 α-多样性低的地方 β-多样性就高，如大样地西南部分的部分阔叶林、溪涧流经地。

8.3.2.2 时间变异

将官山大样地当作一个群落整体（以 12hm² 大样地为单位），以时间为变异方向，分析 4 个时期（本文用层次代替）物种 β-多样性。随着时间推移，物种 α-多样性逐渐增加，β-多样性逐渐减少。

表 8-3 官山大样地均值 β-多样性

多样性	L1	L2	L3	L4	群落整体
α-多样性	99	178	235	274	312
倍性 β-多样性	3.152	1.753	1.328	1.139	1.588
加性 β-多样性	213	134	77	38	115.50

8.3.3 物种与样点对变异的贡献

8.3.1.1 物种与样点的总贡献

参考 Legendre 的 β-多样性分析方法计算表明，大样地 300 个样方 312 个物种总 β-多样性值（BD_{Total}）为 0.199。

8.3.3.2 单一物种与单一样点的贡献

SCBD 值分布情况见图 8-11A，*SCBD* 平均值为 0.321，变异系数 12.793%，有 185 个物种超过平均值，最大值为 0.360%，其中有粤赣荚蒾、密花冬青、红茴香等 60 个树种贡献率都达到最大值。这些物种数量较少，只分布在极少数样方。贡献率最小的物种依次是红楠（0.206%）、赤杨叶（0.206%）和毛豹皮樟，这 3 个树种分布在大部分样方。

LCBD 值分布情况见图 8-11B，*LCBD* 最大值为 1.44，有 P22、P28、P177、P258 等 4 个样地对 β-多样性的贡献率超过 1.0%。有 P180、P283、P210 和 P251 等 14 个样地贡献率不超过 0.1%。*LCBD* 平均值为 0.333，且 105 个样方超过均值，*LCBD* 变异系数为 70.24%，说明样地间变异较大。

8.3.3.3 单一物种与单一时期的贡献

从时间上看，*SCBD* 值分布情况见表 8-4。由表可知，物种平均贡献率为 0.32%，最大值为 0.53%，有绿叶甘橿、花椒簕、荚蒾等 68 个树种，贡献率最小的物种是赤杨叶（0.056%）一种。就时间异质性看，L4 对物种组成变异最大，达 38.290%，L2 对物种组成变异最小，仅 17.755%。

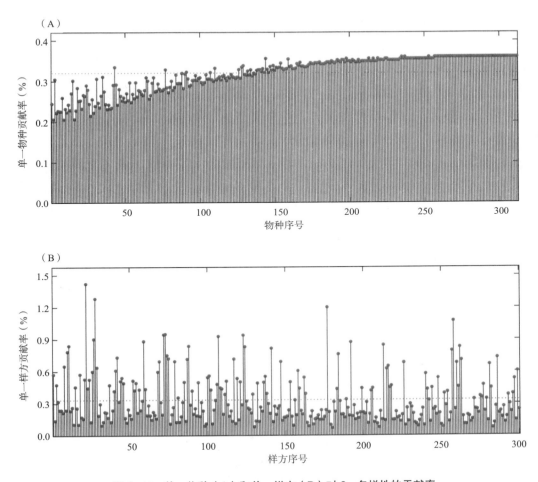

图 8-11 单一物种（A）和单一样方（B）对 β- 多样性的贡献率

表 8-4 单一物种和单一层次对 β- 多样性的贡献率

指标	平均值（%）	最大值（%）	树种（层次）	最小值（%）	树种（层次）
物 种	0.321	0.531	110、137、138 等（68 个物种）	0.056	2（1 种）
层 次	25.0	38.290	L4	17.755	L2

8.3.4 空间 β- 多样性分解

8.3.4.1 样方多样点 β- 多样性分解

根据 Baselga 的分解方法，多位点计算结果表明，300 个小样方树种总 β- 多样性（$\beta_{sør}$）为 0.988，其中周转成分（β_{sim}）为 0.985，嵌套成分（β_{sne}）为 0.003，总 β- 多样性主要由物种在空间上的周转形成，比例为 99.65%。

8.3.4.2 样方点对 β- 多样性分解

基于 Sørensen 相异性指数的配对方法的计算结果表明,样方对间树种总 β- 多样性 $\beta_{sør}$ 最大值为 0.966,最小值为 0.146,平均值为 0.560,变异系数 CV 为 17.92%(图 8-12)。其中周转成分 β_{sim} 最大值为 0.958,最小值为 0.022,平均值为 0.492,变异系数 CV 为 22.34%。嵌套成分 β_{sne} 最大值为 0.403,最小值为 0,平均值为 0.067。周转组分 β_{sim} 在 $\beta_{sør}$ 中所占比例平均为 87.96%,嵌套组分所占比例为 12.04%。

基于 Jaccard 相异性指数配对方法的计算结果发现(图 8-12),样方对间树种总 β- 多样性 β_{jac} 最大值为 0.982,最小值为 0.254,平均值为 0.713,变异系数 CV 为 11.58%。其中周转成分 β_{jtu} 最大值为 0.979,最小值为 0.043,平均值为 0.653,变异系数 CV 为 15.26%。嵌套成分 β_{sne} 最大值为 0.469,最小值为 0,平均值为 0.060,周转组分 β_{sim} 在 $\beta_{sør}$ 中所占比例平均为 91.59%,嵌套组分所占比例为 8.41%。

Sørensen 相异性指数和 Jaccard 相异性指数,都说明官山大样地内的小样方对之间 β 多样性是以物种周转形式为主,但不存在完全周转的形式,存在完全的嵌套。

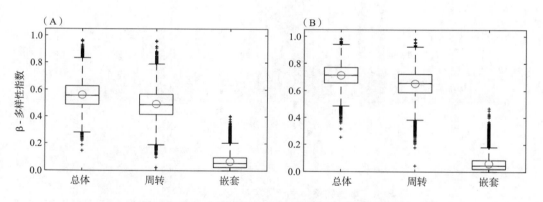

图 8-12 官山大样地 300 个小样方间 β- 多样性及分解
注:A 为 Sørensen 相异性指数;B 为 Jaccard 相异性指数

8.3.5 β- 多样性与空间距离的关系

以小样方中心点为坐标点,计算点地间的距离,以半径(i=1,2,3,…,17)统计不同半径距离点对间的 β- 多样性及组分,求其均值与标准差,得到官山大样地点对 β- 多样性及组分与空间距离的关系(图 8-13)。由图可看出:①所有距离上,周转组分(β_{sim})都要大于嵌套组分(β_{sne});②总 β- 多样性($\beta_{sør}$)及其 β_{sim} 随距离增大而增大,而 β_{sne} 随距离增大而减少,而且三者的变异都很小。这说明在物种丰富度差异不大的情况下,物种类型发生了变化,而且主要是由于物种的替代。

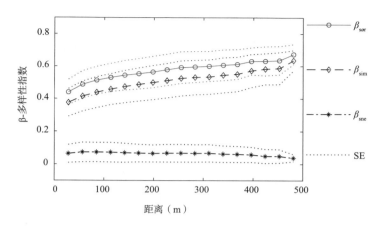

图 8-13 官山大样地点对 β-多样性及组分与空间距离的关系

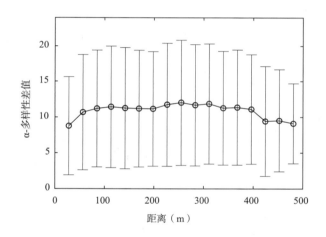

图 8-14 官山大样地点对物种数差值与空间距离的关系

8.3.6 林型间 β-多样性分解

8.3.6.1 林型多位点 β-多样性分解

官山大样地由阔叶林、竹林和针叶林 3 种林型构成。基于 Jaccard 相异性指数多点方法，3 个林型间树种总 β-多样性 β_{jac} 为 0.429，周转组分为 0.266，嵌套组分为 0.163，二者分别占 62.07%、37.93%，3 种林分间物种组成差异主要是由物种周转构成。

8.3.6.2 林型点对 β-多样性分解

根据 Jaccard 相异性指数的配对方法，3 种林型对间物种组差异及来源不同（表 8-5）。由表可看出，竹林与针叶林物种差异较大，β_{jac} 为 0.379，竹林与阔叶林间差异较小，β_{jac} 为 0.322。竹林与针叶林、针叶林与阔叶林间物种差异主要由 β_{jtu} 构成，分别占 58.88%、84.91%，而竹林与阔叶林物种差异主要由 β_{jne} 构成，占 68.95%。

表 8-5 官山大样地内不同林型间 β - 多样性及来源

β - 多样性	林 型	针叶林	阔叶林
总体多样性（β_{jac}）	竹 林	0.379	0.322
	针叶林	0	0.338
周转组分（β_{jtu}）	竹 林	0.223	0.061
	针叶林	0	0.287
嵌套组分（β_{jne}）	竹 林	0.156	0.261
	针叶林	0	0.051

8.3.7 时间 β - 多样性分解

8.3.7.1 全局群落时间变异分解

基于 Sørensen 相异性指数与 Jaccard 相异性指数，以 12hm² 为单元，对官山大样地整体群落 4 个时期 β - 多样性进行分解，结果见表 8-6。由表可知，官山大样地 4 个时期树种总 β - 多样性主要由物种嵌套形成，占 2/3，周转组分只占 1/3。

表 8-6 官山大样地整体群落随时间变化的总体 β - 多样性及分解

方 法	总 体	周转组分	占比（%）	嵌套组分	占比（%）
Sørensen	0.43	0.13	30.72	0.301	69.28
Jaccard	0.61	0.24	38.88	0.370	61.12

8.3.7.2 局域群落的时间变异的多位点 β - 多样性分解

将官山大样地划分成 300 个小样方，并以小样方为单位，基于 Jaccard 相异性指数，分析各样方 4 个时期（层次）间总体 β - 多样性、物种周转与嵌套的空间格局（图 8-15）。

由图可知，300 个样方平均总体 β - 多样性为 0.847，变异系数 3.26%，样地东南、西北的 β - 多样性较高，最高为 0.921（P102），而中部、西南较低，最低为 0.750（P176）。有 50.70% 样方的总体 β - 多样性介于 0.80~0.85，42.70% 样方介于 0.85~0.90。

将总体 β - 多样性分解为周转组分（β_{jtu}，图 8-16）和嵌套组分（β_{jne}，图 8-17）。由图 8-16 可知，300 个样方平均 β_{jtu} 为 0.68，变异系数 11.68%，平均占比为 70.62%，样地东北、西北较高，最高为 0.86（P63），最高占比 92.46%；而中部、南部较低，最低值为 0.41（P52），最低占比为 33.40%。其中 43.00% 样方的 β - 多样性的周转组分值介于 0.6~0.7，37.70% 样方介于 0.7~0.8。

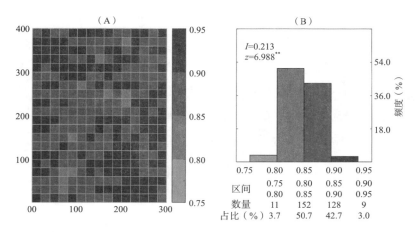

图 8-15 基于 Jaccard 指数总体 β- 多样性（β_{jac}）空间分布及统计

注：I 为莫兰指数。

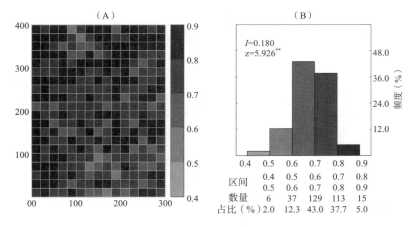

图 8-16 基于 Jaccard 指数 β- 多样性周转组分（β_{jtu}）的空间分布（A）及统计分析（B）

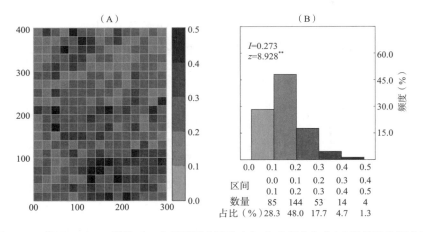

图 8-17 基于 Jaccard 指数 β- 多样性嵌套组分（β_{jne}）空间分布（A）及统计分析（B）

由图 8-17 可知，300 个样方平均 β_{jne} 为 0.167，变异系数 42.23%，平均占比为 29.37%，样地东南部杉木林 β_{jne} 较高，最高为 0.461（P52），最高占比达 66.60%；而西南、东北、西北部分较低，最低值为 0.039（P63），最低占比为 7.54%。其中 48.00% 样方嵌套组分（β_{jne}）介于 0.1~0.2，28.30% 样方介于 0.0~0.1。

由图 8-18 此可知，总 β-多样性相同，不同样方来源不同，有的是来自物种周转，有些来自嵌套。虽然周转组分比嵌套组分要高，且基本呈对称关系。总体 β-多样性相同，但是周转组分、嵌套组分不同。

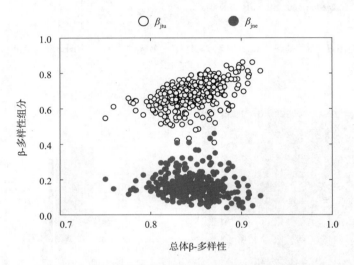

图 8-18 总体 β-多样性与周转组分、嵌套组分的关系

8.3.7.3 局域群落的时间变异的点对 β-多样性分解

由图 8-19、图 8-20 可知，L1 vs L2，L2 vs L3，L3 vs L4 之间总体都是物种周转大于物种嵌套（图 8-19）。从总 β-多样性看，L3 vs L4 较大，L1 vs L2 相对较小；从周转组分看也是 L3 vs L4 较大，但小样地之间变异较高，L1 vs L2 之间相对均匀。

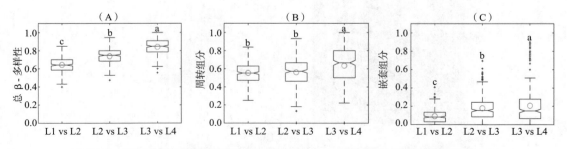

图 8-19 官山大样地不同层次间总 β-多样性（A）、周转组分（B）与嵌套组分（C）

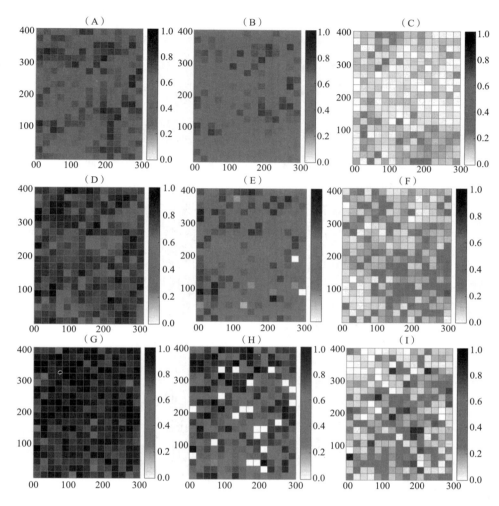

图 8-20　官山大样地各样方的不同层次之间物种周转与嵌套

注：A、B、C 表示第 1 层与第 2 层间（L1 vs L2）的总 β-多样性、周转组分与嵌套组分；D、E、F 表示第 2 层与第 3 层间（L2 vs L3）的总体 β-多样性、周转组分与嵌套组分；G、H、I 表示第 3 层与第 4 层间（L3 vs L4）的总体 β-多样性、周转组分与嵌套组分。

8.4　小　结

　　本章利用前期的调查数据，主要采用胸径代替时间的方法，分析样地内植物多样性的空间格局和时间过程，旨在加深对亚热带森林生态系统恢复与功能形成过程的认识，为区域林业建设与生态保护提供理论参考。

　　（1）从 12hm^2 全局群落尺度看，从上到下（L1~L4）物种数目、物种多样性指数依次增加，生态优势度依次降低。

　　（2）从 400m^2 样方局域尺度看，4 个时期 α-多样性指数存在明显的空间异质性。

大样地东南部、西北部物种比较丰富，东北高海拔地段与西南溪涧流经地物种多样性较低。充分反映了官山大样地森林群落是一个群落镶嵌体，是一个等级缀块。

（3）从层际关系看，层次相隔越近，生物多样性相关性就越强，反之相关性就越弱。群落密度、物种数量和Shannon-Wiener多样性指数是第2层与第3层，第3层与第4层关系紧密。

（4）官山大样地物种多样性空间变异大于时空变异，粤赣莱莉、密花冬青、红茴香等物种贡献较大。从时间变异看，绿叶甘檀、花椒簕、莱莉等物种贡献较大，赤杨叶贡献较小，说明赤杨叶更新正常。

（5）以400m²为单元，大样地空间多位点总β-多样性（$\beta_{sør}$）为0.988，其中周转成分（β_{sim}）为0.985，嵌套成分（β_{sne}）为0.003，物种在空间上差异主要由物种替代周转形成，这符合物种共存的生态位理论。从点对总β-多样性的构成看，周转组分平均占87.96%，嵌套组分仅占12.04%，但不存在完全的周转与嵌套形式。说明存在少量广布种，可随机定植在大样地各位点。

（6）从林型差异看，3种主要林型间物种周转占总β-多样性的62.07%，嵌套组分占37.93%；但从点对差异关系看，竹林与针叶林、阔叶林物种差异主要由物种周转形成，而竹林与阔叶林间差异主要由嵌套构成，占68.95%。

（7）从时间上看，官山大样地整体群落的物种变化主要由嵌套构成，占物种变化的2/3，从点对差异看，周转组分平均占比为70.63%，而嵌套组分占29.37%，但空间分布呈现高度异质性，变异系数分别达11.68%和42.23%。有12个样地以嵌套形式为主，如P9、P40、P52、P68、P75、P123、P159、P164、P180、P259、P276、P290。

（8）随径级增长，层次间物种差异越来越大，第1~2、第2~3、第3~4径级之间的β-多样性（β_{jac}）平均值为0.644、0.739和0.842，但周转组分占比依次下降，分别为85.53%、75.40%和74.23%，而且物种变化形式存在明显的空间异质性，其周转组分变异系数分别为13.38%、23.12%和34.45%，嵌套组分别为79.10%、70.85%和99.24%，且嵌套组分占比超过周转组分的样方数分别为3、25、37个。

（9）随空间距离增大，小样方对（点对）间β-多样性增大，主要来源于物种周转替代。

总之，官山大样地内有木本植物312种，300个20m×20m小样方的平均物种数为45种，种数变异系数为22.36%。全局β-多样性高达6.93，多位点总β-多样性（$\beta_{sør}$）为0.988，其中周转成分（β_{sim}）占99.70%；且随径级增加，α-物种多样性（物种丰富度与均匀度）逐渐下降，层次间物种差异依次增大，虽多数样方以物种周转为主，嵌套占优的样方却逐渐增多，说明官山大样地森林群落物种组成存在明显的时空异质性，支持群落构建的生态位理论。

第9章
物种丰富度空间格局动态

物种丰富度是群落组成的重要数量特征之一，生物多样性研究必以物种丰富度为载体。生物多样性格局及其形成机制一直是生态学家关注的焦点，且普遍认为分布格局取决于生态过程。因此，开展物种丰富度空间格局及动态研究，对群落构建与生物多样性保护具有重要意义。

物种丰富度空间格局往往表现为区域间物种丰富度的差异性，即一定时期内各区域之间物种丰富度总体水平的非均等化（陈胜东 等，2011）。空间效应（空间依赖性和空间异质性）已成为区域差异研究的重要议题。Tobler（1970）曾指出"地理学第一定律"，即任何东西与别的东西之间都是相关的，但近处的东西比远处的东西相关性更强（Miller，2004）。受空间相互作用和空间扩散的影响，区域之间不再相互独立，而是相关的。群落发展过程还具有时间维度，由于种子的动物传播、风传播、弹射传播，邻近群落随着时间的推移可能呈现出极大程度的相似性，同时区域群落发展过程的空间异质性可能同样不稳定。

空间依赖性是指研究对象属性值的相似性与其位置的相似性存在一致性（孟斌 等，2005）。空间自相关是空间依赖性的重要形式，是指研究对象和其空间位置之间存在的相关性。空间自相关是检验某一要素的属性值是否显著地与其相邻空间点上的属性值相关联的重要指标，可以分为正相关和负相关两类，正相关表明某单元的属性值变化与其相邻空间单元具有相同变化趋势，负相关则相反。

耦合格局与过程是生态学综合研究的重要理论和方法（傅伯杰，2014）。时间和空间在分析区域群落发展时都是不可或缺的重要维度。因此，不论实证分析，还是模型研究，都应同时考虑区域群落发展的空间属性和时间属性。然而，目前群落发展的空间格局分析和时间过程分析大部分是分离的。从时空耦合观点理解群落发展逐步得到研究者的共识，新的方法需要真正地整合空间和时间。

空间探索性分析方法（exploratory spatial data analysis，ESDA）是一系列空间数据分析方法和技术的集合，以空间关联度为核心，通过对事物或现象空间分布格局的描述与可视化分析，探索空间集聚与空间异常（吴健生 等，2013），揭示研究对象之间的空间相互作用机制（叶阿忠 等，2015），解释复杂的空间关系、格局和趋势。其核心是通过全局空间自相关和局部空间自相关度量和检验空间趋同性或异质性（陶长琪，2021）。

然而，目前大部分 ESDA 方法的运用聚焦于截面数据，很大程度上忽视了区域群落变化的时间维度。Rey 等（2009）指出，应当把时间因素融入到探索性空间数据分析中，实现探索性空间数据分析向探索性时空数据分析（exploratory space-time data analysis，ESTDA）的转变，将时间和空间作为同一数据的互补视图来看待，系统分析空间模式在时间上的演化以及时序行为在空间上的分布。

另外，群落发展过程可看作是一个马尔可夫过程（Markov process），它遵从如下的演变法则：时间 t 所处的群落状态，可以决定时间 $t+1$ 所处的状态，在整个预测及分析过程中，不需要考虑时间 t 之前该随机过程所处状态的历史信息，即马尔可夫链中的将来状态只与此时有关，与过去无关。动态空间马尔可夫链除状态转移的空间依赖性之外，不同区域间在资源禀赋、地形特点、干扰方式等方面的差异也会对当地的群落发展产生显著的影响，如果只采用静态的空间马尔可夫链模型，不足以解释各地群落发展的状态转移轨迹。因此，还需要考虑动态空间马尔可夫链模型。

鉴于理论和实践的必要性，本章以 20m×20m 小样方为基本统计单元，以"空间差异—空间格局—演化路径—驱动机制"为主线，开展以下研究：①采用空间自相关莫兰指数（Moran's I）、莫兰散点图（Moran scatterplots）等方法，分析物种丰富度空间分布的异质性及分布格局；②运用 ESTDA、LISA 时间路径、LISA 时空跃迁等方法，从空间和时间耦合的角度，研究官山大样地物种丰富度空间格局的时空动态性；③采用静态、动态空间马尔可夫链模型相结合的方法，刻画官山大样地物种丰富度发展格局的演变轨迹，从而全面地考察大样地森林群落发展的时空演进规律。

9.1 研究方法

9.1.1 物种丰富度的空间相关性

9.1.1.1 全局空间自相关

空间自相关主要用于测度具有某种属性的空间分布与其临近区域是否存在相关性及相关程度的方法，能直观地表达某种空间现象的关联性与差异性。全局空间自相关（global spatial auto-correlation）是反映研究区整体的某种属性值是否存在空间关联，全局空间自相关的指标和方法，包括全局莫兰指数和吉里指数（Geary's C）等方法，本节采用莫兰指数分析物种丰富度在大样地内的分布特征，其计算公式如下：

$$I = \frac{\sum_{i=1}^{n}\sum_{j=1}^{n}[w_{ij}(x_i-\bar{x})(x_j-\bar{x})]}{S_o S^2} = \frac{1}{S_o} \times \frac{Z'WZ}{Z'Z} = \frac{1}{S_o} \times \frac{Z'WZ}{S^2} \quad (9\text{-}1)$$

$$S_o = \sum_{i=1}^{n}\sum_{j=1}^{n} w_{ij} \qquad (9\text{-}2)$$

$$Z = x_i - \bar{x} \qquad (9\text{-}3)$$

$$\bar{x} = \frac{1}{n}\sum_{i=1}^{n} x_i \qquad (9\text{-}4)$$

$$S^2 = \frac{1}{n}\sum_{i=1}^{n}(x_i - \bar{x})^2 = \frac{Z'Z}{n} \qquad (9\text{-}5)$$

式中：I 为莫兰全局空间自相关指数；S_o 为权重矩阵元素代数和；Z 为离均差；$\bar{x}$ 为平均值为样本方差；x_i，x_j 分别为两个特定的研究单元（小样方），n 为空间观测单元数量（$n=300$）；由分子可看出，当 x_i 和 x_j 偏离平均值 x 越大时，莫兰指数的值就越大。w_{ij} 为二元对称空间权重矩阵（spatial weight matrix），其形式如下：

$$W = \begin{bmatrix} w_{11} & w_{12} & \cdots & w_{1n} \\ w_{21} & w_{22} & \cdots & w_{2n} \\ \cdots & \cdots & \cdots & \cdots \\ w_{n1} & w_{n2} & \cdots & w_{nn} \end{bmatrix} \qquad (9\text{-}6)$$

其中：n 为空间单元个数，w_{ij} 为区域 i 与 j 的邻接关系，其中 w_{ij}（$j=1$，2，…，n），表示空间中第 i 个单元对空间中第 j 个单元的影响程度，自己对自己的影响为 0。空间邻接可以细分为车型（rook）、象型（bishop）和后型（queen）三种标准。本研究采用后型标准，即一个小样方周边有 8 个小样方与之相邻。大样地内 300 个小样方构建一个 300×300 空间邻接权重矩阵，相邻为 1，不相邻为 0。莫兰指数的显著性，用统计量 Z_I 的大小来判断。

9.1.1.2 局部空间自相关

局部空间自相关（局部莫兰指数）由 Anselin 于 1995 年提出，其反映某区域与邻近区域在同一属性值的集聚程度，用于观察空间局部的不平衡性，识别局部区域存在的空间关联和空间异质性，其本质上是将全局莫兰指数分解到各个空间单元，以便分析空间单元与周围单元的空间差异程度及其显著性水平（Anselin，1995）。主要度量方法有空间关联局部指标（local indicators of spatial association，LISA）、莫兰散点图等。LISA 能够进一步衡量某区域与周边区域之间相近或差异的程度，并能够对局部空间集聚的显著性进行评估，其计算公式为：

$$I_i = \frac{(x_i - \bar{x})}{S^2}\sum_{j=1}^{n} w_{ij}(x_j - \bar{x}) = \frac{Z_i W Z_j}{S^2} = \frac{Z_i}{S} \times \frac{W Z_j}{S} \qquad (9\text{-}7)$$

$$Z_i = (x_i - \bar{x}) \qquad (9\text{-}8)$$

$$Z_j = (x_j - \overline{x}) \qquad (9\text{-}9)$$

$$S^2 = \frac{1}{n}\sum_{i=1}^{n}(x_i - \overline{x}) \qquad (9\text{-}10)$$

式中：I_i 为第 i 个单元的局部莫兰指数；W_{ij} 为空间权重矩阵；n 为研究区所有单元的总数。

9.1.1.3 莫兰散点图

莫兰散点图用于研究局域空间的异质性，其横坐标为各单元标准化处理后的属性值，纵坐标为其空间连接矩阵所决定相邻单元的属性值的平均值（也经过标准化处理）。在全局空间自相关指数计算的基础上，对各单元的空间滞后因子 wz 和 z 之间的相关关系进行可视化，绘成二维图（即莫兰散点图）。莫兰散点图中的 4 个象限分别对应某一单元与其相邻单元之间 4 种不同的空间联系方式：散点位于 0°~90° 的第一象限（HH），表示该单元与其邻域单元正向协同增长，该单元自身及其邻近单元物种丰富度均保持高增长特征；散点位于 90°~180° 的第二象限（LH），表示该单元自身物种丰富度呈低增长，但其相邻单元呈高增长；散点位于 180°~270° 的第三象限（LL），表示该单元与其邻域单元负向协同增长，单元自身和其相邻单元的物种丰富度均呈低增长特征；散点位于 270°~360° 的第四象限（HL），表示单元自身物种丰富度呈高增长特征，但相邻单元物种呈低增长特征。可见，散点位于第一和第三象限表明单元和其邻域单元之间保持协同整合的空间动态性变化特征，位于第二和第四象限则表明单元和其邻域单元之间呈反向增长的空间动态性变化特征。但莫兰散点图只是初步判别区域单元（小样方）所属的象限，缺少显著性检验。

9.1.1.4 LISA 集聚图

LISA 集聚图可从整体上判断各个区域单元（小样方）的局部相关类型及其聚集区域，是否在统计意义上显著。在 LISA 图中，集聚情况可分为 4 种类型，每一种类型代表（显示）一个单元及其与其邻近单元的关系。

9.1.2 LISA 空间移动分析

为进一步了解大样地物种丰富度的空间格局在时间序列（$T = 1, 2, 3, \cdots, t$）上的动态性特征，本章对各小样方在莫兰散点图中坐标空间移动轨迹进行探索性时空分析。LISA 坐标的移动路径表示为 [$z(i, 1)$, $wz(i, 1)$; $z(i, 2)$, $wz(i, 2)$; $\cdots$; $z(i, t)$, $wz(i, t)$]，$z(i, t)$ 表示 i 样方在第 t 时刻的物种丰富度标准化值，$wz(i, t)$ 表示 i 样方在第 t 时刻的空间滞后量。反映空间移动情况的几何特征包括路径长度、弯曲度和跃迁方向 3 个关键指标（Rey et al., 2009）。

9.1.2.1 路径长度

路径长度可反映区域单元（小样方）动态性特征，它是小样方 i 移动距离与总体移动距离均值的偏离程度，计算方法见式（9-11）。

$$d_i = \frac{\sum_{t=1}^{T-1} d(L_{i,t}, L_{i,t+1})}{\frac{1}{N}\sum_{i=1}^{N}\sum_{t=1}^{T-1} d(L_{i,t}, L_{i,t+1})} \tag{9-11}$$

式中：T 为考察时间次数；$L_{i,t}$ 为小样方在第 t 时刻的 LISA 坐标；$d(L_{i,t}, L_{i,t+1})$ 为样方 i 从第 t 时刻到 $t+1$ 时刻的移动距离，d 的大小反映局部区域结构的动态性强弱，$d>1$ 表示样方 i 的移动距离大于样方移动距离的平均值；N 为样方数量。

9.1.2.2 路径弯曲度

路径弯曲度主要体现某小样方的空间波动性特征，计算方法见式（9-12）。

$$f = \frac{l}{d} = \frac{\sum_{t=1}^{T-1} d(L_t, L_{t+1})}{d(L_1, L_T)} \tag{9-12}$$

式中：$\sum_{t=1}^{T-1} d(L_{i,t}, L_{i,t+1})$ 为小样方 i 从起始时刻到截止时刻的移动总路程；$d(L_{i,1}, L_{i,T})$ 为样方 i 从起始时刻到截止时刻的移动距离。f 为路程与距离的比，其大小反映 LISA 时间路径的弯曲程度和局部空间结构波动的复杂性。$f>1$，表明样方 i 的移动曲折程度高于大样地各样方的平均值，说明物种丰富度变化更具变动的局部空间依赖特征；反之，表明样方物种多度变化更具稳定的局部空间结构特征。

9.1.2.3 平均移动方向

移动方向表示某区域与相邻区域的物种丰富度变化关系。计算方法见式（9-13）。

$$\theta = \arctan(\frac{yL_{i,t+1} - yL_{i,t}}{y_{i,t+1} - y_{i,t}}) \tag{9-13}$$

式中：θ_i 为样方 i 年际平均移动方向。0°~90° 方向表示赢—赢态势，即某样方与相邻样方的物种丰富度具有高增长趋势（相比于平均水平，下同）；270°~360° 方向表示输—赢态势，即样方本身呈低增长趋势，而相邻样方保持高增长趋势；180°~270° 方向表示输—输态势，即样方与邻居中均呈低增长趋势；90°~180° 方向表示赢—输态势，即样方本身呈高增长趋势，而邻居呈低增长趋势。0°~90° 和 180°~270° 方向分别表示正、负向的协同运动，这两种运动方向表示邻域间呈现出整合的空间动态性。

9.1.2.4 时空离散度

根据对时空跃迁类型所进行的划分，可以通过局部空间自相关指数的空间离散度

(spatial cohesion)对样地物种多度变化空间结构的稳定性进行测度，从而得出每种细分跃迁类型的具体变迁概率。计算方法见式（9-14）。

$$S_t = \frac{F_{o,t}}{n} \tag{9-14}$$

式中：S_t 为空间离散度；$F_{o,t}$ 为 t 时刻内 O 型跃迁类型的数量；n 为样方所有可能发生跃迁的数量。

9.1.3 空间马尔可夫链

9.1.3.1 传统马尔可夫链

马尔可夫过程（Markov chain）是指将某系统发展过程中不同时刻的连续属性值，按等级划分，将数据离散化处理转换成 n 种类型（要素），并计算各要素的概率分布及其变化，进而反映事物演变规律。在处理森林群落的演替问题时，按照发展方向，将时间离散化为 $t=1, 2, \cdots, k$，相应地群落状态被离散化为 $S=1, 2, \cdots, k$，如图 9-1 所示。

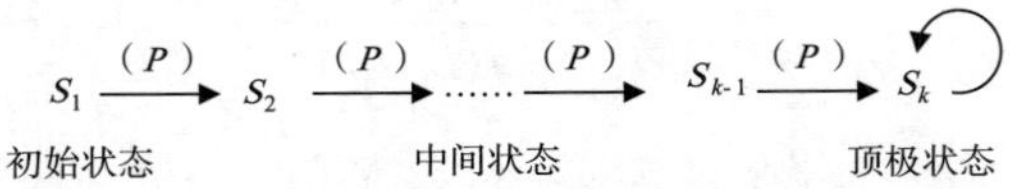

$$S_1 \xrightarrow{(P)} S_2 \xrightarrow{(P)} \cdots \cdots \xrightarrow{(P)} S_{k-1} \xrightarrow{(P)} S_k \circlearrowleft$$

初始状态　　　　中间状态　　　　顶极状态

图 9-1　森林群落演替过程

在任何 t 时刻，系统要素分布 $S(t)=[e_1(t), e_2(t), \cdots e_n(t)]$ 为状态概率向量（$1 \times n$），$P=[p_{ij}]_{n \times n}$ 转移概率矩阵。若一个森林群落系统 $S=[e_1, e_2, \ldots, e_n]$，

$$P = \begin{bmatrix} p_{11} & p_{12} & \cdots & p_{1n} \\ p_{21} & p_{22} & \cdots & p_{2n} \\ \cdots & \cdots & \cdots & \cdots \\ p_{n1} & p_{n2} & \cdots & p_{nn} \end{bmatrix}$$

其中，p_{ij} 满足关系：$p_{ij} > 0$，且 $\sum_{j=1}^{n} p_{ij} = 1$。

P_{ij} 为 t 时刻类型 i 的空间单元在 $t+1$ 时刻转变为 j 类型的概率值，公式为 $P_{ij}=n_{ij}/n_i$ 式中 n_{ij} 表示 t 时刻 i 类型转变为 $t+1$ 时刻 j 类型的空间单元数量总和；n_i 表示研究期内所有时刻 i 类型空间单元数量总和。

$t+1$ 时刻系统内各要素所处状态的概率，只与 t 时刻所处状态的概率和转移概率有关，而与 t 时刻以前的状态无关，即群落中要素 $e_{j(t+1)} = \sum_{i=1}^{n}[e_{j(t)}p_{ij}]$。由此可得：

$$\begin{aligned} S_{(t+1)} &= S_{(t)}P &(t=1, 2, \cdots, n) \\ \text{即 } S_{(t)} &= S_{(0)}P^t &(t=1, 2, \cdots, n) \end{aligned} \tag{9-15}$$

本章将小样方物种丰富度数据区间 [最小值，最大值] 均分为 4 等分（即低、中等、较高、极高），然后计算各类型的概率分布及年际变化，近似逼近样地群落演替的整个过程。官山大样地群落演替过程中的马尔可夫链状态转移概率矩阵，见表 9-1。

表 9-1 官山大样地物种丰富度在群落演替中的转移概率矩阵

t_i/t_{i+1}	1	2	3	4
1	p_{11}	p_{12}	p_{13}	p_{14}
2	p_{21}	p_{22}	p_{23}	p_{24}
3	p_{31}	p_{32}	p_{33}	p_{34}
4	p_{41}	p_{42}	p_{43}	p_{44}

表 9-1 中元素 p_{ij} 表示属于类型 i 的样方在下一阶段转移到类型 j 的转移概率，并采用如下式（9-16）估计：

$$p_{ij} = \frac{n_{ij}}{n_i} \tag{9-16}$$

式中：n_{ij} 为 t 时刻属于 i 类型的小样方而在 $t+1$ 时属于 j 类型的小样方数量，n_i 是所有时刻中属于类型 i 的小样方出现次数之和。如果某个样方物种丰富度在初始时刻为 i 类型，在下一时刻仍保持不变，则样方的类型转移为"平稳"；如果某个样方的物种丰富度类型提高，则定义该样方的类型转移为"向上转移"；反之，为"向下转移"。

如果一个马尔可夫链是正规的，那么通过状态转移可以使群落达到某一个平稳状态——顶极状态 S_n（图 9-1）。即使再经过一步状态转移，其状态概率仍保持不变的状态（$S_n P = S_n$），即：

$$[e_1 \quad e_2 \quad \cdots \quad e_n] \begin{bmatrix} p_{11} & p_{12} & \cdots & p_{1n} \\ p_{21} & p_{22} & \cdots & p_{2n} \\ \cdots & \cdots & \cdots & \cdots \\ p_{n1} & p_{n2} & \cdots & p_{nn} \end{bmatrix} = [e_1 \quad e_2 \quad \cdots \quad e_n]$$

并且有 $e_1 + e_2 + \cdots + e_n = 1$。

因此，可通过解联立方程

$$\begin{cases} p_{11}e_1 + p_{21}e_2 + \cdots + p_{n1}e_n = e_1 \\ p_{12}e_1 + p_{22}e_2 + \cdots + p_{n2}e_n = e_2 \\ \cdots \quad \cdots \quad \cdots \quad \cdots \\ p_{1n}e_1 + p_{2n}e_2 + \cdots + p_{nn}e_n = e_n \\ e_1 + e_2 + \cdots + e_n = 1 \end{cases}$$

$S = [e_1, e_2, \ldots, e_n]$ 为马尔可夫链群落状态概率的平稳分布。

9.1.3.2 空间传统马尔可夫链

空间马尔可夫链将空间滞后概念引入转移概率矩阵，弥补了传统马尔可夫链分析对研究区域的空间关联影响的忽视。它以某区域在初始时刻的空间滞后类型为条件（空间滞后类型由其空间滞后因子决定），将传统的 $n \times n$ 阶马尔可夫传统状态转移概率矩阵（P）分解为 P_1、P_2、…、P_k 等 k 个 $n \times n$ 条件转移概率矩阵（Rey，2001）。

$$P_1 = \begin{bmatrix} p_{11|1} & p_{12|1} & \cdots & p_{1n|1} \\ p_{21|1} & p_{22|1} & \cdots & p_{2n|1} \\ \cdots & \cdots & \cdots & \cdots \\ p_{n1|1} & p_{n2|1} & \cdots & p_{nn|1} \end{bmatrix}, \cdots, P_k = \begin{bmatrix} p_{11|k} & p_{12|k} & \cdots & p_{1n|k} \\ p_{21|k} & p_{22|k} & \cdots & p_{2n|k} \\ \cdots & \cdots & \cdots & \cdots \\ p_{n1|k} & p_{n2|k} & \cdots & p_{nn|k} \end{bmatrix}$$

如以第 k 个条件矩阵为例，元素 $p_{ij|k}$ 表示某空间单元在 k 类型空间滞后的背景下，在 t 时刻属于 i 类型而 $t+1$ 时刻转移为 j 类型的空间转移概率。比较不同空间滞后类型背景下转移概率，可以检验邻域物种丰富度变化情况对目标区域物种丰富度类型转移的影响。官山大样地空间马尔可夫状态转移概率矩阵见表 9-2。

表 9-2 空间马尔可夫转移概率矩阵（$K=4$，$n=4$）

空间滞后类型	t_i/t_{i+1}	1	2	3	4
1	1	$p_{11|1}$	$p_{12|1}$	$p_{13|1}$	$p_{14|1}$
	2	$p_{21|1}$	$p_{22|1}$	$p_{23|1}$	$p_{24|1}$
	3	$p_{31|1}$	$p_{32|1}$	$p_{33|1}$	$p_{34|1}$
	4	$p_{41|1}$	$p_{42|1}$	$p_{43|1}$	$p_{44|1}$
2	1	$p_{11|2}$	$p_{12|2}$	$p_{13|2}$	$p_{14|2}$
	2	$p_{21|2}$	$p_{22|2}$	$p_{23|2}$	$p_{24|2}$
	3	$p_{31|2}$	$p_{32|2}$	$p_{33|2}$	$p_{34|2}$
	4	$p_{41|2}$	$p_{42|2}$	$p_{43|2}$	$p_{44|2}$
3	1	$p_{11|3}$	$p_{12|3}$	$p_{13|3}$	$p_{14|3}$
	2	$p_{21|3}$	$p_{22|3}$	$p_{23|3}$	$p_{24|3}$
	3	$p_{31|3}$	$p_{32|3}$	$p_{33|3}$	$p_{34|3}$
	4	$p_{41|3}$	$p_{42|3}$	$p_{43|3}$	$p_{44|3}$
4	1	$p_{11|4}$	$p_{12|4}$	$p_{13|4}$	$p_{14|4}$
	2	$p_{21|4}$	$p_{22|4}$	$p_{23|4}$	$p_{24|4}$
	3	$p_{31|4}$	$p_{32|4}$	$p_{33|4}$	$p_{34|4}$
	4	$p_{41|4}$	$p_{42|4}$	$p_{43|4}$	$p_{44|4}$

空间模型的核心思想是空间滞后性。该模型通过引入空间滞后算子，使用空间权重矩阵来计算相邻区域的加权平均值，从而来判断区域的空间状态。小样方 i 物种丰富度的空间滞后值等空间权重矩阵（W）与样方物种丰富度（x）乘积之和，即 $lag_i = \sum_{j=1}^{N} w_{ij} x_i$，其中 x_i 表示样方 i 物种丰富度值，w_{ij} 表示空间权重矩阵 W 的元素，$i = 1, 2, \cdots, n$；

$j = 1, 2, \cdots, n$。由于没有邻接的样方权重均为 0，即某空间滞后值等于该样方的邻近样方物种丰富度的空间加权平均。

另外，通过比较传统马尔可夫转移矩阵与空间马尔可夫转移矩阵的相对应元素，以及空间马尔可夫转移矩阵中不同空间滞后类型背景下转移概率，能够了解某样方物种丰富度向上或向下的转移概率大小与周围样方之间的关系，探讨群落位置对物种丰富度转移的影响。如若 $p_{12} > p_{12|1}$，则表示某群落在不考虑邻域的情况下，由状态 1 转移为状态 2 的概率要大于考虑邻域的情况下，该群落与处于状态 1 的群落为邻时，由状态 1 转移为状态 2 的概率；如果区位背景对状态转移无影响，则有 $p_{12} = p_{12|1}$。

9.1.3.3 显著性检验

为进一步验证空间背景对官山大样地区域样方水平物种丰富度的影响是否显著，需要经过假设检验。H_0：假设大样地内小样方水平物种丰富度的类型转移在空间上相互独立，其概率转移与空间滞后无关。构造似然比（likelihood ratio）统计量对 H_0 进行检验，计算方法见式（9-17）：

$$Q = -2\log\left\{\prod_{l=1}^{N}\prod_{i=1}^{N}\prod_{j=1}^{N}\left[\frac{p_{ij}}{p_{ij}(l)}\right]^{n_{ij}(l)}\right\} \quad (9\text{-}17)$$

式中：p_{ij}、$p_{ij}(l)$、$n_{ij}(l)$（$l=1, 2, \cdots, k$）分别为不考虑空间背景的转移概率、空间滞后类型为 l 条件下的空间转移概率以及相应的物种丰富度观察数量，统计量 Q 服从自由度为 $k(k-1)^2$ 的 χ^2 分布。

9.1.4 群落发育阶段的划分

本章采用径级代替年龄的方法，探讨群落发育过程的物种丰富度时空变化过程。将大样地森林群落划分为 4 个阶段，具体划分方法：T1，$DBH \geq 22.5\text{cm}$；T2，$DBH \geq 7.5\text{cm}$；T3，$DBH \geq 2.5\text{cm}$；T4，$DBH \geq 1.0\text{cm}$。

9.2 物种丰富度空间自相关

9.2.1 全局自相关

基于全局莫兰指数的计算结果显示，从 T1 到 T4，官山大样地森林群落物种丰富度全局自相关指数均为正值，说明整体上各小样方群落物种丰富度的呈集聚分布。T1 阶段集聚程度较小。这种集聚程度的高峰值出现在 T2 阶段，莫兰指数达到 0.426，随后又整体呈现缓慢波动性下降的趋势特征（图 9-2）。

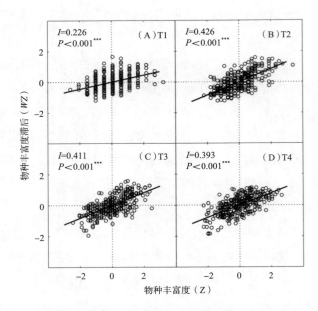

图 9-2　官山大样地群落构建过程中的物种丰富度空间自相关的散点图

注：I 为莫兰指数。

也就是说官山大样地中物种丰富度的空间分布并非表现出完全随机性，而是表现出空间聚集，其空间关联特征是：物种多的群落趋于和物种多的群落相邻，物种较低的群落趋于和物种较低的群落相邻，表现出 β-聚集效应。

表 9-3　官山大样地群落构建过程中全局莫兰指数的变化

各项参数	T1 阶段	T2 阶段	T3 阶段	T4 阶段
莫兰指数	0.234	0.496	0.488	0.475
期望指数	−0.003	−0.003	−0.003	−0.003
平均数	−0.005	−0.004	−0.001	−0.002
方　差	0.042	0.044	0.043	0.042
Z 检验值	5.732	11.311	11.329	11.395
P	0.001	0.001	0.001	0.001

在图 9-2 中分布在第一象限和第三象限的点为空间正相关的点数据，$0.223 < I < 0.426$，说明大部分样地位于第一象限和第三象限内，即通常的热点和冷点区域，属于高高聚集和低低集聚类型，落入这两个象限的空间单元存在较强的空间正相关。为了检验莫兰指数是否显著，在 Geoda 中采用蒙特卡罗模拟的方法来检验（permutation=999）。$P = 0.001$，说明在 99.1% 置信度下的空间自相关是显著的。

9.2.2 局域自相关

利用 Geoda 生成 LISA 聚集图（图 9-3），用不同底纹表示不同的空间自相关类别。

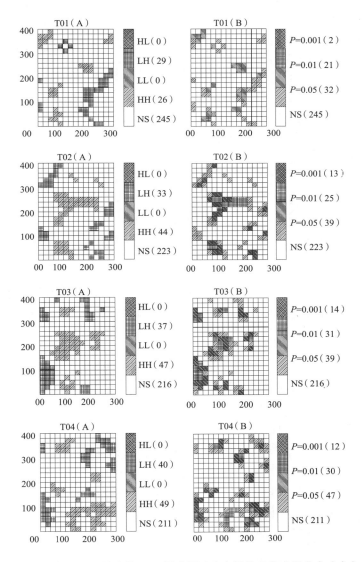

图 9-3　不同时期大样地的 LISA 聚集图（左）及其 P 值空间分布（右）

由图 9-3 看出，由 T1 到 T4，显著性局域聚集的小样方数量分别为 51、75、64、69，说明群落构建早期小样方之间相互关联性不大。另外，HH 聚集所占比重较大，其次是 LL 聚集，二者之和占 68.63%、93.33%、95.31%、92.75%，而 HL 聚集、LH 聚集只占 31.37%、6.67%、4.69%、7.25%，说明群落构建过程中"俱乐部效应"明显，即物种丰富的样方周边的样方物种也丰富，物种贫乏的样方周边的样方物种也贫乏。

9.3 时间路径几何特征

9.3.1 移动长度

由 T1 到 T4，物种丰富度移动路径长度小于 1 和大于 1 的样方分别有 163 个和 137 个，表明在大样地尺度范围内局部样方的移动动态性相对较弱。

从空间分布上看，样地东南部（样方 P11、P12、P26、P27）、中上部的样方（样方 P172、P173、P174）、西北部（样方 P262、P261、P248），分别形成了一个移动路径较长的高集聚区，尤其是样方 P173、P172、P90、P252、P262 移动路径长度分别达到 2.11、1.99、1.96、1.91 和 1.91 的高值。说明这些样方的物种增加相较于其他样地的活力更强，这些样方物种增长和变动最频繁的区域，而样方的 LISA 移动路径长度也表现出相对较高的数值，体现出这些区域群落有较强的动态性和活力。

比较而言，样地西部、东北部的移动路径最短，群落活力最弱的区域板块，样方 P151、P249、P133 的移动路径最短，分别为 0.27、0.36 和 0.37，这种特征与群落环境有关。P151 刚好跨过溪涧，仅岸边有少量植株。此外，P133、P149 等样方是一个凹谷，样地内环境比较阴湿，植株数量少，群落演替与种群更新相对困难（图 9-4）。

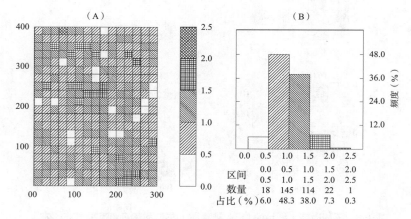

图 9-4 物种丰富度时空移动的路程空间分布（A）与统计分析（B）

9.3.2 弯曲度

物种丰富度的时间路径弯曲度的计算结果显示，官山大样地 300 个小样方 f 值均大于 1，且平均值达到 2.49 的高水平，说明各样方群落发育的变动性总体较强。

从空间分布上来看，物种丰富度的时间路径弯曲度显示出较强的空间依赖性。大样地中部（如 P210、P207）为时间路径弯曲度高的区域，P210 最高，达到 29.05。南部（P14，P11）、东部（P185、P160）有少量样方物种丰富度变动性强。与之相反，整个样地西部、北部、东南部，如 P268、P123、P271 等 34 个样方弯曲度值几乎为 1.00，分别形成了物种丰富度的时间路径弯曲程度相对较低的聚集区域，表明这些区域从 T1 至 T4 这段时期物种丰富度的增长过程较为平稳，波动性相对不明显（图 9-5）。

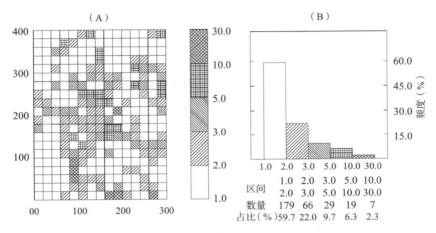

图 9-5　物种丰富度时空跃迁动的弯曲度空间分布（A）与统计分析（B）

9.3.3　移动方向

莫兰散点图中的散点代表着对应样方物种丰富度发展水平，箭头方向反映各样方坐标移动方向，箭头长短则代表移动距离（图 9-6）。

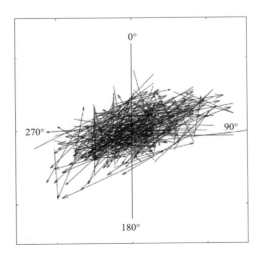

图 9-6　物种丰富度移动距离与移动方向

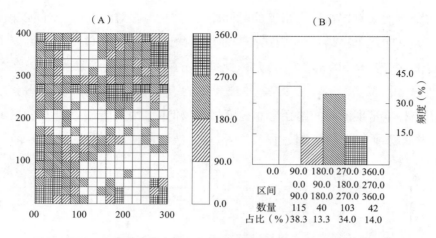

图 9-7 物种丰富度转移方向的空间格局（A）与统计分析（B）

由图 9-7 可知，从 T1 到 T4，300 个样方中有 115 个跃迁方向为 0°~90°，即向 HH 聚集跃迁的样方数最多，占 38.3%，向 LL 聚集方向跃迁的次之，有 103 个，占 34.3%，向 HL 聚集或 LH 聚集跃迁分别只有 40 个或 42 个，只占 13.3% 或 14.0%，表明物种丰富度的空间格局在时间演化过程中具有较强的一致性，物种丰富度水平的正向（负向）协同性较高。方向只是说明了时空跃迁的趋势，但不一定真正达到了跃迁结果，要真正了解跃迁结果，还得采用莫兰散点图坐标位置，进行最终判断。

莫兰散点图坐标计算结果可反映官山大样地森林群落发育过程物种丰富度类型的转变情况（表 9-4）。由表可看出，在 T1 到 T4 整个发育过程中，有 38 个样方保持 HH 聚集不变，如 P4、P5、P6、P19、P20、P22、P23、P34、P35、P36、P50、P95、P108、P109、P110、P123、P124、P125、P139、P154、P161、P173、P174、P175、P176、P183、P184、P186、P187、P189、P191、P199、P200、P214、P215、P258、P273、P300；有 30 个样方保持 LL 聚集不变（P46、P47、P61、P62、P96、P100、P101、P102、P113、P115、P116、P117、P121、P130、P134、P136、P149、P151、P152、P164、P165、P179、P180、P210、P217、P219、P225、P233、P239、P290）。有 35 个样方由 LL 聚集向 HH 聚集转变，同时也有 35 个由 HH 聚集向 LL 聚集转变，如（P12、P26、P27、P28、P41、P52、P55、P58、P59、P67、P68、P69、P71、P74、P75、P83、P85、P86、P87、P90、P143、P146、P148、P158、P159、P172、P229、P230、P245、P246、P247、P259、P261、P262、P276）。由 HL 聚集向 LH 聚集转化（P25、P44、P56、P131、P208、P232、P278）。由 HL 聚集向 LH 聚集转化的样方最小，只有 2 个（P222、P252）。

Rey（2001）将时空跃迁划分为 4 种类型。其中，I 型表示样方自身发生跃迁，包括 HH 聚集→LH 聚集、LH 聚集→HH 聚集、HL 聚集→LL 聚集、LL 聚集→HL 聚集

4种形态（原只有3个类型，后添加1个类型，即LL聚集→HL聚集）；Ⅱ型表示邻域单元发生跃迁，而自身样方保持不变，包括HH聚集→HL聚集、LH聚集→LL聚集、HL聚集→HH聚集、LL聚集→LH聚集4种形态；Ⅲ型表示样方自身与其邻域单元均发生跃迁，跃迁方向一致的类型包括HH聚集→LL聚集和LL聚集→HH聚集，跃迁方向相反的类型包括LH聚集→HL聚集和HL聚集→LH聚集；Ⅳ型表示样方与其邻域单元都没有发生跃迁，所有样方都保持原有状态。

表9-4 物种丰富度类型转移矩阵

T1/T4	HH聚集	HL聚集	LL聚集	LH聚集
HH	38（12.67）	12（4.00）	35（11.67）	13（4.33）
HL	15（5.00）	6（2.00）	22（7.33）	2（0.67）
LL	35（11.67）	19（6.33）	30（10.00）	8（2.67）
LH	28（9.33）	7（2.33）	18（6.00）	12（4.00）

表9-5 官山大样地森林群落时空跃迁类型统计

Rey类型	T1→T2	T2→T3	T3→T4	T1→T4
Ⅰ	56（18.67）	51（17.00）	35（11.67）	53（17.67）
Ⅱ	55（18.33）	45（15.00）	63（21.00）	82（27.33）
Ⅲ	32（10.67）	26（8.67）	18（6.00）	79（26.33）
Ⅳ	157（52.33）	178（59.33）	184（61.33）	86（28.67）

表9-5展示了从T1到T4官山大样地群落时空跃迁。由表可看出，T1→T2，T2→T3，T3→T4三个阶段，各小样方自身与其相邻群落都没有发生跃迁的Ⅳ型概率值最高，都大于50%，说明在连续时段内物种丰富度变化的路径依赖程度较高。从起始时段（T1→T4）总体看，尽管时空跃迁Ⅳ型仅为28.67%，而其他3种形态的跃迁发生概率都大大提升，说明如果考察时间延长或时段离散，群落物种丰富度产生时空跃迁的可能性就越大。

同时，由时空跃迁Ⅳ型概率值（稳定度）还可看出，尽管由开始的52.33%上升至61.33%，但远未达到100.00%，说明大样地物种丰富度可以发生时空跃迁，当前还未趋于进入同步发展，仍然处在一个此消彼长的"跷跷板"运动状态，物种丰富度格局仍在变化之中。

9.4 物种丰富度的时空演变

9.4.1 传统转移特征

基于传统马尔可夫链，本节将官山大样地中各小样方的不同时期的物种丰富度划分为4种类型：①低水平：物种丰富度低于样地平均值的25%；②中低水平：物种丰富度介于样方平均值的 25%~50%；③中高水平：物种丰富度介于样方平均值的 50%~75%；④高水平：物种丰富度高于样方平均值的 75 %，分别以 k=1、2、3、4 表示，k 越大说明物种丰富度越高。

不同时期，官山大样地中小样方物种丰富度类型的传统一阶马尔可夫概率转移矩阵，见表 9-6。

表 9-6　传统马尔可夫转移概率矩阵（k=4）

时期	等级	n	1	2	3	4
T1/T2	1	74	0.43	0.30	0.12	0.15
	2	63	0.30	0.37	0.19	0.14
	3	56	0.13	0.27	0.27	0.34
	4	107	0.08	0.11	0.27	0.53
T2/T3	1	67	0.63	0.19	0.16	0.01
	2	72	0.29	0.42	0.19	0.10
	3	65	0.09	0.34	0.31	0.26
	4	96	0.01	0.14	0.31	0.54
T3/T4	1	70	0.66	0.26	0.07	0.01
	2	78	0.32	0.42	0.15	0.10
	3	75	0.00	0.32	0.37	0.31
	4	77	0.00	0.04	0.25	0.71
平均	1	211	0.57	0.25	0.12	0.06
	2	213	0.31	0.40	0.18	0.11
	3	196	0.07	0.31	0.32	0.30
	4	280	0.04	0.10	0.28	0.59

注：矩阵对角线上的数值为物种丰富度类型在研究期内未发生转移的概率，而非对角线上的数值为物种丰富度不同类型之间发生转移的可能性，n 为研究期内处于某种运动状态的样方数量。

由表 9-6 可看出，T1 → T4 时期内多数样方处于低水平和中低水平，样方间物种丰富度差距比较显著。根据该传统矩阵的进一步分析，可得出以下发现：

（1）小样方水平物种丰富度整体上向低水平转移的趋势明显。如类型 2 向下转移的概率为 0.31，向上转移的可能性只有 0.25；类型 3 也呈现相同的转移情况，说明有少量小样方物种丰富度增长较大，导致物种丰富度整体上持续向低水平发展。

（2）物种丰富度的状态转移具有稳定性的特征。对角线上元素值 0.57、0.40、0.32、0.59 都是最大值，表明样方物种丰富度类型在研究期内，维持原有状态的概率比变化概率要高，即物种丰富度向低水平和高水平收敛的可能性仍较大，即"富者更富,贫者仍贫"，这种"俱乐部收敛"特性反映出样方间物种丰富度较不均衡，两极分化现象严重。

（3）物种丰富度不同类型难以实现跳跃式转移。非主对角线上的高值元素均位于对角线双侧，而远离对主角线元素均较低，说明在群落发育的两个连续阶段中，物种丰富度类型的转移大都发生在相邻两个类型之间，基本上难以实现类型的跨越式转移，这也说明物种丰富度变化是一个稳定持续的过程。

（4）从 T1 → T2 → T3 → T4，低—低转移（p_{11}）和高—高转移（p_{44}）都较大，说明高低水平群落的等级固化现象明显，而且有随着时间变化而增大的趋势，表明高低水平阵营的固化程度有加剧趋势，物种丰富度存在等级"马太效应"。

9.4.2 空间转移特征

在传统马尔可夫转移矩阵的基础上，进一步引入空间因素，以不同样方初始年份的空间滞后类型为条件，建立空间马尔可夫概率转移矩阵，进一步反映出物种丰富度增长与邻近样方之间的关系。官山大样地 300 个小样方物种丰富度类型的空间转移概率矩阵见表 9-7。

表 9-7 空间马尔可夫转移概率矩阵（$k = 4$, $3n=900$）

空间滞后	T_i/T_{i+1}	n	1	2	3	4
1	1	72	0.72	0.24	0.00	0.04
	2	62	0.52	0.37	0.08	0.03
	3	42	0.17	0.45	0.33	0.05
	4	49	0.08	0.27	0.41	0.24
2	1	56	0.59	0.21	0.16	0.04
	2	61	0.28	0.49	0.20	0.03
	3	51	0.06	0.41	0.29	0.24
	4	57	0.07	0.12	0.39	0.42
3	1	44	0.48	0.23	0.23	0.07
	2	46	0.24	0.46	0.17	0.13
	3	49	0.04	0.24	0.35	0.37
	4	80	0.01	0.09	0.26	0.64
4	1	39	0.36	0.36	0.15	0.13
	2	44	0.11	0.27	0.30	0.32
	3	54	0.02	0.17	0.31	0.50
	4	94	0.01	0.01	0.16	0.82

通过对比表9-7和表9-6，可以看出，除了具有传统马尔可夫概率转移矩阵特征外，空间马尔可夫转移概率矩阵，还表现出以下时空演变特征：

（1）物种丰富度的变化在空间背景上并不孤立，表现出与邻近样方具有较大的相关性。在不同邻里背景下，不同样方物种丰富度的类型转移概率并不相同，它完全不同于相应的传统马尔可夫转移概率，比如在不考虑空间背景的情况下，P_{23}=0.18，而在与物种丰富度类型1的样方相邻时，$P_{23|1}$=0.08，与类型2的样方相邻时，$P_{23|2}$=0.200，可见，在研究物种丰富度的变化时，有必要考虑空间背景的影响。

（2）不同的空间背景对物种丰富度类型转移的影响各不相同，如$P_{23|2}<P_{23|3}<P_{23|4}$（其转移概率依次为0.20、0.298、0.333）。一般来说，与物种丰富度较高的样方为邻，其丰富度类型向上转移的概率将增大。但也有个别例外，如$P_{12|3}$（0.224）$<P_{12|2}$（0.320），可能的原因是与处于低水平的样方为邻的样方具有较大的物种增长空间（林窗恢复）。

（3）物种丰富度较高的样方对周围样方物种增长具有辐射作用，而物种丰富度较低的样方对周围样方物种增长贡献有限，如P_{23}（0.218）$>P_{23|2}$（0.200）$>P_{23|1}$（0.094），即某样方与物种丰富度高的样方为邻，能够获得更多的更新机会（种子）或更好的增长环境，而某样方与物种丰富度较低的样方为邻，其物种增长有可能受到一定种源限制。

（4）邻近物种丰富度较高的样方对该样方物种丰富度类型的向上转移具有显著影响，但这种影响并不是同步发展，而是存在特例。当某样方处于低水平类型时，P_{12}=0.252，且以中低水平类型的样方为邻时，转移概率$P_{12|2}$=0.320，该样方向上转移的概率分别提高了0.068%。但与中高、高水平类型的样方相邻时，$P_{12|3}$=0.224，$P_{12|4}$=0.250，该样方向上转移的概率没有升高，反而下降了0.027或基本不变。

9.4.3 显著性检验

为进一步验证空间背景对群落物种丰富度的影响是否显著，需要经过假设检验加以验证。根据公式计算得到Q=134.36，剔除研究期间转移概率为0的数值，自由度由$4×(4-1)^2$=36变为30，而在1%的显著性水平下，$Q>\chi^2(30)$=50.89。因此，可以拒绝物种丰富度的类型转移在空间上相互独立的原假设。说明群落物种丰富度变化与相邻地区存在显著相互关联，也即区域内的内生动力与区域间的空间关联相互作用，共同推动物种丰富度变化。

9.4.4 平稳分布

基于传统马尔可夫转移，物种丰富度组成分布概率向量，经n步概率转移（$n\rightarrow\infty$），便可得到物种丰富度等级类型的平稳分布（表9-8）。

表 9-8 物种丰富度等级转移的平稳分布（$k=4$）

要素	低	中低	中高	高
分布	0.249	0.263	0.223	0.268

从表 9-9 可看出，经 n 步传统马尔可夫转移概率转化，物种丰富度的 4 种类型（低、中低、中高、高水平）平稳分布，接近于 0.25：0.25：0.25：0.25。

基于空间马尔可夫概率转移矩阵，得到每个空间滞后类型的各自的平稳分布（表 9-9）。

表 9-9 物种丰富度等级转移的长期演变趋势观测（$k=4$，$g=4$）

空间滞后	1	2	3	4
1	0.596	0.293	0.064	0.047
2	0.290	0.340	0.235	0.135
3	0.135	0.234	0.258	0.375
4	0.029	0.071	0.200	0.701

从表 9-9 可知，在不同的空间背景下，物种丰富度向上转移的概率较大，但在平稳分布中转移概率存在显著差异，在类型 1 和类型 2 的空间背景下，平稳分布中处于低、中低水平物种丰富度类型的可能性最大，概率分别为 0.596、0.340，在类型 3 和类型 4 的空间背景下，平稳分布中处于中高、高水平物种丰富度类型的可能性最大，概率分别为 0.375、0.701。这说明如果与物种丰富度较高的样方为邻，其能以较大的可能性向上转移至高水平类型，而与物种丰富度较低的样方为邻，其向上转移至高水平类型的可能性较小，仍将维持在低或中低水平，具有 β-收敛特征。

空间马尔可夫概率转移矩阵，展示了官山样方水平物种丰富度的演变呈现显著"俱乐部收敛"特性，但在长期平稳状态下是否仍将保持该特性呢？物种丰富度变化的类型转移呈现维持其原来状态的稳定性特征，目前转移过程仍未达到平稳状态，状态之间转移仍将继续进行，并可以预测官山大样地物种丰富度的长期演变趋势。

9.5 小 结

本章以官山大样地 300 个 20m×20m 小样方为研究单元，以群落物种丰富度的"空间关联—演化路径—驱动机制"为研究主线，采用空间自相关、LISA 时间路径、LISA 时空跃迁等方法，对多期物种丰富度的时空动态特性进行探索，最后采用空间马尔可夫链分析物种多样性格局的形成过程，建立不同时空跃迁的驱动机制模式，对当下物种多样性空间格局演化的机制研究不足进行方法论的初步尝试，或可为区域群落发展与空间结构演化机理的深入耦合提供新的分析视角。

9.5.1　物种丰富度的空间自相关性

全局空间自相关解释了研究区域到底有无聚集（HH、LL），而局部空间自回归则解释了其具体空间位置和集聚的显著度。全局空间自相关可以很好地了解物种丰富度的空间关联和空间差异。为了从空间角度对物种多样性分布的马太效应进行解释，引入度量空间自相关的莫兰指数。通过计算官山大样地300个样方物种丰富度莫兰指数（表1），探索群落物种多样性的空间关联特征，分析发现物种丰富度总体呈现出较强的空间集聚特征。大样地复合群落各群落发育水平各不相同，群落物种丰富度差异显著，总体呈现出"更新效应"特征。发育过程中的莫兰指数介于0.22~0.43之间，说明空间分布存在较强的相关性，物种丰富度较高的群落在空间上趋于邻近，低物种群落在空间上亦相邻。同时，莫兰指数又呈现先上升（0.426），然后又缓慢下降（0.393）的趋势，说明随群落发育物种丰富度空间集聚趋势由不强到最强，然后又有所降低。

9.5.2　物种丰富度的时间路径几何特征

由T1→T4，物种丰富度LISA移动路径长度小于1和大于1的样方分别有163个和137个，表明在大样地尺度范围内局部样方的移动动态性相对较弱。从空间分布上看，样地东南部（P11、P12、P26、P27）、中上部的样方（P172、P173、174），西北部（P262、P261、P248），分别形成了一个移动路径较长的高聚集区，尤其是样方P173、P172、P90、P252、P262移动路径长度分别达到2.11、1.99、1.96、1.91和1.91的高值，说明这些样方的物种增加相较于其他样地的活力更强，这些样方物种增长和变动最频繁的区域，而样方的LISA移动路径长度也表现出相对较高的数值，体现出这些区域群落有较强的动态性和活力。比较而言，样地西部、东北部LISA移动路径最短，群落活力最弱的区域板块，样方P151、P249、P133的LISA移动路径最短，分别为0.27、0.36和0.37，这种特征与群落所处环境有关。P151刚好跨过溪涧，总体植株较少，仅岸边有少量植株。此外，P133、P149等小样方是一个凹谷，样地内环境比较阴湿，植株数量也少，群落演替与种群更新都相对困难的特征。

物种丰富度LISA时间路径弯曲度的计算结果显示，官山大样地300个小样方f值均大于1，且平均值达到2.49的高水平，说明各样方群落发育的变动性总体较强。大样地中部（如P210、P207）LISA时间路径弯曲度高区域，P210最高，达到29.05。300个样方中有 115 个跃迁方向为 0°~90°，即向 HH 聚集跃迁的样方数最多，占 38.3%，向 LL 聚集跃迁的次之，有 103 个，占 34.3%，向 HL 聚集或 LH 聚集跃迁分别只有 40 个或 42 个，只占 13.3 或 14.0%，表明物种丰富度的空间格局在时间演化过程中具有较强的一致性，物种丰富度水平的正向（负向）协同性较高。

时空离散度：表 9-9 展示了从 T1 到 T4 官山大样地群落时空跃迁。由表可看出，T1→T2，T2→T3，T3→T4 三个阶段，各小样方自身而其相邻群落都没有发生跃迁的 Ⅳ 型概率值最高，都大于 50%，说明在连续时段内物种丰富度变化的路径依赖程度较高。从起始时段（T1→T4）总体看，尽管时空跃迁 Ⅳ 型仅为 28.67%，而其他 3 种形态的跃迁发生概率都大大提升，说明如果考察时间延长或时段离散，群落物种丰富度产生时空跃迁的可能性就越大。同时，由时空跃迁 Ⅳ 型概率值（稳定度）还可看出，尽管由开始的 52.33% 上升至 61.33%，但远未达到 100.00%，说明当前物种丰富度还未趋于进入同步发展，仍然处在一个此消彼长的"跷跷板"动态变化状态，物种丰富度格局仍在变化之中。

9.5.3 物种丰富度的时空演进特征

群落发展具有长期性和持续性的特征，物种多样性固有类型和存量对于群落发展类型转变的影响较大，总体上存在惯性发展的趋势。基于静态（空间）马尔可夫链和动态空间马尔可夫链模型均发现，群落发展整体存在"路径依赖"现象，物种多样性高水平和低水平群落保持类型不变的概率较大。同时，低水平群落向较高水平群落、高水平群落转移的概率较低，初始阶段为低水平类型的群落保持此类型不变的可能性为 72%，而向高水平城市转移的最大概率仅为 4.0%，群落多样性增长存在"贫困陷阱"现象。

"俱乐部趋同"是指在物种丰富度的初始条件和结构特征等方面都相似的一组群落的物种多样性增长收敛于相同的稳态。"俱乐部趋同理论""近朱者赤，近墨者黑"，一个群落如果以多物种群落为邻，其物种多样性增长的可能性会增加；反之，与少物种群落为邻，其物种多样性增长的可能性将会变小。

群落生物多样性类型转移在地理空间上并非孤立存在，其表现形式与邻近区域存在紧密的关联性。首先，低水平区、中等水平区和较高水平区具有相似的概率转移规律，即与丰富度越高的群落邻接，其向上级类型区转移的概率也越大；与丰富度水平越低的群落邻接，其向下级类型区转移的概率也越大。其次，高水平群落的概率转移与其他类型区的概率转移的规律相悖，主要原因是高水平区主要在阔叶林集中连片分布，其类型具有高度的不可转变性，不易受到邻居群落空间溢出影响。

本章中该特殊情况能够合理解释官山大样地中各样方的物种丰富度变化过程，当某些样方环境条件太差时，能够获得高水平样地的辐射和溢出作用较有限。在对这些群落的环境限制、生态保护屏障等因素影响下，产生了强大的选择效应，且选择效应强于辐射溢出效应，导致群落间物种丰富度落差过大。

创新与局限性：本章创新性地引入动态空间马尔可夫链模型，系统分析了物种丰富度状态的转移概率与影响因素间的相互依存关系，空间马尔可夫转移矩阵考虑了邻域背景的影响，通过在不同空间滞后条件下建立马尔可夫链转移概率矩阵，分析不同邻域背景下区域单元的趋同演化规律，能够同时从空间、时间两个角度对问题进行研究。但在研究过程中，利用树木径级代替森林群落发育时间，不是真实的群落发育监测数据，因此在时间分析与预测时存在一定局限性，上述问题需要在以后研究中进一步完善。另外，基于空间统计分析理论，本章只是对大样地物种丰富度的分布特征进行了初步探索，其本质上属于描述性分析，而物种多样性水平及区域差异性的形成机理将是未来进一步的研究方向。

# 第10章
卫星样地森林群落数量特征

卫星样地（satellite sample）是指分布于大型森林样地周边的小型样地。不管大型森林监测样地多大，都很难完全反映当地森林群落的特征，因此一般在一个森林动态监测大样地周边还要建设若干小型长期固定样地。通过定时、定位、定身份（三定），开展森林种类、数量、质量等情况的调查，获取资源数量与质量，以及森林生态环境变化动态信息。对全面认识保护区植被现状有一定参考价值，同时为生物多样性长期监测提供本底数据，为制定和调整经营决策、管理决策提供科学参考。

本章主要对官山35个卫星样地的物种多样性、蓄积量、径级结构、垂直结构等群落特征进行定量分析，进一步反映官山自然保护区的森林资源现状，揭示现阶段群落组成的结构特点以及未来群落的动态变化，进而为生物多样性的保护和植物资源的利用提供理论依据。

10.1 数据处理

10.1.1 多样性的计算

物种多样性采用物种丰富度指数、多样性指数及均匀度指数进行量化，其中多样性指数包括物种丰富度、均匀度密切相关的 Shannon-Wiener 指数和不敏感的 Simpson 指数；在均匀度方面，包括基于 Shannon-Wiener 指数的均匀度指数 J_{sw}、基于 Simpson 指数的均匀度指数 J_{sim}，同时包括与优势度关系密切的 Alatalo 均匀度指数 E，具体计算公式见第 8 章 8.1.2 α- 多样性的计算。

10.1.2 群落结构的计算

根据群落物种的生物学特性，将其划分为乔木型和灌木型两大类，以乔木型物种为研究对象，采用时空替代法，将重要值位于前5的乔木型物种及珍稀濒危物种的胸径（DBH）划分为 5 个径级，第 I 径级为 $0cm \leq DBH \leq 2.5cm$，第 II 径级为 $2.5cm < DBH \leq 5cm$，第 III 径级为 $5cm < DBH \leq 7.5cm$，第 IV 径级为 $7.5cm < DBH \leq 22.5cm$，第 V 径级为 $DBH > 22.5cm$。其中，第 I 径级对应幼苗，第 II 径级对应幼树，第 III 径级对应小树，第Ⅳ径级对应大树，第Ⅴ径级对应老树。统计物种在每一龄级的存活数后，根据每一龄级的有无，绘制种群年龄结构谱（图10-1）。

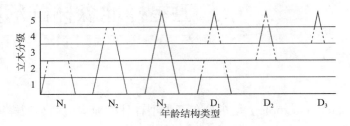

图10-1 植物种群年龄结构谱

注：N 为正常种群（normal populations），立木各龄级的各种群由Ⅰ级幼苗、Ⅱ级幼树、Ⅲ级小树、Ⅳ级壮树、Ⅴ级老树循序正常发展，达到建立整个森林生态系统的种群，包括：N_1，初生正常种群（initial normal population）具有Ⅰ级幼苗或具有Ⅰ级幼苗和Ⅱ级幼树的种群；N_2，旺盛种群（vigorous normal population）具有Ⅰ级幼苗、Ⅱ级幼树、Ⅲ级小树或具有Ⅰ级幼苗、Ⅱ级幼树、Ⅲ级小树和Ⅳ级壮树的种群；N_3，成熟种群（adult normal population）具有Ⅰ、Ⅱ、Ⅲ、Ⅳ、Ⅴ级立木，并均能循序发展的种群。D 为衰退种群（decline populations），各龄级的立木不能循序的正常生长和发展，各级立木或多或少的缺少其年龄阶段中某一阶段的立木时，即为不正常发展的衰老种群，包括：D_1，始衰种群（initial decline population）立木年龄结构中缺乏Ⅲ级小树或缺乏Ⅲ级小树和Ⅱ级幼树、Ⅳ级壮树中1个或2个龄阶的种群；D_2，中衰种群（mid decline population）只有Ⅳ级壮树或具有Ⅳ级壮树和Ⅲ级小树、Ⅳ级老树中1个或2个龄阶的种群；D_3，老衰种群（final decline population）只有Ⅴ级老树或Ⅳ级壮树和Ⅴ级老树的种群。

10.2 卫星样地布局与生境

官山共有35个卫星样地主要分布在官山自然保护区的东河区和西河区，海拔处于300~1200m之间，以东河管理站为中心，东至观景台，西至西河大西坑，南至东河李家屋场，北达石花尖。涉及的13个小地点分别是观景台公路旁（2个）、将军洞（8个）、槠树窝（3个）、石花尖（3个）、好汉坡（2个）、李家屋场（1个）、东河龙坑口（1个）、野生动物观测站（2个）、芭蕉窝（2个）、西河麻子沟（2个）、西河银杏沟（1个）、西河小西坑（3个）、西河大西坑（5个）。35个样地的面积大多为400m²或600m²，仅35号样地的面积为2500m²，且海拔处于300~1200m之间（图10-2、表10-1、表10-2）。

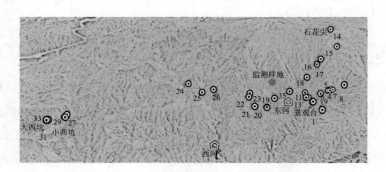

图10-2 江西官山生物多样性监测卫星样地分布

表 10-1　样地地理位置基本信息

样地编号	地　点	面积（m²）	地理坐标	
			东　经	北　纬
G1	往观景台的公路旁	600	114°35′24.06″	28°32′49.31″
G2	往观景台的公路旁	400	114°35′35.17″	28°33′01.00″
G3	将军洞	400	114°35′33.50″	28°33′19.25″
G4	将军洞	400	114°35′44.25″	28°33′22.37″
G5	将军洞	400	114°35′42.25″	28°33′22.69″
G6	将军洞	400	114°35′23.00″	28°33′44.00″
G7	将军洞	400	114°35′47.55″	28°33′22.44″
G8	将军洞	400	114°35′58.81″	28°33′21.60″
G9	将军洞	400	114°35′43.36″	28°33′24.10″
G10	将军洞	400	114°35′45.60″	28°33′24.52″
G11	楮树窝	400	114°35′19.96″	28°33′16.86″
G12	楮树窝	400	114°35′17.00″	28°33′21.00″
G13	楮树窝	400	114°35′16.75″	28°33′15.64″
G14	石花尖	400	114°36′05.50″	28°34′33.63″
G15	好汉坡	400	114°47′13.00″	28°33′34.00″
G16	好汉坡	400	114°35′45.00″	28°33′60.00″
G17	石花尖	400	114°35′39.19″	28°33′54.92″
G18	石花尖	400	114°35′24.39″	28°33′41.20″
G19	东河龙坑口	400	114°34′41.93″	28°33′15.88″
G20	野生动物观测站	400	114°34′31.90″	28°33′06.14″
G21	野生动物观测站	600	114°34′19.21″	28°33′08.20″
G22	芭蕉窝	600	114°34′16.10″	28°33′09.00″
G23	芭蕉窝	400	114°34′16.06″	28°33′21.88″
G24	西河麻子山沟	400	114°33′05.83″	28°33′41.77″
G25	西河麻子山沟	600	114°33′21.82″	28°33′29.14″
G26	西河银杏沟	600	114°33′34.89″	28°33′28.57″
G27	西河小西坑	400	114°31′03.94″	28°32′46.51″
G28	西河小西坑	400	114°31′03.37″	28°33′44.43″
G29	西河小西坑	400	114°31′03.37″	28°33′44.43″
G30	西河大西坑	400	114°30′47.27″	28°32′41.19″
G31	西河大西坑	400	114°30′47.27″	28°32′41.19″
G32	西河大西坑	400	114°30′46.43″	28°32′40.52″
G33	西河大西坑	400	114°30′48.30″	28°32′39.43″
G34	西河大西坑	400	114°30′48.30″	28°32′39.43″
G35	李家屋场	2500	114°35′00.85″	28°33′25.65″

表 10-2　样地的海拔与坡度情况

样地编号	群落类型	海拔（m）	坡度	坡向
G1	香果树	623	20°~27°	西坡 254°
G2	伯乐树	560	8°~40°	北坡 350°
G3	香果树+瘿椒树	524	8°~27°	西北 317°
G4	长柄双花木	594	20°~34°	西南 230°
G5	长柄双花木+毛竹	599	15°~26°	西南 200°
G6	毛竹阔叶混交林	570	2°~38°	北坡 0°
G7	长柄双花木	630	15°~41°	北坡 18°
G8	长柄双花木	830	19°~43°	东北 30°
G9	青钱柳+南方红豆杉	570	5°~15°	西南 240°
G10	南方红豆杉	586	5°~15°	西南 248°
G11	苦槠	455	6°~48°	西坡 264°
G12	马尾松+毛竹	521	15°~32°	东南 143°
G13	常绿阔叶混交林	475	35°	南坡 160°
G14	云锦杜鹃	1200	5°~10°	南坡 180°
G15	黄山松群落	1155	0°~5°	北坡 0°
G16	水青冈+锥栗	900	20°	东坡 110°
G17	甜槠	840	16°~22°	西南 241°
G18	毛竹+杉木	574	26°~28°	西北 293°
G19	米槠林	419	34°~40°	东坡 80°
G20	杉木	368	6°~32°	南坡 186°
G21	乐昌含笑+瘿椒树	319	7°~15°	西坡 275°
G22	乐昌含笑	390	20°~28°	东坡 157°
G23	乐昌含笑	440	13°~34°	南坡 190°
G24	伞花木群落	300	55°	东北 28°
G25	闽楠	310	10°~47°	东坡 90°
G26	闽楠	427	30°~35°	西坡 267°
G27	穗花杉	609	11°~38°	西北 298°
G28	穗花杉	569	5°~39°	西北 335°
G29	穗花杉+糙花少穗竹	614	25°~39°	西北 307°
G30	毛红椿+柽树	532	2°~29°	东北 21°

续表

样地编号	群落类型	海拔（m）	坡度	坡向
G31	毛红椿+椤树	532	15°~29°	西坡300°
G32	毛红椿+椤树	572	43°~46°	东北21°
G33	毛红椿+椤树	552	29°~46°	北坡0°
G34	穗花杉+椤树	552	27°~34°	北坡0°
G35	麻栎+乐昌含笑	412	10°	南坡185°

10.3 物种组成与数量特征

10.3.1 科、属、种统计

调查结果显示，35个样地中，木本植物总共242种9012株，隶属于62科120属。其中被子植物59科115属236种（单子叶植物1科2属，双子叶植物58科113属），裸子植物3科5属6种。其中，G35因为面积较大，物种数较多（107种963株），其他多数样地物种数均少于40种，个体数均少于300株。8~20种有11个样地，20~40种有14个样地，40~60种有9个样地；50~200株有18个样地，200~300株有9个样地，300~600株有8个样地（图10-3）。

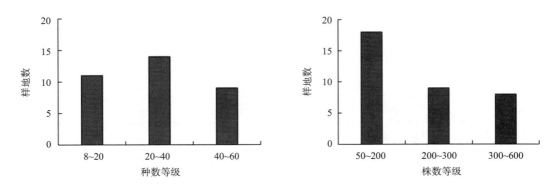

图10-3 35个样地种数、株数分布情况

由表10-3可知，除G35外，物种丰富度最高的3个群落依次是G7和G8（长柄双花木群落），分别为35科44属56种、27科41属56种，紧随其后的是G17（水青冈+锥栗群落）31科39属55种。物种丰富度最低的3个样地是G14（云锦杜鹃群落）8科8属9种、G27（穗花杉群落）9科10属10种、G30（穗花杉+糙花少穗竹群落）9科11属11种。从株数来看，个体数最多的是长柄双花木群落G7（563株）、G8（539株）、

G5（535 株），最少的是 G21（乐昌含笑+瘿椒树群落），仅 67 株。可见，穗花杉、椤树、毛红椿群落的物种丰富度相对较低，多在 20 种以下，长柄双花木群落的物种丰富度较高在 45 种以上。

表 10-3　35 个样地科属种分布情况

样地编号	科 数	属 数	种 数	株 数	样地编号	科 数	属 数	种 数	株 数
G1	23	28	33	262	G19	17	27	34	234
G2	25	31	32	113	G20	22	31	44	243
G3	15	17	19	189	G21	12	16	17	67
G4	26	39	55	459	G22	16	22	29	170
G5	28	37	48	535	G23	12	14	16	108
G6	23	33	36	220	G24	12	16	17	160
G7	35	44	56	563	G25	20	31	34	324
G8	27	41	56	539	G26	12	18	18	170
G9	21	28	32	160	G27	9	10	10	111
G10	20	27	30	180	G28	21	26	28	130
G11	19	25	33	154	G29	13	15	16	108
G12	24	32	42	291	G30	9	11	11	144
G13	19	26	30	236	G31	11	13	13	135
G14	8	8	9	146	G32	20	27	34	189
G15	23	28	36	468	G33	21	27	29	222
G16	21	31	44	245	G34	13	18	18	114
G17	31	39	55	382	G35	41	64	107	963
G18	26	26	48	278	总　计	62	120	242	9012

10.3.2　生活型统计

官山保护区 35 个卫星样地，总体上常绿树种与落叶树种各占 50%，水青冈+锥栗群落（G16）常绿种类最少，占总物种数的 31.82%，苦槠群落（G11）常绿树种最多，占总物种数的 78.79%（表 10-4）。其中常绿树种占总物种数比例低于 50.00% 的有 10 个样地，基本为珍稀濒危植物样地，依次是伯乐树群落（G2）46.88%、长柄双花木群落（G8）46.43%、长柄双花木群落（G4）45.45%、毛红椿+椤树群落（G30）45.45%、毛竹阔叶混交群落（G6）44.44% 和云锦杜鹃群落（G14）44.44%、长柄双花木群落（G7）42.86%、黄山松群落（G15）41.67%、香果树+瘿椒树群落（G3）36.84%、水青冈+锥栗群落（G16）31.82%。常绿种数占总物种数比例高于70.00%的样地有4个，分别是苦槠群落（G11）78.79%、乐昌含笑群落（G22）75.86%、穗花杉+糙花少穗竹群落（G29）75.00%、闽楠群落（G26）72.22%。

表10-4　35个样地生活型分布情况

样地编号	常绿		落叶		样地编号	常绿		落叶	
	种数	占比（%）	种数	占比（%）		种数	占比（%）	种数	占比（%）
G1	18	54.55	15	45.45	G19	23	67.65	11	32.35
G2	15	46.88	17	53.12	G20	30	68.18	14	31.82
G3	7	36.84	12	63.16	G21	9	52.94	8	47.06
G4	25	45.45	30	54.55	G22	22	75.86	7	24.14
G5	30	62.50	18	37.50	G23	11	68.75	5	31.25
G6	16	44.44	20	55.56	G24	10	58.82	7	41.18
G7	24	42.86	32	57.14	G25	22	64.71	12	35.29
G8	26	46.43	30	53.57	G26	13	72.22	5	27.78
G9	20	62.50	12	37.50	G27	7	70.00	3	30.00
G10	17	56.67	13	43.33	G28	16	57.14	12	42.86
G11	26	78.79	7	21.21	G29	12	75.00	4	25.00
G12	27	64.29	15	35.71	G30	5	45.45	6	54.55
G13	16	53.33	14	46.67	G31	8	61.54	5	38.46
G14	4	44.44	5	55.56	G32	23	67.65	11	32.35
G15	15	41.67	21	58.33	G33	17	58.62	12	41.38
G16	14	31.82	30	68.18	G34	12	66.67	6	33.33
G17	30	54.55	25	45.45	G35	61	57.01	46	42.99
G18	25	52.08	23	47.92	总计	121	50.00	121	50.00

10.3.3　多样性特征

35个卫星样地群落的物种多样性差异较大（表10-5）。物种多样性最高的是G35麻栎+乐昌含笑群落，其物种丰富度Margalef指数、Simpson指数、Shannon-Wiener指数分别为15.24、26.44、3.82；而多样性最低是G14（云锦杜鹃群落），Magalef指数、Simpson指数、Shannon-Wiener指数分别为1.60、1.61、0.85。群落内各物种个体数分布最均匀的是G27甜槠群落，其Pielou均匀度指数为0.51，优势度最明显的群落是G16（水青冈+锥栗群落），其Pielou均匀度指数为0.87。

表 10-5 35 个样地物种多样性特征

样地编号	S	R_m	D_s	PIE	H'	DM	J_{sw}
G1	33	5.35	3.97	0.75	2.07	0.50	0.59
G2	32	6.36	15.57	0.94	3.01	0.73	0.87
G3	19	3.33	6.46	0.85	2.22	0.60	0.75
G4	24	4.10	3.54	0.72	1.83	0.47	0.58
G5	28	4.58	3.09	0.68	1.89	0.43	0.57
G6	36	6.14	5.57	0.82	2.39	0.57	0.67
G7	37	6.40	10.32	0.90	2.81	0.68	0.78
G8	46	8.08	19.98	0.95	3.27	0.77	0.85
G9	32	5.98	14.32	0.93	2.92	0.73	0.84
G10	30	5.47	12.00	0.92	2.81	0.70	0.83
G11	33	6.30	5.52	0.82	2.43	0.57	0.70
G12	42	6.94	8.52	0.88	2.74	0.65	0.73
G13	30	5.23	9.15	0.89	2.61	0.66	0.77
G14	9	1.60	1.61	0.38	0.85	0.21	0.39
G15	36	5.67	5.87	0.83	2.38	0.59	0.66
G16	44	7.77	19.07	0.95	3.28	0.76	0.87
G17	55	9.03	16.91	0.94	3.31	0.75	0.83
G18	48	7.97	7.52	0.87	2.70	0.63	0.70
G19	34	6.00	7.62	0.87	2.62	0.63	0.74
G20	44	7.74	15.03	0.93	3.10	0.74	0.82
G21	17	3.72	9.38	0.89	2.42	0.66	0.85
G22	29	5.41	10.55	0.91	2.71	0.68	0.80
G23	16	3.18	6.74	0.85	2.13	0.61	0.77
G24	17	3.14	6.24	0.84	2.15	0.59	0.76
G25	34	5.69	8.40	0.88	2.50	0.65	0.71
G26	18	3.29	4.46	0.78	2.01	0.52	0.69
G27	10	1.90	2.07	0.52	1.17	0.30	0.51
G28	28	5.50	7.73	0.87	2.62	0.63	0.79
G29	16	3.16	2.57	0.61	1.63	0.37	0.59
G30	11	2.00	2.98	0.66	1.48	0.42	0.62
G31	13	2.37	5.46	0.82	1.95	0.57	0.76
G32	34	6.21	15.23	0.93	3.00	0.73	0.85
G33	29	4.91	9.31	0.89	2.67	0.67	0.79
G34	18	3.59	6.41	0.84	2.29	0.60	0.79
G35	107	15.24	26.44	0.96	3.82	0.80	0.82

注:S 为物种丰富度;R_m 为物种丰富度 Margalef 指数;D_s 为 Simpson 指数;PIE 为种间相遇率;H' 为 Shannon-Wiener 指数;DM 为 McIntosh 指数;J_{sw} 为 Pielou 均匀度。

10.3.4 蓄积量分析

35个卫星样地植株的胸径普遍较小，平均胸径为6.55cm，$DBH \geqslant 5$cm的木本植物共有2511株（1486株/hm²），总蓄积量为434.78m³，折合蓄积量为257.27m³/hm²（表10-6）。总蓄积量位于前三的分别是G35、G22（乐昌含笑群落）和G21（乐昌含笑+瘿椒树群落），蓄积量依次为49.24m³、21.13m³、23.25m³；总蓄积量低于5m³的有4个样地，由高到低依次是G14（云锦杜鹃群落）、G15（黄山松群落）、G1（香果树群落）、G5（长柄双花木群落），蓄积量为4.97m³、2.69m³、2.34m³、1.57m³。

在面积相同的情况下，各卫星样地植物群落的相对蓄积量相差较大，折合蓄积量位于前三的是G27（穗花杉群落）、G11（钩锥群落）、G18（毛竹+杉木群落），依次为527.40m³/hm²、477.34m³/hm²、421.02m³/hm²。蓄积量最低的是G1（香果树群落），仅39.04m³/hm²，与穗花杉群落的差值高达488.36m³/hm²。

相同大小、相同类型的群落，在蓄积量上依然存在较大差异。如G25和G26的2个闽楠群落的总蓄积量依次为20.79m³、13.99m³，两者差值为6.8m³；4个长柄双花木群落的蓄积量表现为G7（11.84m³）＞G4（11.54m³）＞G8（6.27m³）＞G5（1.57m³），最大值与最低值之间相差10.27m³；4个毛红椿+榧树群落表现为G30（14.83m³）＞G33（9.63m³）＞G31（8.61m³）＞G32（7.27m³）。

表10-6 卫星样地植物群落蓄积量分配情况

样地编号	样地蓄积量（m³）	折合蓄积量（m³/hm²）	最大胸径（cm）	平均胸径（cm）	样地多度（株）	折合多度（株）	样地面积（m²）
G1	2.34	39.04	26	6.31	24	400	600
G2	9.05	226.16	42.1	7.28	39	975	400
G3	6.96	174.02	41	6.09	73	1825	400
G4	11.54	288.60	40.8	5.01	95	2375	400
G5	1.57	39.22	23	4.78	34	850	400
G6	9.96	249.07	74	4.85	37	925	400
G7	11.84	296.00	61.1	3.70	101	2525	400
G8	6.27	156.82	45	3.70	102	2550	400
G9	8.68	217.11	38.7	6.97	72	1800	400
G10	12.51	312.70	57.1	6.61	66	1650	400
G11	19.09	477.34	85.4	6.25	41	1025	400
G12	10.92	272.98	44.8	6.14	78	1950	400

续表

样地编号	样地蓄积量（m³）	折合蓄积量（m³/hm²）	最大胸径（cm）	平均胸径（cm）	样地多度（株）	折合多度（株）	样地面积（m²）
G13	12.58	314.51	32.9	7.29	102	2550	400
G14	4.97	248.51	15.9	8.41	130	6500	200
G15	2.69	67.23	17.8	3.03	75	1875	400
G16	7.75	193.84	36.7	5.59	85	2125	400
G17	9.54	238.58	40.4	5.07	127	3175	400
G18	16.84	421.02	105	6.69	94	2350	400
G19	11.55	288.65	38.8	6.16	67	1675	400
G20	12.76	319.11	67	5.36	70	1750	400
G21	23.25	387.45	49.4	20.62	61	1017	600
G22	21.13	352.11	66	7.11	43	717	600
G23	11.09	277.32	61.7	6.95	34	850	400
G24	14.29	357.21	84	6.93	68	1700	400
G25	20.79	346.52	88.5	6.45	116	1933	600
G26	13.99	233.15	75.6	7.54	75	1250	600
G27	21.10	527.40	64.6	10.66	59	1475	400
G28	8.26	206.43	59	5.98	42	1050	400
G29	13.91	347.76	73.1	10.01	62	1550	400
G30	14.83	370.81	85.2	5.04	31	775	400
G31	8.61	215.20	62.5	5.39	27	675	400
G32	7.27	181.73	47.8	5.30	52	1300	400
G33	9.63	240.74	57.7	4.46	44	1100	400
G34	7.97	199.36	55.7	6.28	37	925	400
G35	49.24	196.95	69.2	5.14	248	992	2500
总计	434.78	257.27	105	6.55	2511	1486	16900

10.4 群落结构

10.4.1 垂直结构

依据胸径和高度将官山自然保护区 35 个卫星样地的木本植物划分成乔木层（$DBH>5cm$、$H>5m$）和灌木层（$DBH\leqslant5cm$、$H\leqslant5m$）。总体上乔木层的物种数约是灌木层物种数的 0.4 倍，大部分样地乔木层的物种数要少于灌木层，其中乔木层物种占比最少的 3 个样地依次是 G5 长柄双花木 + 毛竹群落（乔 / 灌约为 0.14）、G7 长柄双花木群落（乔 / 灌约为 0.22）、G33 毛红椿 + 榧树群落（乔 / 灌约为 0.26）。乔木层物种数要高于灌木层物种的样地仅 7 个，分别是 G3（香果树 + 瘿椒树群落）、G19（米槠群落）、G21（乐昌含笑 + 瘿椒树群落）、G25 和 G26（闽楠群落）、G27（穗花杉群落）、G29（穗花杉 + 糙花少穗竹群落），其中 G21 乔木层的物种占比最高，是灌木层物种数的 4 余倍（表 10-7）。

表 10-7　35 个样地乔灌比例

样地编号	种数			样地编号	种数		
	乔木层	灌木层	乔灌比		乔木层	灌木层	乔灌比
G1	9	24	0.38	G19	18	16	1.13
G2	11	21	0.52	G20	12	32	0.38
G3	13	6	2.17	G21	14	3	4.67
G4	14	41	0.34	G22	13	16	0.81
G5	6	42	0.14	G23	5	11	0.45
G6	9	27	0.33	G24	8	9	0.89
G7	10	46	0.22	G25	20	14	1.43
G8	17	39	0.44	G26	10	8	1.25
G9	15	17	0.88	G27	6	4	1.50
G10	13	17	0.76	G28	12	16	0.75
G11	14	19	0.74	G29	11	5	2.20
G12	13	29	0.45	G30	5	6	0.83
G13	9	21	0.43	G31	5	8	0.63
G14	4	5	0.80	G32	11	23	0.48
G15	11	25	0.44	G33	6	23	0.26
G16	16	28	0.57	G34	5	13	0.38
G17	16	39	0.41	G35	33	74	0.45
G18	14	34	0.41	总　计	70	172	0.41

10.4.2　径级结构

径级结构是植物群落稳定性和生长发育状况的重要指标。官山自然保护区 35 个卫星样地均为正常群落，且多具有Ⅰ、Ⅱ、Ⅲ、Ⅳ、Ⅴ级立木，属于成熟群落，仅 G14 云锦杜鹃群落和 G15 黄山松群落为旺盛群落（表 10-8）。

表 10-8 不同径级的物种多度分布特征

样地编号	Ⅰ径级	Ⅱ径级	Ⅲ径级	Ⅳ径级	Ⅴ径级	多度（株/600m^2）	年龄结构类型
G1	96	43	27	93	3	262	N_3
G2	43	31	9	19	11	113	N_3
G3	54	62	29	36	8	189	N_3
G4	194	135	36	84	10	459	N_3
G5	252	117	26	139	1	535	N_3
G6	121	44	16	35	4	220	N_3
G7	281	180	56	38	7	562	N_3
G8	267	168	56	44	2	537	N_3
G9	51	37	22	42	8	160	N_3
G10	62	52	23	32	11	180	N_3
G11	70	43	12	21	8	154	N_3
G12	106	71	31	73	10	291	N_3
G13	86	48	27	58	17	236	N_3
G14	17	9	25	95	0	146	N_2
G15	272	125	33	38	0	468	N_2
G16	100	60	25	52	8	245	N_3
G17	132	123	55	64	8	382	N_3
G18	84	75	30	84	5	278	N_3
G19	90	77	16	36	15	234	N_3
G20	110	63	29	30	11	243	N_3
G21	4	2	6	26	29	67	N_3
G22	79	49	8	17	17	170	N_3
G23	48	26	11	15	8	108	N_3
G24	44	50	29	30	7	160	N_3
G25	113	95	39	62	15	324	N_3
G26	49	46	26	39	10	170	N_3
G27	34	18	16	31	12	111	N_3
G28	55	33	16	19	7	130	N_3
G29	26	21	18	31	12	108	N_3
G30	62	51	18	9	4	144	N_3
G31	56	52	9	13	5	135	N_3
G32	98	38	17	26	10	189	N_3
G33	120	55	18	18	11	222	N_3
G34	48	29	9	23	5	114	N_3
G35	582	132	52	160	37	963	N_3

10.5 卫星样地的珍稀濒危植物动态

10.5.1 珍稀濒危植物的物种组成

江西省宜春市官山的 35 个卫星样地中珍稀濒危植物样地有 25 个（G1、G2、G3、G4、G5、G7、G8、G9、G10、G14、G21、G22、G23、G24、G25、G26、G27、G28、G29、G30、G31、G32、G33、G34、G35），包括 11 种群落类型，共有珍稀濒危植物 13 种 1713 株，隶属于 13 属 11 科（表 10-9、表 10-10）。其中，常绿的植物有穗花杉、乐昌含笑、闽楠、榧树、南方红豆杉、云锦杜鹃共 6 种，落叶的植物有 7 种，它们分别是毛红椿、香果树、瘿椒树、青钱柳、伞花木、伯乐树、长柄双花木。

表 10-9　珍稀濒危物种组成

生活型	科	属	种	多度（株）	植物名称
常绿	4	6	6	860	穗花杉、乐昌含笑、闽楠、榧树、南方红豆杉、云锦杜鹃
落叶	7	7	7	853	毛红椿、香果树、瘿椒树、青钱柳、伞花木、伯乐树、长柄双花木
总计	11	13	13	1713	—

表 10-10　珍稀濒危植物名录

植物类型	物种名称	植物学名	属名	科名
乔木型	榧树	*Torreya grandis*	榧树属	
	南方红豆杉	*Taxus mairei*	红豆杉属	红豆杉科
	穗花杉	*Amentotaxus argotaenia*	穗花杉属	
	青钱柳	*Cyclocarya paliurus*	青钱柳属	胡桃科
	毛红椿	*Toona ciliata* var. *pubescens*	香椿属	楝科
	乐昌含笑	*Michelia chapensis*	含笑属	木兰科
	香果树	*Emmenopterys henryi*	香果树属	茜草科
	瘿椒树	*Tapiscia sinensis*	瘿椒树属	省姑油科
	伞花木	*Eurycorymbus cavaleriei*	伞花木属	无患子科
	闽楠	*Phoebe bournei*	楠属	樟科
乔木型	伯乐树	*Bretschneidera sinensis*	伯乐树属	钟萼木科
	小计 9 种			
灌木型	云锦杜鹃	*Rhododendron fortunei*	杜鹃属	杜鹃花科
	长柄双花木	*Disanthus cercidifolius* var. *longipes*	双花木属	金缕梅科
	小计 2 种			

10.5.2 珍稀濒危植物的年龄结构

由表 10-11 可知，13 种植物的个体数差异悬殊。其中，长柄双花木的数量最多达 582 株，占总株数的 33.96%；数量较多的是穗花杉 297 株、乐昌含笑 193 株、闽楠 146 株、毛红椿 129 株、云锦杜鹃 117 株，共 753 株占总株数的 43.96%；伞花木和伯乐树的个体较少，分别有 4 株、3 株。

将 35 个样地看成一个整体，通过年龄结构分析，13 个物种大体上都为正常种群中的成熟种群，只有伞花木、伯乐树和云锦杜鹃 3 个物种属于衰退型种群（表 10-11）。具体表现为，伯乐树只有 V 径级立木，伞花木有 IV、V 径级立木，为衰老种群；云锦杜鹃没有 I 径级立木为中衰种群；穗花杉、南方红豆杉具有 I、II、III、IV 径级立木为旺盛种群，其他 7 个物种具有 I、II、III、IV、V 径级立木，都为成熟种群。

表 10-11 珍稀濒危植物种群年龄结构 株

植物类型	植物名称	I	II	III	IV	V	多度	年龄结构类型
乔木型	穗花杉	109	69	47	72	0	297	N_2
	乐昌含笑	55	38	26	54	20	193	N_3
	闽 楠	47	43	24	26	6	146	N_3
	毛红椿	74	29	12	7	7	129	N_3
	南方红豆杉	18	26	7	14	0	65	N_2
	香果树	34	16	6	5	1	62	N_3
	瘿椒树	9	13	5	13	12	52	N_3
	椤 树	11	7	3	7	14	42	N_3
	青钱柳	8	1	3	4	5	21	N_3
	伞花木	0	0	0	3	1	4	D_3
	伯乐树	0	0	0	0	3	3	D_3
	共计 11 种	365	242	133	205	69	1014	—
灌木型	长柄双花木	282	224	65	9	2	582	N_3
	云锦杜鹃	0	3	22	77	15	117	D_2
	共计 2 种	282	227	87	86	17	699	—
—	总 计	647	469	220	291	86	1713	—

注：I 为胸径 1~2.5cm；II 为胸径 2.5~5cm；III 为胸径 5~7.5cm；乔木型 IV 为胸径 7.5~22.5cm；乔木型 V 为胸径＞22.5cm；灌木型 IV 为胸径 7.5~12.5cm；乔木型 V 为胸径＞12.5cm。

由表 10-12 可知，乐昌含笑、香果树、瘿椒树、青钱柳等大部分珍稀濒危物种在卫星样地的尺度上，呈现在部分样地中为正常种群，部分样地中为衰退种群，若以官山自然保护区为研究尺度，则均为正常种群。如乐昌含笑在官山和乐昌含笑群落中为正常种群，而在乐昌含笑＋瘿椒树群落中则为衰退种群，香果树在官山和香果树群落中为正常种群，在香果树＋瘿椒树群落中为衰退种群；瘿椒树在官山和长柄双花木群落中为正常种群，在香果树＋瘿椒树群落、穗花杉群落等群落中均为衰退种群。穗花杉和长柄双花木在卫星样地的尺度和官山的尺度上都为正常种群，伞花木、伯乐树和云锦杜鹃都为衰退种群。

表 10-12 珍稀濒危植物分布

样地编号	穗花杉	乐昌含笑	闽楠	毛红椿	南方红豆杉	香果树	瘿椒树	榧树	青钱柳	伞花木	伯乐树	长柄双花木	云锦杜鹃
G1	0	0	0	0	0	N_2	0	0	0	0	D_3	0	0
G2	0	0	0	N_1	D_2	0	0	0	0	0	D_3	0	0
G3	0	0	0	0	0	N_1	D_1	D_2	0	0	0	0	0
G4	0	0	0	0	0	0	0	0	0	0	0	N_1	0
G5	0	0	0	0	0	N_1	0	0	0	0	0	N_2	0
G7	0	0	0	0	0	0	N_1	0	0	0	0	N_2	0
G8	0	0	0	0	0	0	0	0	0	0	0	N_3	0
G9	0	0	0	0	0	N_2	0	0	0	D_3	0	0	0
G10	0	0	0	0	0	0	0	0	0	0	0	0	0
G14	0	0	0	0	0	0	0	0	0	0	0	0	D_1
G21	0	D_2	0	0	D_2	0	D_3	0	0	0	0	0	0
G22	0	N_3	0	0	0	0	0	0	0	0	0	0	0
G23	0	N_3	0	0	0	0	0	0	0	0	0	0	0
G24	0	0	D_1	0	0	0	0	0	0	D_3	0	0	0
G25	0	0	N_3	0	0	0	0	0	0	0	0	0	0
G26	0	0	N_3	0	0	0	0	0	0	0	0	0	0
G27	N_2	0	0	D_1	0	0	D_2	0	0	0	0	0	0
G28	N_2	0	0	D_1	0	0	0	0	0	0	0	0	0
G29	N_2	0	0	0	0	0	0	0	D_1	0	0	0	0
G30	N_1	0	0	N_2	0	0	D_2	D_2	0	0	0	0	0
G31	N_2	0	0	N_2	0	D_3	D_1	D_1	D_1	0	0	0	0
G32	N_2	0	0	N_3	0	0	0	N_3	0	0	0	0	0
G33	N_2	0	0	D_1	N_1	0	N_1	D_1	0	0	0	0	0
G34	N_2	0	0	N_1	0	0	D_1	D_1	0	0	0	0	0
G35	0	N_2	0	0	D_1	0	0	0	0	0	0	0	0
总体	N_2	N_3	N_3	N_3	N_2	N_3	N_3	N_3	N_3	D_3	D_3	N_3	D_2

注：表中 N_1、N_2、N_3、D_1、D_2、D_3 注释同图 10-1。

10.6 小　结

卫星样地植物种类丰富，35个卫星样地共有木本植物62科120属242种9012株，其中G35麻栎+乐昌含笑群落的物种多样性最高，物种数、Margalef指数、Simpson指数分别为107种、15.24、26.44，物种数较低的样地是G14云锦杜鹃群落、G27穗花杉群落、G30毛红椿+榧树群落。各样地物种数差异较大，主要与以下原因相关：①各样地位于不同的海拔梯度；②各样地的面积存在差异；③各样地的建群种不同；大体表现为随着海拔的增加物种数逐渐降低，随着面积的增加物种数逐渐增加。

各群落的胸径普遍较小，平均DBH为6.55cm，$DBH \geqslant 5$cm的木本植物共有2511株（1486株/hm²），总蓄积量为434.78m³，折合蓄积量为257.27m³/hm²；各样地总蓄积量位于1.57~49.24m³之间，折合蓄积量的范围是39.04~527.40m³/hm²。说明各样地的蓄积量差异也较大，主要原因可能与样地植株的多度有关，如G35（麻栎+乐昌含笑群落）是蓄积量最大和物种数最多的样地（49.24m³、248株）（表10-6）。当然，胸径也是影响蓄积量的关键因素，但在本研究中大部分样地的平均胸径相差不大。

从垂直结构来看，大部分样地乔木层的物种数要少于灌木层。可能与以下3个原因相关：①物种的生物学特性，如G4、G7和G8长柄双花木群落，G32云锦杜鹃群落都属于灌木型群落，因而群落内的灌木层物种更多；②受到毛竹扩张的影响，毛竹属于速生树种，能够快速占据上层的空间，因而以毛竹为优势种的群落乔木层物种占比均偏低，如G5长柄双花木+毛竹群落、G6毛竹阔叶混交群落、G12马尾松+毛竹群落、G18毛竹+杉木群落，都受到了毛竹的入侵；③与群落的发育时间有关，由年龄结构可知35个样地中大部分样地都属于旺盛群落，还处于演替的前期，因而处于灌木层的物种数较多，如G1香果树、G2伯乐树、G15黄山松等（表10-8）。从径级结构来看，多数卫星样地属于成熟群落，具有Ⅰ、Ⅱ、Ⅲ、Ⅳ、Ⅴ径级立木，说明群落处于稳定与正常生长状态（表10-8）。

珍稀濒危植物种群稳定增大。35个卫星样地中有25个样地是以珍稀濒危植物为优势种的样地，共有木本植物207种6261株，隶属于109属58科，其中珍稀濒危物种有13种1713株，隶属于13属11科（表10-12）。目前，从卫星样地的尺度来看13个物种中部分物种处于增长状态，部分物种处于衰退状态；从整个保护区来看，大部分珍稀物种属于正常种群，处于增长状态，仅伯乐树、伞花木和云锦杜鹃为衰退种群。

第11章
生物多样性空间计量生态学模型

解释群落构建过程、预测群落物种多样性状况,一直是群落生态学长期关注的热点问题。生物多样性空间格局是许多物理过程、生态过程和人类活动在时空连续系统上共同作用的产物。影响生物多样性的因素多种多样,有非生物因素(如气候、地形、地质、水文、土壤等)、生物因素、自然与人类干扰、植被的内源演替及其特定发展历史都会影响一定区域的生物多样性格局。研究人员曾选择植被覆盖、土地利用程度、生境破碎化程度、全球平均气温、大气氮沉降量和基础设施建设量6个驱动因子作为解释变量,用与原始环境相比的相对平均物种丰富度(MSA)作需要预测的被解释变量,构建了GLOBIO3全球陆地生物多样性预测模型,并开展了大尺度的物种多样性动态研究(Alkemade et al., 2009; Trisurat et al., 2010)。

然而这些既有的研究多是建立在独立观测值假定的基础上,认为群落之间是相互独立的、无关联的。在现实自然界中,独立观测值并不是普遍存在的,生物多样性存在明显的空间依赖性(见第9章)。空间依赖的存在,否定了经典统计和计量分析中相互独立的基本假设,进而导致研究结果和推论不够完整、科学,缺乏应有的解释力(吴玉鸣 等,2006)。因此,需要引入新的理论与统计模型。

空间计量学理论认为所有的空间数据都具有空间依赖性或空间自相关性的特征,也就是说,一定区域空间单元上的某一属性值与邻近区域空间单元上同一现象或属性值是相关联的(Anselin, 1988)。同时,根据等级缀块动态理论(邬建国,1996),可将森林群落看成一个由若干由特定空间位置的、相互影响的区域群落构成的、开放的复合群落。因此,任何一个群落的多样性水平都会影响其邻近群落的生物多样性,同时邻近群落的生物多样性也会影响一个群落的生物多样性。这种影响不仅需要考虑,而且需要量化。空间计量模型(spatial panel data model)主要用来解决空间被解释变量自相关和测量误差方面的问题(Anselin, 1988)。它研究的是如何在横截面数据和面板数据的回归模型中处理空间相互作用(空间自相关性)和空间结构(空间异质性)结构分析。当前,空间计量模型现已广泛应用于社会学、经济学、环境和资源经济等领域。

因此,基于空间计量学理论和群落等级缀块动态理论,本章选择地形因子、土壤因子等作解释变量,选择物种丰富度作被解释变量,尝试运用空间统计学方法,构建空间统计模型。重点开展以下研究：①了解生物多样性的空间分布特征及空间依赖关系；②挖掘局域群落生物多样性的空间自相关与空间变异规律，加深对物种多样性的空间格局及变化规律的理解与掌握；③发现潜在影响因素，预测空间格局的未来变化趋势。研究结果以因变量空间滞后形式表达群落演替过程中的空间溢出效应，为群落物种共存的机制分析提供了新的研究视角；为群落演替、种群更新等生态过程研究提供一定的借鉴和参考。

11.1 基本原理与模型构建

11.1.1 基本原理

根据复合群落理论，复合群落是由作为其子系统的各个局域群落（斑块）有机构成的（图11-1）。这种构成关系不仅包含了各区域群落系统之间的联结关系，而且包含了区域群落系统内部各主体之间的相互关系。因此，在复合群落的整体框架内，作为其子系统的局域群落利用环境资源而演替发展时，不仅可以通过其内部资源作用得以实现，还可以通过利用其它区域群落的资源要素以种间相互作用，藉此发挥群落之间的空间关联效应来实现（图11-2）。因此，局域群落生物多样性除了与群落结构、地形因素和土壤因素等有关外，还要重视物种多样性的空间上相互作用。

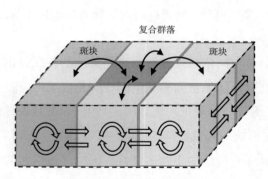

图 11-1 大样地复合群落构成与斑块间相互作用

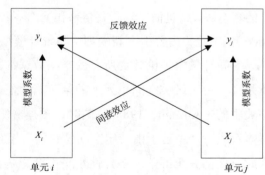

图 11-2 斑块间相互作用

11.1.2 空间面板数据

面板数据（panel data）是对某一特定复合群体中各个体的相同指标进行长期多次追踪调查而得到的数据，也称平行数据。它是一个由截面序列（行）和时间序列（列）构成的 $m \times n$ 的数据矩阵，记录的是 m 个对象，在 n 个时刻的某一监测指标（表11-1）。

一般来说，面板数据信息量较大，不仅包含截面数据的个体差异信息，还包含了来自时间维度的动态变化信息。

表 11-1　大样地复合群落多次调查获得某生态指标的面板数据

指标	时间 1	时间 2	…	时间 n
斑块 1	v_{11}	v_{12}	…	v_{1n}
斑块 2	v_{21}	v_{22}	…	v_{2n}
…	…	…	…	…
斑块 m	v_{m1}	v_{m2}	…	v_{mn}

空间面板数据（spatial panel data）是空间数据与面板数据的结合。空间数据是带有地理坐标、距离信息、拓扑信息的数据。面板数据如上文所述，所以空间面板数据是带有空间坐标的横截面时间序列数据。空间面板数据的每个空间实体的具有三个基本特征，即空间、时间、属性。

11.1.3　空间计量模型

11.1.3.1　混合 OLS 回归模型

在介绍空间面板模型之前，先简单回顾一下普通混合 OLS 回归模型和普通面板数据模型。

（1）混合估计模型

混合估计模型就是各个截面估计方程的截距和斜率项都一样，也就是说回归方程估计结果在截距项和斜率项上是一样的。混合回归模型构建的前条件是所有个体都共用回归方程，公式如下：

$$y_{it} = \alpha + X_{it}\beta + u_{it} \tag{11-1}$$

式中：y_{it} 为被解释变量；X_{it} 为解释变量；β 为估计量；α 为常数截距项；u_{it} 为模型误差项。

（2）普通截面数据模型

普通截面数据模型，采用 OLS 模型普通最小二乘法模型，公式如下：

$$y = a + X\beta + \varepsilon \tag{11-2}$$

（3）普通面板数据模型

普通面板数据模型设定，公式如下：

$$y_{it} = a_i + \lambda_t + x_{it}\beta + \varepsilon_{it} \tag{11-3}$$

式中：i、t 分别为截面维度和时间维度，i=1, 2, …, n；t=1, 2, …, m；x_{it} 为 $K \times 1$ 列向量，K 为解释变量的个数；y_{it} 为截面 i 在 t 时刻的被解释变量的观测值；β 为 $K \times 1$ 阶

解释变量 x 的系数列向量；a_i 为空间特质（个体）效应，引入空间个体效应的一般理由是，它可以控制所有不随时间变化的而能反映空间特质的变量，而这些变量的遗漏可能导致经典横截面研究的有偏估计；ε 为均值为零，方差为 σ^2 的误差项。

11.1.3.2　空间横截面计量模型

在一个复合群落中，斑块之间是相互影响的，这种影响表现在某监测群落特征（y）具有空间自相关性（一般用莫兰指数来度量）。空间自相关来源有三个：①被解释变量 y 之间相互影响，即内生交互效应（Wy）；②毗邻斑块的解释变量 X 影响本身的 y，即外生交互效应（Wx）；③模型中被忽略的因素存在空间关联性，误差项之间的交互效应（$W\varepsilon$）。根据这三种关联机制，建模思路也很直接：

（1）空间滞后模型 SLM（或 SAM）

如果是邻居的被解释变量 y_j 影响自身的 y_i（当然 y_i 也会影响 y_j），那就把邻居的 y_j 值平均后视为新的解释变量 Wy，加到模型中去再进行回归。

$$y = a + \rho Wy + X\beta + \varepsilon \tag{11-4}$$

（2）空间滞后 x 模型

如果是邻居的解释变量 x_j 影响自身的 y_i，类似以上做法，把邻居 x 平均后得到的变量 Wx 加进原有的模型中再做回归。一般来说，有多少个 x，就有多少个 Wx。

$$y = a + \rho Wx + X\beta + \varepsilon \tag{11-5}$$

（3）空间误差模型（SEM）

如果模型中忽略的因素间存在空间关联性，这种效应将被误差项吸收，造成误差项相关。处理方法是将误差项分解为两部分，一部分为空间自相关部分，另一部分就是白噪声了，即空间异质性。

$$y = a + X\beta + \lambda W\varepsilon + \mu \tag{11-6}$$

（4）空间杜宾模型（SDM）

$$Y = \rho W_1 Y + X\beta + u \tag{11-7}$$

$$u = \lambda W_2 \varepsilon + \mu \quad \mu \sim N[0, \delta^2 I]$$

式中：Y 为因变量；X 为解释变量；β 为解释变量的空间回归系数；u 为随空间变化的误差项；μ 为白噪声；W_1 为反映因变量自身空间趋势的空间权重矩阵，W_2 为反映残差空间趋势的空间权重矩阵，通常根据邻接关系或者距离函数关系确定空间权重矩阵（其中，$W_1 = W_2$ 或 $W_1 \neq W_2$）；ρ 为空间滞后项的系数，其值为 0 到 1，越接近 1，说明相邻地区的因变量取值越相似；λ 为空间误差系数，其值为 0 到 1，越接近于 1，说明相邻地区的解释变量取值越相似。

11.1.3.3 空间面板计量模型

空间面板数据模型从传统的面板数据模型扩展而来，因纳入局域或者截面维度的空间交互效应（spatial interaction effects）才形成了空间面板模型。同样道理，继续扩展加入时间维度的动态变化项，即时间滞后项，则又演变成了动态空间面板数据模型（dynamic spatial panel data model）。

（1）静态空间面板数据模型

静态空间面板杜宾模型（static spatial durbin model，SSDM）兼具以上两个模型的特点，可作为更一般的计量模型形式，在模型中同时引入了被解释变量与解释变量的空间滞后项，基本表达式为：

$$y_{it} = \rho W y_{it} + \alpha X_{it} + \beta W x_{it} + \varepsilon_{it} \quad (11\text{-}8)$$

（2）动态空间面板计量模型

如果每个斑块的物种多样性之间存在时间序列依赖，每个时间点在不同的空间存在空间的依赖，评估不可预测的特定时间和特定空间的效应以及解释变量的内生性。最好采用动态面板空间杜宾模型（dynamic spatial durbin nodel，DSDM），其形式有 3 种：

$$y_{i,t} = \tau y_{i,t-1} + \rho W y_{i,t} + X_{i,t} \beta + W X_{i,t} \theta + \alpha + \lambda_{i,t} + \varepsilon_{i,t} \quad (11\text{-}9)$$

$$y_{i,t} = \varphi W y_{i,\ t-1} + \rho W y_{i,t} + X_{i,t} \beta + W X_{i,t} \theta + \alpha + \lambda_{i,t} + \varepsilon_{i,t} \quad (11\text{-}10)$$

$$y_{i,t} = \tau y_{i,t-1} + \varphi W y_{i,\ t-1} + \rho W y_{i,t} + X_{i,t} \beta + W X_{i,t} \theta + \alpha + \lambda_{i,t} + \varepsilon_{i,t} \quad (11\text{-}11)$$

$$(i=1, 2, \cdots, N; t=1, 2, \cdots, T)$$

式中：$y_{i,t}$ 为 t 时刻第 i 个单元的被解释变量的估计值；$y_{i,t-1}$ 为被解释变量的第 t-1 时刻的观测值（一阶差分观测值）；τ 为被解释变量的一阶差分项系数；$Wy_{i,t}$ 被解释变量滞后项；$Wy_{j,t-1}$ 为被解释变量在空间和时间上的滞后值；ρ 为被解解释变量滞后项系数；$x_{i,t}$ 为 t 时刻第 i 个单元的被解释变量的观测值（$n \times k$ 向量）；β 解释变量的系数（$k \times 1$ 向量）；$WX_{i,t}$ 为 t 时刻第 i 个单元各解释变量的空间滞后项；θ 为解释变量滞后项系数向量；α 为截距项；$\lambda_{i,t}$ 为空间误差系统。

11.1.4 模型构建的基本步骤

11.1.4.1 变量选择

（1）被解释变量

衡量群落生物多样性常用的指标，包括物种丰富度、个体数和 Shannon-Wiener 指数等。基于统计数据的可获得性，本章选用物种丰富度。

（2）解释变量

影响群落生物多样性的主要环境因子，包括地形、土壤养分和土壤 pH 值。

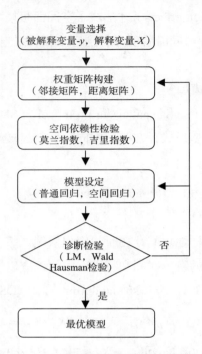

图 11-3　空间计量模型构建一般步骤

（3）控制变量

物种多样性水平不仅受环境等的影响，还与当地的干扰水平、经营、保护政策，以及演化历史有关。基于此，本文从以下四个方面设置控制变量。

11.1.4.2　空间权重矩阵

空间计量统计学与经典统计学最大的区别，是引入了描述研究对象之间空间关系的空间权重矩阵，把空间维度引入计量模型的研究中。因此，基于空间样本的邻接关系，建立空间权重矩阵（W）的方法有多种。本文分别采用后相邻（queen contiguity）与空间距离（distance），构建空间权重矩阵 W_q 和 W_d。

11.1.4.3　空间关联性检验

在建立空间计量模型之前，必须先进行空间相关性的预检验。如果存在空间效应，则需要将空间效应纳入模型分析框架之中，并采用适合于空间计量模型估计的方法进行估计，如果没有表现出空间效应，则可直接采用一般估计方法（OLS）估计模型参数。计算与检验空间自相关（依赖）性的方法有许多种，最著名也最常用的有莫兰指数、吉里指数、吉提斯指数（Ord et al., 1995），本研究采用莫兰指数。

11.1.4.4 模型设定与诊断

若空间自相关性存在，使用经典的拉格朗日乘数检验（LM_lag、LM_error）和 LeSage 等（2009）改进的稳健的拉格朗日乘数检验（Robust LM_lag，Robust LM_error）进行模型选择。Anselin 等（1995）提出如下判别准则：如果 LM_lag 较之 LM_error 在统计上更加显著，且 Robust LM_lag 显著而 Robust LM_error 不显著，则适合设定空间滞后模型（SAR）；相反，如果 LM_error 比 LM_lag 在统计上更加显著，且 Robust LM_error 显著而 Robust LM_lag 不显著，则适合空间误差模型（SEM）（Anselin et al., 1995）。

另外，如果 SAR 和 SEM 二者之一成立，或二者均成立。那么哪一个模型更合适？此时，采用这两种模型中的哪一种应该特别小心。Elhorst 建议应建立空间杜宾模型（SDM），并通过沃尔德检验（Wald test）和似然比检验（likelihood ratio，LR），检验空间杜宾模型是否能简化为 SAR 或 SEM。Wald 统计量和 LR 统计量均服从自由度为 K 的 χ_2 分布。若原假设 H0：$\theta=0$ 和 H0：$\theta+\delta$、$\beta=0$ 均被拒绝，则应选择 SDM；若原假设 H0：$\theta=0$ 不能被拒绝，且稳健 LM 检验统计量更为支持 SAR，则应选择 SAR；若原假设 H0：$\theta+\delta$、$\beta=0$ 不能被拒绝，且稳健 LM 检验更为支持 SEM，则应选择 SEM；若 LM 统计量和 Wald 或 LR 统计量指向的模型不一致，则应选择 SDM，因为 SDM 是 SAR 和 SEM 的一般形式。

空间面板数据模型的选择步骤为：首先，采用拉格朗日乘数即 LM-lag、LM-error、Robust LM-lag、Robust LM-error 进行空间相关性检验；其次，如果 LM 检验拒绝了非空间模型，可以采用空间滞后模型和空间误差模型，可采用 LeSage 和 Pace 推荐使用空间杜宾模型（LeSage et al., 2009）。再次，使用似然比 LR 和 Wald 检验空间杜宾模型能否简化为空间滞后模型或空间误差模型。最后，使用空间 Hausman 检验在随机效应和固定效应之间进行选择。

11.1.4.5 确定最优模型

如果各项诊断均通过检验，再通过拟合度 R^2、对数似然函数值（Log likelihood，$Log\ L$）、赤池信息准则（AIC）、施瓦茨准则（SC）、贝叶斯准则（BIC）。对数似然值越大，AIC、SC 和 BIC 值越小，模型拟合效果越好。这几个指标也用来比较 OLS 估计的经典线性回归模型和 SLM、SEM。如果有诊断未通过，一般通过调整 W、调整解释变量重新回归，重复步骤 3、步骤 4，直至确定合适的模型。

11.1.5 数据整理与分析

本章主要采用 Sata16 进行，变量体系见表 11-2。

表 11-2　变量体系汇总

变量类型	变量名称		变量符号	解释说明
被解释变量	物种丰富度		NumS	小样方内的物种数（种）
解释变量	林分因子	密度	Density	小样方内植株个体数（株/400m^2）
	地形因子	海拔	Alt	小样方中心点的海拔高度（m）
		坡度	Slope	小样方的坡度（°）
		坡向	Aspect	小样方的坡度（°）
		凹凸度	Convex	—
	土壤因子	pH值	pH	
		碳含量	C	小样地内土壤的碳含量（mg/g）
		氮含量	N	小样地内土壤的氮含量（mg/g）
		磷含量	P	小样地内土壤的磷含量（mg/g）

11.2　物种丰富度空间关联性检验

根据空间计量模型判别标准：运用拉格朗日检验（LM Test）对模型进行检验，分别选用空间自回归效应拉格朗日检验 [LM Test（spatial lag）]、空间误差效应拉格朗日检验 [LM Test（spatial error）]、稳健的空间自回归效应拉格朗日检验 [Robust LM Test（spatial lag）] 和稳健的空间误差效应拉格朗日检验 [Robust LM Test（spatial error）] 等 4 个统计检验，并结合模型拟合结果的统计显著性加以评定（Anselin，1988）。检验结果见表 11-3。

表 11-3　空间相关性诊断与 LM 检验

检验类型			空间权重矩阵 W_q		空间权重矩阵 W_d	
			统计量	P	统计量	P
莫兰指数		Moran I	8.247	0.000	19.045	0.000
拉格朗日检验（LM）		空间滞后检验（LM_lag）	81.326	0.000	93.151	0.000
		空间误差检验（LM_error）	56.647	0.000	83.187	0.000
稳健拉格朗日检验（Robust LM）		空间滞后检验（Robust LM_lag）	32.104	0.000	11.495	0.001
		空间误差检验（Robust LM_error）	7.425	0.006	1.531	0.216

注：LM_lag 为不存在空间残差相关的假设下检验是否存在空间自回归效应；LM_error 为不存在空间自回归的假设下检验是否存在空间残差相关；Robust LM_lag 为在存在空间残差相关的假设下检验是否存在空间自回归效应；Robust LM_error 为存在空间自回归的假设下检验是否存在空间残差相关。

由表 11-3 看出，在选用空间权重矩阵 W_q（queen-空间权重矩阵）、W_d（distance-空间权重矩阵）时，莫兰指数检验统计量分别为 8.247、19.045，P 值均等于 0.000，说明官山大样地内各小样地物种多度存在明显的空间效应，应选择空间计量模型，而非传统的普通最小二乘回归模型（OLS）。拉格朗日检验时，选用了权重矩阵 W_q、W_d，发现官山大样地内各小样地物种多度的空间效应的空间滞后检验和空间误差检验均呈现出显著性（$P=0.000$），此时应进一步开展稳健拉格朗日检验。进行稳健拉格朗日检验，选用权重矩阵 W_q 时，都通过了空间滞后检验（$P=0.000$）与空间误差检验（$P=0.006$），但空间滞后检验的统计量（32.104）>空间误差检验（7.425），故选择空间滞后模型。在选用权重矩 W_d 时，只有空间滞后检验显著（$P=0.001$），而空间误差检验不显著（$P=0.216$），因此，也应选择空间滞后模型。本书试分析了 W_q、W_d 两种权重矩阵进行空间滞后模型与空间误差模型，为今后深入分析提供参考。

而且在已经检验出环境因子和物种多样性的统计指标存在空间相关性的前提下，采用未考虑空间影响的简单 OLS 模型会使参数估计值出现有偏和无效的情况。根据基础的模型初步拟合结果可知，应该进一步改进模型选择和设定，采用合适的模型进行拟合。

从上述检验的 P 值可以看出，除了被解释变量为物种丰富度方程 LM Test（spatial lag）不能拒绝原假设，其他方程中空间变量均显著。这表明物种丰富度中存在显著的空间依赖关系，这为引入空间变量进行空间面板模型分析提供了有力的支持。由此，我们可以认为物种丰富度存在空间相关性，运用 Matlab 7.10 软件对样本分别拟合出空间自相关模型和空间误差模型，具体结果见表 11-3。

11.3 空间横截面计量分析

物种丰富度的空间滞后模型和空间误差模型的整理结果见表 11-4。由表 11-4 可看出标志空间依赖关系的空间自回归系数和误差空间自相关系数，即 ρ 和 λ 的系数估计值在都达到了 0.001 的显著性水平，进一步说明了群落发展过程中物种丰富度的空间依赖性。其中 $\rho=0.629$ 说明邻近群落之间形成了较强的空间依赖作用和正向空间溢出效应，即相邻群落的物种多样性水平提高对本群落的物种多样性有一定的促进效果。误差空间自相关系数（$\lambda=0.673$）的显著性存在（$p<0.001$），说明还存在许多还难以用数据度量的其他因素，对群落生物多样性产生影响。

表 11-4 普通混合模型、空间滞后模型与空间误差模型的回归结果比较

解释变量		普通混合模型（OLS）	空间滞后模型（SAR）		空间误差模型（SEM）	
			W_q	W_d	W_q	W_d
常数项	Constant	11.423	12.088	−31.527**	−5.788	3.475
林分因子	Density	0.093***	0.091***	0.09***	0.076***	0.092***
地形因子	Alt	0.013*	0.015	0.015	0.009	0.023
	Slope	−0.010	−0.005	−0.009	−0.009	−0.007
	Aspect	−0.001	0.039	0.010	0.013	0.023
	Convex	0.038	−0.044	0.024	−0.023	−0.009
土壤因子	pH	3.060***	1.36	2.626	2.044	2.351
	C	−0.547***	−0.229	−0.514***	−0.404***	−0.476***
	N	4.174	3.086*	4.503**	3.462**	4.695
	P	1.489	−6.439	0.974	3.152	−2.185
滞后项系数	ρ	—	0.68***	0.938***	—	—
	λ	—	—	—	0.534***	0.944***
结果检验	R^2	0.492				
	Log L	−1013.50	−979.18	−998.87	−971.10	−998.50
	VR		0.572	0.501	0.471	0.490
	SC		0.616	0.547	0.468	0.486
	AIC	2176.44	1982.35	2021.75	1966.20	2020.99
	BIC	2209.77	2026.79	2066.19	2010.64	2162.63

注：***$P<0.01$，**$P<0.05$，*$P<0.1$；Log L 为自然对数似然函数值（Log L）；VR 为方差比（Variance ratio）；SC 为相关系数平方 Squared_corr；AIC 为赤池信息准则；BIC 为贝叶斯信息准则。从数值方面来具体判断，若对数似然值越大，AIC 和 BIC 值越小，则模型拟合效果越好。

从表 11-4 可以看出，$Log\ L_{SAR} > Log\ L_{SEM}$，$AIC_{SAR} < OLS_{SAR}$，所以官山大样地物种丰富度的估计模型选择空间滞后模型。这一结果与表 11-3 的结果相同。从输出结果的整理表可以看出：首先，从 R^2 拟合值看，SAR 模型要稍微优于 SEM 模型和 OLS 模型。说明空间滞后面板模型和空间误差面板模型都能够运用，且空间滞后面板模型比空间误差面板模型更适合。

从模型的系数估计值来看，除随机误差项系数 λ 以外，海拔、坡向与土壤氮含量的系数为正。表明经 SEM 模型验证，海拔、坡向和土壤全氮对大样地内样方间的生物多样性弹性是正的，每提高 1.0% 的海拔、坡向和土壤全氮，都会使物种多样性水平分别增加 0.08%、0.45% 和 4.54%。

群落密度对物种多样性水平的相关系数为 0.076，并通过了 1‰ 的显著性水平检验，表明群落密度对物种多样性具有显著的正向作用，因此物种多样性要以个体数量为基础。

11.4 静态空间面板计量分析

静态面板数据构建，根据树木胸径大小将群落发育分成四个阶段：第一阶段胸径≥22.5cm，第二阶段胸径≥7.5cm，第三阶段胸径≥2.5cm，第四阶段胸径≥1.0cm。由于地形因子不会随群落发育而改变，土壤因子也只分析了一次。因此只有林分因子对样方物种丰富度的影响，林分因子也采用时空替代法获得。本面板数据中 $n=300$、$t=4$，所以它属于短面板数据。

为了验证空间杜宾模型的稳健性，对空间杜宾模型 SDM 转变为空间滞后模型 SLM 和空间误差模型 SEM 进行 Wald 和 LR 检验，结果如表 11-5 的下半部分所示。Wald 空间滞后检验和 LR 空间滞后检验拒绝了空间杜宾模型转化为空间滞后模型的原假设。Wald 空间误差检验和 LR 空间误差检验也拒绝了空间杜宾模型简化为空间误差模型的原假设，这进一步说明应使用空间杜宾模型。使用空间 Hausman 检验在随机效应和固定效应之间进行选择，估计值为 25.699，自由度为 13，$P<0.05$，故拒绝随机效应模型，使用空间和时间固定效应模型。

表 11-5 基于后型邻接矩阵（W_q）的静态面板空间杜宾回归模型

解释变量		个体固定	时间固定	双向固定	随机固定
常数项	Constant	—	—	—	1.077***
林分因子	Density	0.089***	0.097***	0.091***	0.091***
解释变量滞后项	Wx	−0.057***	−0.075***	−0.074***	−0.057***
空间自相关系数	ρ	0.828***	0.717***	0.724***	0.817***
极大似然函数的最优估计参数	lgt_theta	—	—	—	0.164
误差项的方差	Sigma2_e	7.928***	17.312***	7.969***	10.708***
拟合优度（组内）	R2_within	0.920	0.875	0.841	0.926
拟合优度（组间）	R2_between	0.392	0.425	0.424	0.394
拟合优度（总体）	R2_overall	0.877	0.800	0.753	0.876
结果检验	Log L	−3038.8	−3473.9	−3009.9	−3396.2
	AIC	6085.6	6955.8	6027.9	6804.4
	BIC	6834.9	6976.1	6048.2	6834.9

个体效应（individual effect）也称空间固定效应。在用自变量（x）解释应变量（y）的过程中，对于某特定群落而言，模型会假设自变量不会随时间的推移而有明显的变化（与时间无关）。时间效应（time effect）是指在特定时间所有群落所受到某因素（x）的数量相同（与空间无关）。双向固定效应（both effect）是指所有群落接受的因素影响水平相同，且不会随时间变化而改变。这些因素往往因为难得或难以量化而无法进入模型，在截面数据分析中会引起遗漏的问题，而面板数据模型主要优势之一就是处理这些不可观测的个体效应、时间效应或双向效应。

比较表 11-5 和表 11-6，采用空间权重矩阵 W_q（后型邻接）进行空间杜宾模型的双向固定回归的效果较好，其最大似然法估计得 $Log\ L$=−3009.9、AIC=6027.9、BIC=6048.2，都高于静态空间面板模型。

根据 LeSage 等（2009）的研究结果，为了说明解释变量真实的空间溢出效应，要估计直接效应和间接效应。本文分解了空间杜宾模型中群落密度的直接效应和间接效应，结果如表 11-7 所示。由于反馈效应的存在，表 11-7 中解释变量的直接效应和表 11-6 中的系数存在差异。反馈效应部分源于空间滞后被解释变量的系数估计值，部分源于解释变量自身的空间滞后变量的系数估计值。

表 11-6　基于距离权重矩阵（W_d）的静态面板空间杜宾回归模型

解释变量		个体固定	时间固定	双向固定	随机固定
常数项	Constant	—	—	—	0.209
林分因子	Density	0.084***	0.093***	0.087***	0.081***
解释变量滞后项	Wx	−0.078***	−0.323***	−0.265***	−0.081***
空间自相关系数	ρ	0.963***	3.919***	2.750***	0.959***
极大似然函数的最优估计参数	lgt_theta	—	—	—	0.135
误差项的方差	Sigma2_e	11.269***	20.433***	9.320***	15.052***
拟合优度（组内）	R2_within	0.935	0.844	0.918	0.935
拟合优度（组间）	R2_between	0.424	0.348	0.428	0.424
拟合优度（总体）	R2_overall	0.888	0.745	0.863	0.888
结果检验	Log L	−3167.0	−3524.9	−3049.3	−3528.9
	AIC	6342.3	7057.8	6106.5	7069.9
	BIC	6362.7	7078.1	6126.9	7100.4

表 11-7　基于空间面板杜宾模型解释变量作用分解

因子效应		个体固定模型	时间固定模型	双向固定模型	随机模型
直接效应	Density	0.093***	0.096***	0.089***	0.096***
间接效应	Density	0.092***	−0.018	−0.030	0.089***
总体效应	Density	0.186***	0.078***	0.059***	0.184***

11.5　动态空间面板计量分析

静态空间面板模型虽然说明了林分密度对物种丰富度的影响，但可能忽略了一些重要因素，故使用被解释变量（NumS）的一阶滞后项作为解释变量，表征遗漏变量对物种丰富度的影响，建立动态空间面板模型。根据最大似然法估计，具有固定效应的动态空间杜宾面板模型估计，结果见表 11-8。

表 11-8　动态空间面板杜宾模型及固定效应（基于 W_q）

变量			时间动态	空间动态	时空动态
被解释变量一阶时间滞后（y_{t-1}）		L1. NumS	0.648***	—	0.716***
被解释变量一阶空间滞后（Wy_{t-1}）		L1. WnumS	—	0.426***	−0.203**
解释变量（x）		Density	0.05***	0.085***	0.047***
解释变量空间滞后项（Wx）		Wx Density	−0.08***	−0.099***	−0.07***
空间自相关系数 ρ		ρ	0.686***	0.708***	0.7***
方差		sigma2_e	9.576***	9.703***	9.54***
拟合优度（组内）		R2_within	0.880	0.894	0.878
拟合优度（组间）		R2_between	0.688	0.572	0.738
拟合优度（总体）		R2_overall	0.827	0.820	0.839
检验		Log L	−2205.1	−2213.6	−2205.1
		AIC	4420.1	4437.2	4422.1
		BIC	4444.1	4461.2	4450.9

动态空间杜宾面板模型的 R^2=0.827、Log L= −2205.1，都高于静态空间面板模型，说明动态空间面板模型比静态更为合适，估计结果更为准确。

第一，动态空间杜宾面板计量模型中的空间相关系数为 0.686，通过了显著性检验，且较之静态空间面板的空间相关系数有所提高，说明官山大样地群落物种丰富度的空间自相关效应明显。相邻斑块物种丰富度的对本斑块影响为正，即当相邻斑块物种丰富度较高时，本斑块的物种丰富度水平也随之提高，反之，当相邻斑物种丰富度下降时，本地区的物种丰富度也随之下降。这也进一步说明,仅仅使用静态空间杜宾面板模型中的解释变量不足以全面、详尽地考察物种多样性的实际情况。

第二,动态空间杜宾面板计量模型中被解释变量——物种丰富度一阶滞后项($NumS_{t-1}$)系数高达 0.648,且通过了 0.001 水平的显著性检验,说明群落物种丰富度存在时间依赖性。即群落发展过程中物种丰富度存在动态连续性,即如果上一期物种高,那么当下物种丰富度也高,形成良性循环。

从三个动态空间面板杜宾模型中,拟合优度最好的是模型 $y_{i,t} = \tau y_{i,t-1} + \rho W y_{i,t} + x_{i,t}\beta + W x_{i,t}\theta + \alpha + \lambda_{i,t}in + \varepsilon_{i,t}$,拟合结果见表 11-9。

表 11-9 动态空间面板杜宾模型(DEM)固定效应分解

因子效应		解释变量	时间动态	空间动态	时间动态
短 期	直 接	Density	0.042***	0.078***	0.041***
	间 接	Density	-0.136***	-0.124***	-0.118***
	总 体	Density	-0.094***	-0.046*	-0.077***
长 期	直 接	Density	0.142	0.089	0.188
	间 接	Density	-0.054	0.016	-0.08
	总 体	Density	0.088***	0.106	0.108***

11.6 小 结

(1)官山大样地的各斑块物种丰富度存在空间依赖性

利用 2015 年物种丰富度横截面数据,通过研究发现物种多样性在各斑块中存在空间自相关,存在一定的集聚特征,斑块之间存在近邻效应,即某个斑块的物种多样性水平与邻近斑块的物种多样性有关,某个群落的发展过程可能依赖于邻近群落的发展状况。通过研究说明复合群落的斑块间相互作用,而不是一个个独立"孤岛",证明了岛屿模型,即生物在能容纳有限个体的岛屿间相互迁移,扩散与其他过程共同作用,会对群落多样性产生各种不同的影响(Cadotte,2006)。

(2)群落密度、土壤碳氮含量对物种丰富度有显著影响

在考虑空间相互作用,进一步进行物种丰富度(被解释变量)及群落结构、微地形、土壤化学性质等解释变量的横截面数据进行空间线性回归,发现各影响因素的作用大小各不相同,通过分析,得出以下两点启示:

第一,群落结构(密度)对斑块群落物种丰富度的影响明显,个体数量增加 100 株,

物种数可增加 7~8 个种；土壤有机碳含量提高 10 个百分点，物种下降 4~5 个物种；但土壤全氮含量增加 1 个百分点，物种增加 3~4 个物种，而微地形因子对物种影响均未达到显著水平。

第二，斑块间的相互作用（物种扩散），对物种多样性具有显著的促进作用，因此不能忽视斑块间的相互联系。这种联系本质要求我们在分析群落物种多样性时，不能只考虑环境因子，也要考虑群落间的影响因子。

第12章
景观格局与尺度效应分析

景观格局（landscape pattern）主要是指景观组成单元的类型、数目以及空间分布与配置方式，它是景观异质性的具体表现（傅伯杰，2001）。景观格局对生态过程起着决定作用，影响着种群动态、群落发展、物质循环和能量流动。同时景观格局还具有尺度依赖性，尺度变换可能会导致空间异质性的出现和消失（肖笃宁 等，2003）。因此，景观格局和尺度效应是景观生态学研究中最重要的内容。目前，景观各要素的斑块特征、景观空间格局对生物多样性保护和森林生境质量的影响日益受到学者们的关注。

景观格局分析是从数字的角度对景观做出描述与空间分析，进而建立景观结构与过程或现象的联系。通常采用地统计学和景观格局指数两种方法来度量（Wu，2000）。景观格局指数是反映景观类型组成和空间配置的某方面特征的简单定量指标，可高度浓缩景观格局信息（邬建国，2007）。景观格局是外部自然干扰、人为干扰和内部因素之间相互作用的结果。开展景观格局分析，可以从复杂多样性中发现潜在的秩序或规律，也从当前格局中推测生态过程的发生和发展，以及预测新格局的形成（李哈滨 等，1998）。景观格局分析主要包括：①景观的组成和结构特征，即景观的空间异质性，一般包括景观要素的类型数、各景观要素的占比以及斑块的规模、形态与边界特征；②景观内各斑块的联系和相关性（即斑块的空间相互作用）；③景观格局动态（即景观的变异规律）；④景观格局在不同尺度下的变化（即景观的等级结构）；⑤构建景观结构与生态过程或生态现象的相互关系。

尺度效应（scale effect）是指研究结果随考察尺度的变化而变化的现象。尺度作为理解生态现象和开展研究工作的基本尺寸，包括特征尺度和观测尺度。前者是指被考察对象本身都由其内在属性决定的、不受人类控制的客观尺度；后者指人们用于观测事物的主观尺度，只有做到观测尺度与本征尺度的吻合，才能科学地揭示研究对象的本质。因此，研判特征尺度是真实准确反映植被景观格局与生态过程自身运行规律的关键（邬建国，2007）。另外，根据等级斑块动态理论，森林生态系统是由不同属性斑块构成的镶嵌体，在时间空间、组织功能等方面都表现为嵌套性特征，具有明显的空间异质性和尺度多重性特征，或者说它无法简约、还原为一个规则的尺度。这意味着要客观认识一个异质性的森林，必须主动地进行尺度的调整和转换，加强尺度多重性研究，方可避免以偏概全。

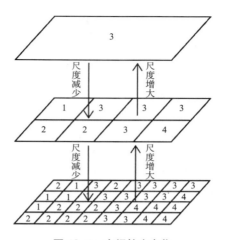

图 12-1 空间粒度变化

多重尺度分析（multiscale analysis）就是在连续的尺度序列上改变粒度或改变幅度，或同时改变幅度和粒度（图12-1），对景观格局及变化特征进行分析（布仁仓 等，2003）。尺度通常包括粒度和幅度，其中空间粒度是指景观中最小可辨识单元所代表的长度、面积（如像元、样方），空间幅度是指研究对象所延续的范围、取样面积（申卫军 等，2003；徐丽 等，2010）。另外，每一个景观指数都存在自身的局限性，对空间尺度响应不同，因而对景观格局变化呈现出不同敏感性和可预测性（申卫军 等，2003）。因此，只有通过多重尺度分析，才能正确认识森林景观的等级结构、科学研判特征尺度，才能揭示不同尺度下森林景观格局形成与变化的动力学机制。多尺度空间格局分析也是跨尺度推绎的基础，由此判断生态过程或控制因素是否变化，以及某种尺度推绎方法的适用范围（Wu，2000）。

鉴于此，本章通过改变粒度和幅度，对官山大样地景观格局进行多重尺度分析，重点解决以下问题：①不同粒度条件下森林景观空间格局及变化情况怎样？②不同幅度条件下森林景观空间格局及变化情况怎样？③在哪种尺度上，可以正确地表达官山大样地景观格局？④原始数据和信息经过尺度转换后，会导致哪些信息的损失或导致哪些效应？即不同尺度的数据在反映官山大样地林分类型时的差异如何？回答这些问题，对于深入研究官山大样地空间格局动态变化规律具有重要意义。

12.1 研究方法

12.1.1 景观要素类型的划分

本研究将 $12hm^2$ 样地栅格化，以 5m×5m、10m×10m、20m×20m、50m×50m 4

种粒度为单元，依据物种的重要值（计算公式见第五章），来确定不同栅格单元的林分类型。根据重要值排序大于60的1个树种，或者重要值大于60的多个树种（2，3，…，m个树种）中毛竹、杉木、马尾松、阔叶树的出现与否划分景观类型。若栅格单元没有树，则统归为林窗，由此将大样地分成8种林分类型（景观要素），见表12-1。

表12-1　基于乔木层树种重要值划分景观类型

编　号	毛竹或糙花少穗竹	杉　木	马尾松	阔叶树	类　型	简　称
0	0	0	0	0	林　窗	GAP
1	1	0	0	0或1	竹　林	PEF
2	0	1	0	0或1	杉木林	CLF
3	0	0	1	0或1	马尾松林	PMF
4	0	0	0	1	阔叶林	BLF
5	1	0	1	0或1	竹杉混交林	PCF
6	1	1	0	0或1	竹松混交林	PPF
7	0	1	0	0或1	松杉混交林	CPF

注：1表示出现，0表示不出现。

12.1.2　景观指数选择与计算公式

景观指数是一些反映景观组成、结构和空间配置等特征的简单定量指标，它们可以高度浓缩景观格局信息。从组织水平看，景观格局特征分析的三个层次：①单个斑块（individual patch）；②由若干同质斑块组成的斑块类型（patch type/class）；③包括若干异质斑块类型的整个景观镶嵌体（landscape mosaic）。景观指数还可分成8个类别，分别是面积、密度、边缘、形状、核心面积、邻近度、多样性、聚散性。从这些不同层次、不同类别的景观指数既可用于两种景观的对比，也可用于定量监测景观的结构特征随时间的变化。

12.1.2.1　斑块个体水平指数（斑块指数）

斑块是景观组成的基本单元(类似群落生态学中的植株个体)。在大样地栅格数据中，一个斑块由若干个相邻的同类像元构成。斑块的大小、数量、形态、分布直接决定了景观格局，从而影响生物活动、潜在环境、物质能量等生态过程，故斑块特征分析是景观生态研究中的基础。斑块个体水平指标，包括面积、周长、形状指数、分维数等指标。

（1）斑块面积

斑块面积（area）是计算其他指标的基础，取值范围$A \in (0, +\infty)$。公式如下：

$$A = \sum_{i=1}^{n} a_i \quad (12-1)$$

式中：a_i为像元i的面积；n为同类相邻像元的数目。

（2）斑块周长

斑块周长（permeter）是计算其他指标的基础；取值范围：$P \in (0, +\infty)$。公式如下：

$$P = \sum_{k=1}^{m} CL_k \tag{12-2}$$

式中：CL_k 为与某斑块邻接的非同类斑块的公共边长；m 为非同类像元的数目。

（3）形状指数

形状指数（shape index）能够测量斑块形态的杂乱程度。它是指某一斑块形状与相同面积的圆（或正方形）之间的偏离程度。形状指数 SI_C 为类圆形状指数，SI_Q 为类方形状指数。当斑块形状为圆形或正方形时，即 SI_C 或 SI_Q 等于 1 时，斑块属于紧密型形状，有利于保蓄能量、养分和生物；SI_C 或 SI_Q 取值越大，斑块形状越复杂或越扁长，是松散型形状易于促进缀块内部与外围环境的相互作用。公式如下：

$$SI_C = \frac{P}{2\sqrt{\pi A}} \tag{12-3}$$

$$SI_Q = \frac{P}{4\sqrt{A}} \tag{12-4}$$

式中：P 为斑块周长；A 为斑块面积。

（4）分形维数

分形维数（fractal dimension）是复杂形体不规则性的量度。公式如下：

$$F_d = \frac{2\ln(P/c)}{\ln(A)} \tag{12-5}$$

式中：P 为斑块周长；A 为斑块面积；c 为常数，对栅格景观而言，$c=4$。

（5）相对分形维数

相对分形维数（relative fractal dimension）用于比较多斑块之间不规则性。取值范围 $RF_d \in [0, 100]$。公式如下：

$$RF_d = (F_d - 1) \times 100\% \tag{12-6}$$

式中：F_d 为分形维数。

12.1.2.2 斑块类型水平指数（斑类指数）

斑块类型是指若干离散的同质斑块（类似群落生态学中的种群，简称斑类）。描述斑类特征的景观指数有两类：①一般统计学指标，如最大值、平均值、标准差、变异系数等；②同质斑块的空间关系，如聚合度、破碎度、分离度、扩散系数等。

（1）最大斑块指数

最大斑块指数（largest patch index）表示景观被大斑块占据的程度，也可表示斑块的优势度，该指数越大，优势越明显。单位：%。取值范围 $LPI \in [0, 100]$。公式如下：

$$LPI_i = \frac{\max_k^{n_i}(a_{ik})}{A} \times 100\% \quad (12\text{-}7)$$

式中：a_{ik} 为第 i 斑类中第 k 斑块的面积（m²）；A 为斑类的总面积（m²）。n_i 为第 i 斑类的斑块数目。

（2）平均值

平均值（mean）反映斑块某属性（如面积、周长、形状指数）数据集的集中趋势。公式如下：

$$\overline{x_i} = \frac{1}{n_i}\sum_{k=1}^{n_i} x_{ik} \quad (12\text{-}8)$$

式中：x_{ik} 为第 i 斑类第 k 斑块的某项量化属性值；n_i 同式（12-7）。

（3）标准差

标准差（standard deviation）反映斑块某属性数据集的离散程度，即景观破碎化程度指数。公式如下：

$$SD_i = \sqrt{\frac{1}{n_i}\sum_{k=1}^{n_i}(x_{ik} - \overline{x_i})} \quad (12\text{-}9)$$

式中：x_{ik}、n_i、$\overline{x_i}$ 的意义同式（12-8）。

（4）变异系数

变异系数（coefficient of variation）是衡量资料变异程度的统计量。可以用来比较不同资料的相对变异程度。公式如下：

$$CV_i = \frac{SD_i}{\overline{x_i}} \times 100\% \quad (12\text{-}10)$$

式中：SD_i、$\overline{x_i}$ 的意义同式（12-9）。

这些统计学指标的计算方法，也适用景观水平上异质斑块的相关指数计算，只是其生态学意义稍有些不同。

（5）斑块密度

斑块密度（patch density）反映某景观要素类型的破碎度或受到的干扰程度。取值越大，说明景观越破碎，空间异质性越大，反之，景观越完整。取值范围：$PD_i \in (0, +\infty)$。公式如下：

$$PD_i = \frac{n_i}{A} \quad (12\text{-}11)$$

式中：n_i 为斑类 i 的斑块数目（个）；A 为景观的总面积（hm²）。

（6）边缘密度

边缘密度（density of edge）是景观破碎化程度的直接反映，可反映景观里各斑块能量、信息和物质交换的互相作用和有交换潜力的强度性。单位：m/hm^2，取值范围：$ED_i \in (0, +\infty)$。

公式如下：

$$ED_i = \frac{1}{A}\sum_{k=1}^{n_i} E_{ik} \quad (12\text{-}12)$$

式中：E_{ik} 为第 i 斑类第 k 斑块的周长（m）；n_i 为第 i 斑类的斑块数；A 为景观总面积（hm^2）。

（7）周长—面积分形维数

周长—面积分形维数是反映景观复杂性程度。$F_{di}=1.0$ 表示形状最简单的欧几里得正方形或圆形斑块，2.0 表示等面积下周边最复杂的斑块。注意回归分析时，样本量大于自变量数的 5~10 倍，因此斑块数大于 5~10 才有意义。取值范围：$F_{di} \in [1, 2]$。公式如下：

$$F_{di} = \frac{2}{K_i} \quad (12\text{-}13)$$

$$K_i = \frac{n_i\sum_{j=1}^{n_i}[\ln(p_{ik})\ln(a_{ik})] - \sum_{j=1}^{n_i}\ln(p_{ik})\sum_{j=1}^{n_i}\ln(a_{ik})}{n_i\sum_{k=1}^{n_i}\ln(p_{ik}^2) - [\sum_{k=1}^{n_i}\ln(a_{ik})]^2} \quad (12\text{-}14)$$

式中：K_i 为第 i 斑类的多个斑块的周长 x 与面积分别取对数的线性回归斜率；p_{ik}、a_{ik} 分别为第 i 斑类的第 k 个体的周长和面积；n_i 为斑块数。

（8）斑类聚合度

斑类聚合度反映同类斑块之间的连通性。AI_i 取值越大，说明同类型的斑块聚合度最大，反之，聚合度越低，斑块离散。取值范围：$AI_i \in [0, 100]$。公式如下：

$$AI_i = \frac{E_i}{E} \times 100\% \quad (12\text{-}15)$$

式中：E_i 为斑类 i 所有斑块内像元间的公共边长度之和；E 为所有栅格单元之间的公共边长度之和。

（9）斑类分离度

斑类分离度（splitting index）反映斑类的分散程度。S_i 越大，景观整体性降低。斑块间的物质量和能量流阻碍越严重；反之，说明斑块间分离度小，同类斑块在空间上较为连续，$S_i \in [0, +\infty)$。公式如下：

$$S_i = \frac{\sqrt{(N_i - 1)A}}{2A_i} \qquad (12\text{-}16)$$

式中：N_i 为斑类 i 的斑块数目；A_i 为第 i 斑类的总面积（m^2）；A 为景观的总面积（m^2）。

（10）斑类破碎度

斑类破碎度（fragmentation）反映斑类的破碎度或受到的干扰程度。F_i 取值越大，说明斑类越破碎，景观形态越复杂；反之，斑类越完整。$F_i \in [0, +\infty)$。公式如下：

$$F_i = \frac{A_i^2}{\sum_{k=1}^{n_i} a_{ik}} \qquad (12\text{-}17)$$

式中：A_i 为斑类 i 的总面积（hm^2）；a_{ik} 为第 i 斑类第 k 斑块的面积（hm^2）。

（11）斑类扩散系数

斑类扩散系数（interspersion juxtaposition index，IJI）反映景观内某类斑块与异类斑块相邻情况。IJI_i 取值低，该类斑块只与少数异类斑块相邻。反之，它与多类斑块相邻。单位：%；$IJI_i \in [0, 100]$。公式如下：

$$IJI_i = \frac{-\sum_{j=1}^{S}[\frac{e_{ij}}{E_i}\ln(\frac{e_{ij}}{E_i})]}{\ln(S-1)} \times 100\% \qquad (12\text{-}18)$$

$$E_i = \sum_{j=1}^{S} e_{ij} \qquad (12\text{-}19)$$

式中：e_{ij} 为斑类 i 与斑类 j 邻接公共边长（$i \neq j$）；S 为斑块类型数。

（12）斑类内聚度

斑类内聚度（cohesion，Coh）反映斑块在景观中的聚集和分散状态。$Coh \in [0, 100]$。公式如下：

$$Coh = (1 - \frac{\sum_{k=1}^{n} p_{ik}}{\sum_{j=1}^{n} p_{ik}\sqrt{a_{ik}}})(1 - \frac{1}{\sqrt{A_i}})^{-1} \times 100\% \qquad (12\text{-}20)$$

式中：a_{ij} 为第 i 类斑类中的第 k 个斑块的面积；p_{ik} 为第 i 类景观中第 k 个斑块的周长；A_i 为该斑类的总面积。

12.1.2.3 景观水平指数

景观是由若干类型的斑块构成组成的异质性区域，因此景观整体空间的异质性表现在景观要素在空间结构上的差异性和互相关联性。衡量景观异质性的指数主要有以下三种：①景观要素重要值；②景观多样性指数，包括景观丰富度、景观多样性指数、景观均匀度和景观优势度；③异质斑块的空间关系，包括聚集度、破碎度、散布与毗邻指数、相邻度指数和蔓延度（郭晋平，2001）。景观异质性的指标有蔓延度指数、聚集度指数、香农多样性指数、斑块密度、均匀度指数等。

（1）斑类重要值

斑类重要值（important value，IV）反映斑类对景观的支配程度。IV 值越大，说明某类斑块的优势越明显，可直接决定群落的本底性质。由斑块类型水平指数可知，面积越大、斑块数越多、空间分布越均匀的林分类型，重要值就越大，景观的基质就是这类斑块，整个景观性质就决定于这种林分类型。$IV \in [0, 100]$。公式如下：

$$IV_i = \frac{RD_i}{4} + \frac{RF_i}{4} + \frac{RA_i}{2} \tag{12-21}$$

$$RD_i = \frac{D_i}{D} \times 100\% \tag{12-22}$$

$$RF_i = \frac{F_i}{F} \times 100\% \tag{12-23}$$

$$RA_i = \frac{A_i}{A} \times 100\% \tag{12-24}$$

式中：D_i、F_i、A_i 分别为第 i 斑类的斑块的密度、出现的频数、面积；D、F、A 分别为总斑块密度、各类斑块出现的总频数、景观总面积。

（2）景观丰富度

景观丰富度（Richness，R）主要反映景观复杂程度。类型越多，景观越复杂，$S \in [1, +\infty)$。公式如下：

$$R = S \tag{12-25}$$

式中：S 为景观中斑块类型的总数。

（3）景观多样性指数

景观多样性指数（diversity index）反映景观异质性，它对景观中各斑块类型非均衡分布状况较为敏感。取值越大，类型越多，面积分配越均匀。公式如下：

$$H_{sw} = -\sum_{i=1}^{S} p_i \ln(p_i) \tag{12-26}$$

$$H_{sim} = 1 - \sum_{i=1}^{S} p_i^2 \tag{12-27}$$

式中：$H_{sw} \in [1, +\infty)$，表示 Shannon-Wiener 指数；$H_{sim} \in (0, 1)$，表示 Simpson 指数。

$$p_i = \frac{n_i}{N} \tag{12-28}$$

式中：p_i 为斑块类型 i 在景观中出现的概率；n_i 为斑块类型 i 的栅格单元数；N 为景观中栅格单元的总数，S 意义同上。

（4）景观均匀度

景观均匀度（evenness, J）反映景观中各斑块类型面积分配的均匀程度。单位：无；$J \in (0, 1]$。公式如下：

$$J = \frac{H_{sw}}{H_{max}} = \frac{H_{sw}}{\ln(S)} \tag{12-29}$$

式中：H_{sw}、S 意义同上。

（5）景观优势度

景观优势度（dominance, Dom）反映某斑块类型对景观的支配程度。单位：无；$J \in (0, 1]$。公式如下：

$$Dom = \frac{\sum_{i=1}^{S} n_i(n_i-1)}{N(N-1)} \tag{12-30}$$

式中：n_i 为斑块类型 i 的栅格单元数；N 为景观中栅格单元的总数，S 意义同上。

（6）聚集度

聚集度（aggregation index）反映景观中不同斑块类型的聚集程度或非随机性。公式如下：RC 的取值越大，表明景观由少数大斑块为主或同类斑块高度连接；反之，RC 取值较小，说明景观由许多离散、或规模相似的小斑块组成。单位：%；$RC \in [0, 100]$。

$$RC = \left(1 - \frac{C}{C_{max}}\right) \times 100\% \tag{12-31}$$

$$C = -\sum_{i=1}^{S} \sum_{j=1}^{S} p_{ij} \ln(p_{ij}) \tag{12-32}$$

$$p_{ij} = \frac{A_i}{A} \times \frac{n_{ij}}{n_i} \tag{12-33}$$

式中：C 为复杂性指数，$C_{max} = 2\ln(S)$，为复杂性指数的最大值。A_i 为斑类 i 的面积（m^2）；A 为景观总面积（m^2）；n_{ij} 为斑类 i 和斑类 j 的相邻像元边数。n_i 为斑块类型 i 像元的总边数，S 意义同上。

（7）破碎度

破碎度（fragmentation, F_r）表征景观被分割的破碎程度。F_r 取值越大，说明景观越不完整，受到的干扰和影响越大。$F_r \in [0, +\infty)$。公式如下：

$$F_r = \frac{1}{A}\left(\sum_{j=1}^{S} N_i - 1\right) \tag{12-34}$$

式中：N_i 为景观中斑块类型 i 的斑块数；A 为景观的总面积；F_r 也称斑块密度。

（8）散布与毗邻指数

散布与毗邻指数（interpersion juxtaposition index，IJI）表示不同种类的小生境互相混杂、相互散布地存在的程度。IJI 系数较高，反映景观内不同类型斑块互相渗透、相互分割、彼此邻近。$IJI \in [0, 100]$。公式如下：

$$IJI = \frac{-\sum_{i=1}^{S}\sum_{j=i+1}^{S}[\frac{e_{ij}}{E}\ln(\frac{e_{ij}}{E})]}{\ln(0.5S(S-1))} \times 100\% \tag{12-35}$$

$$E = \sum_{i=1}^{S}\sum_{j=i+1}^{S} e_{ij} \tag{12-36}$$

式中：e_{ij} 为斑类 i 与斑类 j 邻接公共边长（$i \neq j$）；S 为斑块类型数。

（9）相邻度指数

相邻度指数（neighbor index，NI）可以反映景观中两类斑块的空间相互关系的密切程度。单位：%；$NI \in [0, 100]$。公式如下：

$$NI_{ij} = \frac{E_{ij}}{E_i} \times 100\% \tag{12-37}$$

式中：NI_{ij} 为第 i 类斑块与第 j 类斑块的空间相邻度；E_{ij} 为第 i 类斑块与第 j 类斑块间相邻边界总长度；E_i 为第 i 类斑块与相邻异质斑块间的公共边界总长度。

（10）蔓延度

蔓延度（contagion index，$Cont$）表示景观中不同斑块类型的团聚程度或延展趋势。单位：%；$Cont \in [0, 100]$，$Cont$ 较高说明景观中的某种优势斑块类型形成了良好的连接性；反之则表明景观是具有多种要素的密集格局，景观的破碎化程度较高。公式如下：

$$Cont = \left(1 + \frac{\sum_{i=1}^{m}\sum_{j=1}^{m}\left[P_i P_{ji} \ln(P_i P_{ji})\right]}{2\ln(m)}\right) \times 100\% \quad (i \neq j) \tag{12-38}$$

$$P_i = \frac{A_i}{A} \tag{12-39}$$

$$G_{ji} = \frac{L_{ji}}{L_i} \tag{12-40}$$

式中：P_i 为第 i 斑类的面积占景观总面积的百分比；P_{ji} 表示在给定斑类 i 的情况下，斑类 j 与斑类 i 相邻的条件概率。L_{ji} 为第 i 斑类与第 j 斑类相邻边长。L_i 为斑类 i 的总边长；m 为斑类数目。

12.1.3 数据分析

12.1.3.1 粒度效应分析

在 12hm² 大样地范围内（固定幅度），分别以 5m×5m、10m×10m、20m×20m、50m×50m 为粒度，分别统计不同像元尺度上各级各类景观格局指数，以发掘随粒度变化的景观格局指数规律，分析景观指数与粒度尺度的内在关系，确定适宜的粒度。

12.1.3.2 幅度效应分析

以 10m×10m 为最小像元（固定粒度），以大样地左下角（西南角）为起点，向东向北进行方形幅度扩展，从形成 50m×50m、100m×100m、150m×150m、200m×200m、250m×250m、300m×300m、300m×400m 幅度序列，再分别统计不同幅度下各级各类景观格局指数，以发掘随幅度变化的景观格局指数规律，分析景观指数与幅度尺度的内在关系。

12.1.3.3 尺度效应曲线

景观指数随空间尺度变化的曲线称之为尺度效应曲线（scale effect curves）；景观指数随尺度变化的函数关系则称之为尺度效应关系（scaling relations）。本章以尺度为横轴、景观指数为纵轴，绘制尺度—景观指数关系图（尺度效应曲线），探索尺度—景观指数的数量关系（尺度效应关系）。以上所有景观指数的计算、分析与制图，均由 Matlab 自编程序完成。

12.2 景观格局粒度效应

12.2.1 景观的组成与结构特征

12.2.1.1 大样地森林景观组成的变化

图 12-2 直观地展示了官山大样地森林景观组成的粒度效应。由图可知，随着粒度的增加，林分类型逐渐减少。在 5m×5m、10m×10m 两个粒度时，有林窗（GAP）、竹林（PEF）、杉木林（CLF）、马尾松林（PMF）、阔叶林（BLF）、竹杉混交林（PCF）、竹松混交林（PPF）、松杉混交林（CPF）等 8 种林型。20m×20m 粒度时，林窗、竹杉混交林、竹松混交林消失，林分类型减至 5 种；当粒度升至 50m×50m 时，马尾松林消失，整个大样地只剩毛竹林、杉木林、阔叶林 3 种林型（图 12-2）。可见，随着像元尺度的增加，像元内群落优势种发生改变，零星的小斑块被融合成同质的大斑块。

12.2.1.2 斑块数量的变化

由表 12-2 看出，随着粒度的增加，不同林型的斑块数量呈下降的趋势，但不同林型下降速率不同。如林窗由初始时的 115 个迅速减至 3 个，最后完全消失；而竹林由初始时的 16 个缓慢下降至 8 个、2 个，最后融合成 1 个。这说明官山大样地中不同林分类型对粒度变化的响应敏感性不同，最敏感的是林窗，最迟钝的是竹林。

12.2.1.3 林型面积的变化

由表 12-2 可知，随着粒度的增加，不同林型的面积响应不同。在最终保留下来的三大林型中，竹林、杉木林的总面积随着粒度增加而增大，从 5m×5m 至 50m×50m，二者分别增长了 49.25% 和 56.38%，而阔叶林由 73575m^2 减少至 60000m^2，减少了 18.45%。尽管其他类型随粒度增大而有增有减，但最后都被三大林型融合而消失。

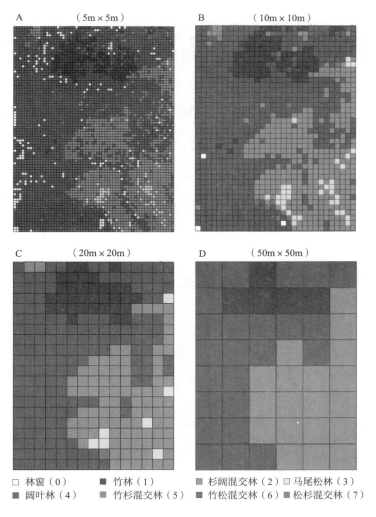

图 12-2　官山大样地森林景观格局

12.2.1.4 林型重要值的变化

由表 12-2 看出，不同林分类型的重要值对粒度增加的响应不同。阔叶林的重要值持续增大，由 43.29 升至 50.00，且始终排名第 1 位；杉木林由 22.42 升至 32.29，排名第 2 位，而竹林重要值由 5.57 升至 17.71，排名由第 5 位升至第 3 位，其他林分随粒度增大而几经波折后消失。不论在哪一尺度条件下，大样地森林景观中阔叶林的相对面积、相对斑块数和空间分布的均匀度都较大，其重要值始终在首位，决定了官山大样地森林景观的性质。

表 12-2 官山大样地森林景观的组成与重要值的粒度效应

斑块类型	景观指数	粒度			
		5m×5m	10m×10m	20m×20m	50m×50m
林窗	斑块数（个）	115	3	0	0
	总面积（m²）	4525	300	0	0
	重要值（%）	16.86	2.1	0	0
竹林	斑块数（个）	16	8	2	1
	总面积（m²）	8375	10800	13600	12500
	重要值（%）	5.57	9.76	12.81	17.71
杉木林	斑块数（个）	75	17	2	1
	总面积（m²）	30375	35300	36400	47500
	重要值（%）	22.42	25.89	22.31	32.29
马尾松林	斑块数（个）	24	8	1	0
	总面积（m²）	750	800	400	0
	重要值（%）	3.44	5.6	3.74	0
阔叶林	斑块数（个）	97	19	4	2
	总面积（m²）	73575	68500	66800	60000
	重要值（%）	43.29	41.04	42.12	50.00
竹杉混交林	斑块数（个）	10	2	0	0
	总面积（m²）	250	200	0	0
	重要值（%）	1.41	1.4	0	0
竹松混交林	斑块数（个）	6	3	0	0
	总面积（m²）	150	400	0	0
	重要值（%）	0.84	2.14	0	0
松杉混交林	斑块数（个）	41	16	5	0
	总面积（m²）	2000	3700	2800	0
	重要值（%）	6.17	12.07	19.02	0

12.2.2 景观斑块特征的粒度效应

12.2.2.1 不同林型斑块规模与形状的变化

图 12-3 呈现了不同林型的平均斑块大小、平均形状指数、平均分形维数的粒度效应。由图可见，除竹林外，阔叶林、杉木林都随着粒度的增加，其斑块大小、形状指数和分维数总体上均呈增加的趋势，这说明多数景观内部斑块的随着粒度的增加形状越来越复杂，要素间的相互作用越来越强烈。

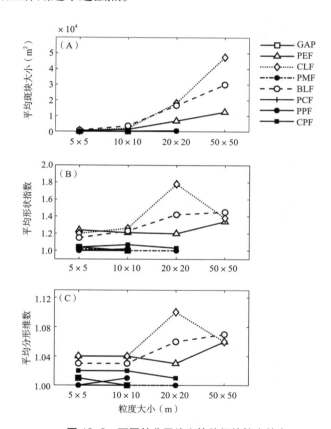

图 12-3 不同林分平均斑块特征的粒度效应

注：A 为斑块大小；B 为形状指数；C 为分形维数。GAP 为林窗、PEF 为竹林、CLF 为杉木林、PMF 为马尾松林、BLF 为阔叶林、PCF 为竹杉混交林、PPF 为竹松混交林、CPF 为松杉混交林（下同）。

12.2.2.2 不同林型斑块密度、边缘密度的变化

图 12-4 呈现了不同林型的最大斑块指数、斑块密度和边缘密度的粒度效应。由图看出，随粒度增加，杉木林的最大斑指数呈上升趋势，而阔叶林稳定中稍有下降、竹林表现为曲折上升。斑块密度、边缘密度都随着粒度的增加而剧烈下降，这说明随粒度增加，大样地景观表现得越完整。

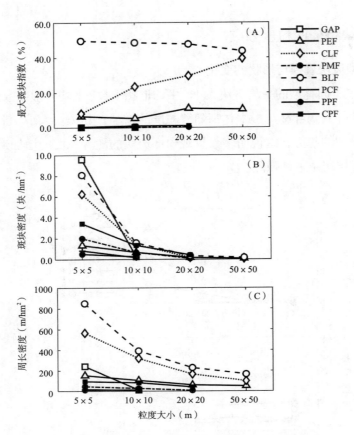

图 12-4 不同林分斑块边缘特征的粒度效应

注：A 为最大斑块指数；B 为斑块密度；C 为边缘密度。

12.2.2.3 不同林型斑块空间关系的变化

图 12-5 展示了不同林型斑块空间关系。由图可知，各林型的破碎度、分离度、破碎度均随着粒度的增加而逐渐降低。当景观粒度为 5m×5m 时，一些林分类型的分离度和破碎度较大，如竹松混交林的分离度达 258.20，阔叶林的破碎度为 8；当粒度上升到 10m×10m 时，分离度和破碎度急剧下降，分别下降至 86.60 和 0.17。这表明随着粒度的增大，各林分类型的连续性和完整性均增加，且由 5m×5m 粒度到 10m×10m 粒度的变化最剧烈。

但不同林分类型的散布指数（IJI）随粒度的变化规律不一致。马尾松林、竹杉混交林随着粒度的增加而增加；阔叶林随着粒度的增加先降低后增加，最后达到最大值，说明阔叶林与较多的其他林分类型相毗邻；杉木林随着粒度的增加先增加后降低，这表明与杉木林毗邻林分类型在减少，杉木林斑块分布比较独立；阔叶林与这 3 个林分类型相互聚合，结构紧凑，其他林分类型毗邻度较低，斑块分布比较独立。

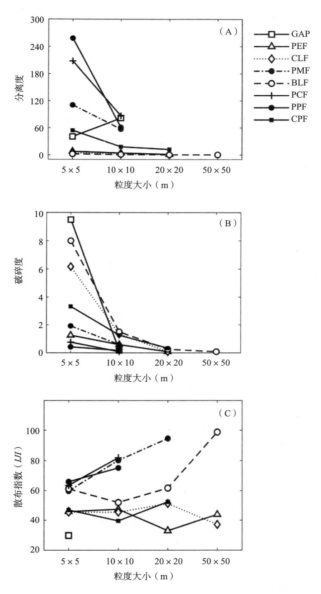

图 12-5　各林分类型斑块间的空间关系随粒度增加而变化

注：A 为林型分离度；B 为破碎度；C 为散布与毗邻指数。

12.2.2.4　不同林型斑块特征异质性的变化

图 12-6 展示了各林分类型斑块规模相差程度，用斑块面积变异系数、形状变异系数、分维数变异系数的粒度效应。由图可知，除了杉木林的形状变异系数随着粒度的增加而增加外，其他景观类型变异系数总体上都随粒度的增大而逐渐降低，这表明这些景观类型对粒度变化的反映敏感度逐渐下降。

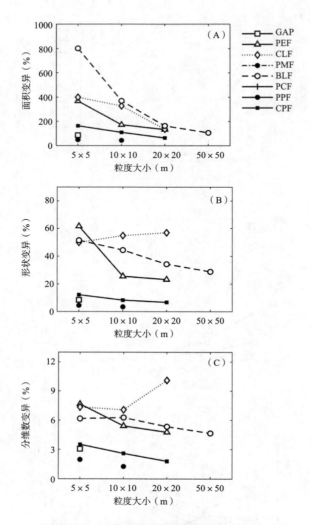

图 12-6 斑块特征变异对粒度变化的响应
注：A 为面积变异；B 为形状变异；C 为分维数变异。

12.2.3 景观异质性的粒度效应

12.2.3.1 景观斑块形状特征的粒度效应

斑块形状影响边缘与内部环境的比例，从而影响物质、能量和物种分布。形状指数和分维数等共同代表了斑块空间形状的复杂性，其值越大代表斑块形态越复杂。由表12-3 可知，随着粒度的增加，最大面积斑块指数、周长密度、形状指数、分维数均呈现持续下降的趋势，依次降低了 11.72%、72.56%、70.77%、70.74%、17.29%；然而它们的平均值均随着粒度的增加而增加，其中平均面积的增加幅度较大，由 312.50m²（5m×5m 粒度）增长至 30000m²（50m×50m 粒度）；周长由 61.74m 增长至 950.00m；平均形状指数和分维度的平均值波动较小。这说明景观内部斑块随着粒度的增加形状越来越简单，要素间的相互作用越来越弱。

表 12-3　景观形状特征的粒度效应

指　标	5 m × 5 m	10 m × 10 m	20 m × 20 m	50 m × 50 m
最大斑块面积指数（%）	49.56	48.50	47.67	43.75
周长密度（m/hm^2）	485.83	250.00	166.67	133.33
类圆形状指数	6.74	4.17	2.81	1.97
类方形状指数	5.98	3.70	2.49	1.75
分维数	1.33	1.26	1.17	1.10
平均面积（m^2）	312.50	1578.95	8571.43	30000.00
平均周长（m）	61.74	150.53	431.43	950.00

12.2.3.2　景观形状特征变异系数的粒度效应

各景观类型内部斑块规模相差程度，用斑块面积、周长、形状、分维数变异系数表示。由表 12-4 可知，这 4 个指数总体上随着粒度的增加而降低，其中面积和周长变异系数下降程度较大，分别下降了 92.34%、89.30%；形状指数和分维数变异系数在 5m×5m、10m×10m、20m×20m 粒度下差异不大，当粒度上升至 50m×50m 时，形状指数和分维数变异系数下降近 50%。这表明景观对粒度变化的反映敏感度逐渐下降。

表 12-4　景观水平特征变异的粒度效应

指　标	5 m × 5 m	10 m × 10 m	20 m × 20 m	50 m × 50 m
面积变异	1012.56	469.38	198.23	77.58
周长变异	542.00	297.67	153.69	57.97
形状指数（圆）	39.53	38.25	36.54	17.61
形状指数（方）	39.53	38.25	36.54	17.61
分维数变异系数	5.30	5.15	5.39	2.72

12.2.3.3　景观多样性的变化

表 12-5 展现了官山大样地森林景观多样性及其粒度效应。从表可看出，Shannon-Wiener 指数、Simpson 指数、优势度指数对粒度变化较不敏感，总体变化不大，但均匀度指数较为敏感，随着粒度的增加逐渐增加，增长幅度为 65.38%。另外，从各项多样性指数看，10m×10m 粒度是个转折点。

表 12-5　官山大样地森林景观多样性及其粒度效应

指标	5m×5m	10m×10m	20m×20m	50m×50m
Shannon-Wiener 指数	1.08	1.08	1.04	0.95
Simpson 指数	0.55	0.58	0.58	0.58
均匀度指数	0.52	0.52	0.65	0.86
优势度指数	0.45	0.42	0.42	0.42

12.2.3.4　景观异质斑块空间关系的变化

表 12-6 展现了景观破碎度、聚集度、散布与毗邻指数及其粒度效应。由表可知，景观破碎度最敏感，随着粒度的增加而急剧下降；聚集度相对迟钝，20m×20m 才开始缓慢降低；散布与毗邻指数逐渐增加，说明随着粒度增加，林分类型间相互分散、多种林分共同出现。

表 12-6　官山大样地森林景观聚散性及其粒度效应

指标	5m×5m	10m×10m	20m×20m	50m×50m
破碎度（F_r）	31.92	6.25	1.08	0.25
聚集度（RC）	0.57	0.58	0.47	0.21
散布与毗邻（IJI）	65.71	67.85	72.06	84.97

另外，在景观总面积一定的条件下，随着像元面积的增加，很多小的斑块被合并、相互融合而消失，所以破碎度变小了。随着像元尺度的增加，景观的分辨率减小，发生在更大分辨率上的景观干扰被忽略了，没有被体现出来。

12.3　景观格局的幅度效应

12.3.1　景观数量特征的幅度效应

12.3.1.1　景观斑块类型的粒度效应

由图 12-7 和表 12-7 可看出，随幅度增大，林分类型逐渐增多，以大样地西南角为起点，初始幅度（50m×50m）时，只有林窗、杉木林和阔叶林 3 种类型，150m×150m 时开始出现马尾松林、松杉混交林；200m×200m 时增添了毛竹林，至 400×300m 时又增加了竹杉混交林、竹松混交林，至此斑块类型达到 8 种。同时，随考察幅度增大，斑块数量由 3 个增加到 76 个，其中阔叶林、杉木林、松杉混交林增加明显，数量也最多。

这表明大样地森林景观的斑块（林分）数量随空间幅度增大而增加；同时，不同林型斑块数量的尺度效应具有差异性。

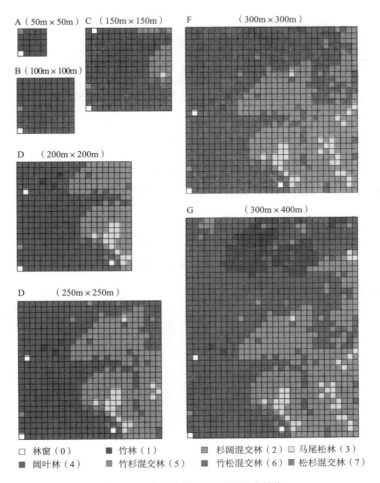

图 12-7　官山大样地景观的幅度效应

表 12-7　官山大样地景观林型与林分数量特征的幅度效应　　　　　　　　个

林　型	50m×50m	100m×100m	150m×150m	200m×200m	250m×250m	300m×300m	400m×300m
林　窗	1	1	2	3	3	3	3
竹　林	0	0	0	3	3	5	8
杉木林	1	1	5	5	6	11	17
马尾松林	0	0	3	6	7	7	8
阔叶林	1	1	1	5	12	16	19
竹杉混交林	0	0	0	0	0	0	2

续表

林　型	50m×50m	100m×100m	150m×150m	200m×200m	250m×250m	300m×300m	400m×300m
竹松混交林	0	0	0	0	0	0	3
松杉混交林	0	0	1	4	8	15	16
林型数（类）	3	3	5	6	6	6	8
林分数（块）	3	3	12	26	39	57	76

12.3.3.2　景观类型斑块面积的幅度效应

由表 12-8 可知，各林型的面积均随幅度的增加而增加，除林窗外，其他林型面积均在 400m×300m 的幅度下达到最大值。此时，面积由大到小依次为常绿阔叶林（68500hm^2）＞杉木林（35300hm^2）＞竹林（10800hm^2）＞松杉混交林（3700hm^2）＞马尾松林（800hm^2）。这说明各林型面积对幅度的依赖性较大，且其面积占比也受样地幅度的影响。

表 12-8　景观斑块面积的幅度效应　　　　　　　　　　　　　m^2

林　型	50m×50m	100m×100m	150m×150m	200m×200m	250m×250m	300m×300m	400m×300m
林　窗	100	100	200	300	300	300	300
竹　林	—	—	—	300	300	700	10800
杉木林	100	100	2900	11800	21700	32200	35300
马尾松林	—	—	300	600	700	700	800
阔叶林	2300	9800	19000	25400	37500	52700	68500
竹杉混交林	—	—	—	—	—	—	200
竹松混交林	—	—	—	—	—	—	400
松杉混交林	—	—	100	1600	2000	3400	3700
合　计	2500	10000	22500	40000	62500	90000	120000

12.3.1.3　景观类型斑块重要值的幅度效应

表 12-9 展示了不同林型重要值随取样幅度的变化情况。由表可知，不同林型对幅度变化的响应存在差异。阔叶林和马尾松林的重要值大体呈下降趋势，阔叶林由 62.67 降至 41.04；马尾松林重要值由 13.17 下降至 5.60，下降幅度为 57.48%；竹林在 200m×200m 开始出现，重要值由 6.14 曲折增至 9.76。杉木林和松杉混交林重要值呈增加趋势，杉木林增加了 46.12%；松杉混交林 174.95%。总之，随着幅度的增加，官山大

样地中阔叶林、马尾松林的重要值呈下降趋势，而杉木林、竹林、松杉混交林呈上升趋势。

表 12-9　官山大样地林型重要值的幅度效应

林　型	50m×50m	100m×100m	150m×150m	200m×200m	250m×250m	300m×300m	400m×300m
林　窗	18.67	17.17	8.78	6.14	4.09	2.80	2.10
竹　林	—	—	—	6.14	4.09	4.77	9.76
杉木林	18.67	17.17	27.28	24.37	25.05	27.54	25.89
马尾松林	—	—	13.17	12.29	9.53	6.53	5.60
阔叶林	62.67	65.67	46.39	41.37	45.38	43.31	41.04
竹杉混交林	—	—	—	—	—	—	1.40
竹松混交林	—	—	—	—	—	—	2.14
松杉混交林	—	—	4.39	9.69	11.86	15.05	12.07
合　计	100.00	100.00	100.00	100.00	100.00	100.00	100.00

12.3.2　景观类型水平的幅度效应

12.3.2.1　林型斑块边界的变化

由表 12-10 可知，除林窗外，其他林分类型的边界随着考察幅度的增加而增加，且在 400m×300m 的幅度下达到最大值，此时的边界长短依次为阔叶林（4700m）＞杉木林（3840m）＞竹林（1260m）＞松杉混交林（980m）＞马尾松林（320m）。

表 12-10　官山大样地林分边界的幅度效应　　　　　　　　　　　　　　　　m

林　型	50m×50m	100m×100m	150m×150m	200m×200m	250m×250m	300m×300m	400m×300m
林　窗	40	40	80	120	120	120	120
竹　林	0	0	0	120	120	240	1260
杉木林	40	40	460	1140	2000	3260	3840
马尾松林	0	0	120	240	280	280	320
阔叶林	200	420	800	1480	2560	3320	4700
竹杉混交林	0	0	0	0	0	0	80
竹松混交林	0	0	0	0	0	0	140
松杉混交林	0	0	40	320	480	900	980
合　计	280	500	1500	3420	5560	8120	11440

12.3.2.2 景观类型斑块空间关系的幅度效应

从分离度看，阔叶林对样地幅度变化响应比较迟钝，随着考察幅度的增加，它基本稳定在一个较低水平，而松杉混交林、马尾松林的分离度呈增加的趋势，仅竹林表现为先增加后下降，在250m×250m的幅度下达到最大值（图12-8）。从破碎度看，多数林型呈先增加后降低的趋势。从散布与毗邻指数看，各种林型都呈下降的趋势，其中马尾松林、阔叶林、松杉混交林在300m×300m的幅度值最低，杉木林在400m×300m的幅度值最低，表明随着考察幅度的增大，各种林型的连续性和完整性均降低，毗邻机会减少。

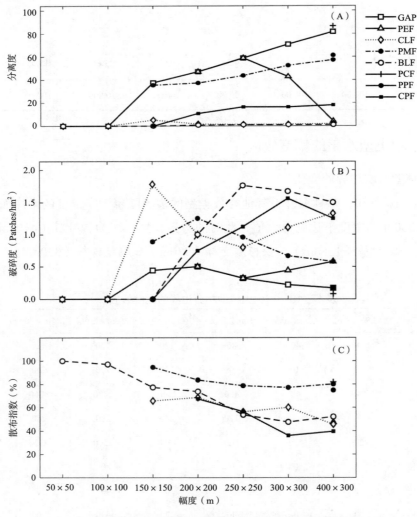

图12-8 官山大样地林分类型斑块间的空间关系随幅度的变化

注：A为分离度；B为破碎度；C为散布指数。

12.3.2.3 林分类型斑块特征变异系数的幅度效应

由图 12-9 可知,阔叶林、杉木林、竹林的斑块面积、形状和分维数的变异系数,总体上都随幅度的增大而上升,但松杉混交林在 200m×200m 基本稳定,说明随着考察幅度的增加,大样地森林景观变得越来越复杂。

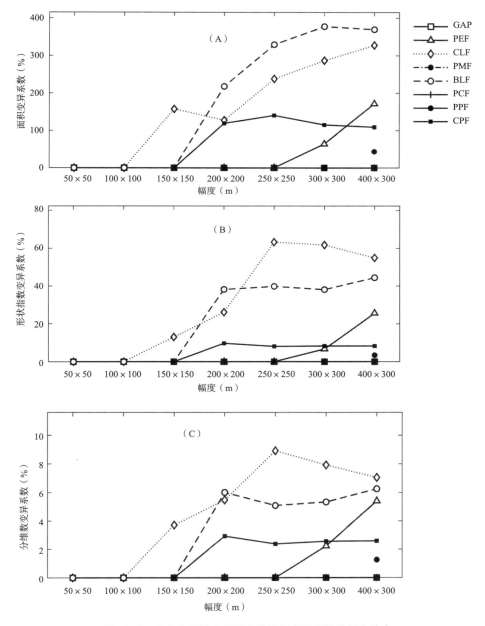

图 12-9 官山大样地各林型斑块特征变异系数的幅度效应

注:A 为面积;B 为形状指标;C 为分维数。

12.3.3 景观水平指数的幅度效应

12.3.3.1 斑块特征的幅度效应

由表 12-11 可知，大样地中林分斑块的平均面积、平均周长度均随着考察幅度的增加而增加，平均面积由 833.33m² 增长到 1578.95m²，增长幅度为 89.47%；平均周长由 93.33m 增长到 150.53m，增长幅度为 61.29%；最大面积指数在 50m×50m 和 100m×100m 的幅度下较大，分别为 92.00%、98.00%，之后随着考察幅度的增加而降低，最后为 48.50%。

表 12-11　官山大样地景观水平的斑块形状特征的幅度效应

指标	50m×50m	100m×100m	150m×150m	200m×300m	250m×250m	300m×300m	400m×300m
最大面积指数（%）	92.00	98.00	84.44	62.25	57.28	55.44	48.50
平均面积（m）	833.33	3333.33	1875.00	1538.46	1602.56	1578.95	1578.95
平均周长（m）	93.33	166.67	125.00	131.54	142.56	142.46	150.53
内部界面密度（m/hm²）	160.00	50.00	200.00	327.50	364.80	384.44	418.33
平均形状指数	1.14	1.15	1.22	1.25	1.26	1.27	1.30

12.3.3.2 斑块特征变异系数的幅度效应

由表 12-12 可知，斑块面积、周长、形状和分维数这 4 个指数的变异系数均随幅度的增加而增加，其中形状差异性增加了 14 倍，其次是分维数变异性增加了 7 倍，面积与周长的变异性也增加了 2 倍。这表明随取样幅度增加，整个景观变得越来越复杂。

表 12-12　官山大样地景观水平的斑块形状特征变异系数的幅度效应

指标	50m×50m	100m×100m	150m×150m	200m×300m	250m×250m	300m×300m	400m×300m
面积变异系数（%）	152.42	168.01	289.41	324.74	409.03	474.97	469.38
周长变异系数（%）	98.97	131.64	176.35	203.68	291.18	316.37	297.67
形状变异系数（%）	2.42	3.43	14.32	23.60	37.53	38.42	38.25

续表

指标	50m×50m	100m×100m	150m×150m	200m×300m	250m×250m	300m×300m	400m×300m
分维数变异系数（%）	0.62	0.74	3.18	4.08	4.64	4.80	5.15

12.3.3.3 景观多样性的幅度效应

由表 12-13 可知，随着考察幅度增大，景观 Shannon-Wiener 指数、Simpson 指数、均匀度指数均呈增加趋势，增长幅度依次为 227.27%、286.67%、73.33%，但优势度依次下降。这说明随着考察幅度的增加，景观优势现象逐渐减弱而多样性越发丰富。另外，这 4 个指标的变化拐点都出现在 100m×100m。

表 12-13　官山大样地景观多样性的幅度效应

指标	50m×50m	100m×100m	150m×150m	200m×300m	250m×250m	300m×300m	400m×300m
Shannon-Wiener 指数（H_{sw}）	0.33	0.11	0.53	0.91	0.89	0.90	1.08
Simpson 指数（H_{sim}）	0.15	0.04	0.27	0.51	0.52	0.53	0.58
均匀度指数（J）	0.30	0.10	0.33	0.51	0.49	0.50	0.52
优势度指数（Dom）	0.85	0.96	0.73	0.49	0.48	0.47	0.42

12.3.3.4 景观连接性的幅度效应

由表 12-14 可知，随着考察幅度的增加，景观破碎度（斑块密度）呈先增加而后持平的趋势；聚集度、散布与毗邻指数呈现先下降再持平的趋势，同时这 3 个指标的变化拐点出现在 200m×300m。这说明当考察面积达到 6hm² 后各林分类型间的连接性基本稳定。

表 12-14　官山大样地连接性的幅度效应

指标	50m×50m	100m×100m	150m×150m	200m×300m	250m×250m	300m×300m	400m×300m
破碎度（F_r，个/hm²）	—	2.00	4.89	6.25	6.08	6.22	6.25
聚集度指数（$Cont$，%）	0.76	0.92	0.73	0.59	0.59	0.58	0.58
散布指数（IJI，%）	63.09	61.26	56.04	60.78	48.85	45.83	47.05

12.4 小　结

根据等级缀块动态理论,本章将官山大样地森林景观为研究对象,选择 5m×5m、10m×10m、20m×20m、50m×50m 四种粒度,以及 50m×50m、100m×100m、150m×150m、200m×200m、250m×250m、300m×300m、400m×300m 七种幅度,对大样地森林景观格局特征开展多重尺度研究,结果发现:随着粒度的增加林分类型逐渐减少,由 5m×5m 的粒度下的林窗、竹林、杉木林、马尾松林、阔叶林、竹杉混交林、竹松混交林、松杉混林 8 种景观类型下降至 50m×50m 粒度下的竹林、杉木林、阔叶林 3 种景观类型;但在不同的粒度下,竹林、杉木林、阔叶林这 3 种景观类型都占总面积的 90% 以上,而且阔叶林的重要值始终最大,因此属于基质类型,竹林、杉木林是大样地的主要林分类型。可见,在森林景观研究中,尺度暗示着对森林细节的了解程度,通常在一定尺度下空间变异的噪音成分,可在另一个较小尺度下表现为结构性成分(Burrough,1983)。

在大样地景观水平表现为:随着粒度的增加,各景观类型的斑块大小、形状指数和分维数总体上呈增加的趋势;而分离度和破碎度呈急剧下降的趋势,这说明随着粒度的增加,景观内部斑块的形状越来越复杂,且景观破碎化程度逐渐降低。但随着幅度的增加,分离度、破碎度有增加的趋势,说明随着幅度的增加各景观类型间的连续性和完整性均有所降低。样地总体景观水平表现为:随着粒度的增大,景观多样性指数和优势度变化不大,但均匀度指数逐渐增加,增长幅度为 65.38%;随着幅度的增加,景观多样性指数、均匀度指数均增加,增长幅度依次为 286.67%、73.33%,但优势度变化下降。

根据分形理论,由于系统的自相似性,系统在一定尺度范围内往往不会发生显著的或者说具有统计学意义的变化,但一旦超出某一尺度域范围,就会出现"突变"现象。从景观多样性和连接性角度看,为了客观反映官山大样地森林群落的特点和监测目标,景观特征考察粒度(像元)大小应为 10m×10m 左右,如果粒度选择过大,往往"只见森林,不见树木",导致大量细节被忽略;尺度选择过小,就会"只见树木,不见森林",囿于局部,容易忽略总体规律。同时,取样面积应在 6hm^2 左右,只有不小于这一考察范围,才能充分官山森林的次生性、竹子扩张、针叶林阔叶化的特点。

根据景观指数的空间粒度效应,大体上可以把本研究中景观指数归为三类:第一类指数随空间粒度增大而减小,且具有比较明确的尺度效应关系,可预测性较强;这类指数包括斑块数、斑块密度、边界总长、边界密度、景观形状指数、斑块面积变异系数、平均斑块分维数。第二类指数随空间粒度的增大将最终下降,没有明确而单一的尺度效应关系，也即可预测性不强，包括：平均斑块形状指数、斑块丰富度、斑块丰富度密度和Shannon-Wiener多样性指数。第三类指数随空间粒度增大而增加，尺度效应关系与景观格局特征明显相关，具有一定的可预测性；包括平均斑块面积、斑块面积标准差、最大斑块指数与聚集度指数4种。建议在实际应用中，应该根据不同景观指数的特点和不同的研究目的、研究内容，选择合适的景观指数，以期对研究对象进行最好的定量描述。如果不顾实际意义，罗列一大堆景观指数的计算结果，就失去了景观格局研究的本来意义。

参考文献

布仁仓, 李秀珍, 胡远满, 等, 2003. 尺度分析对景观格局指标的影响 [J]. 应用生态学报, 14（12）: 2181-2186.

陈亮, 王绪高, 2008. 生物多样性与森林生态系统健康的几个关键问题 [J]. 生态学杂志, 27（5）: 816-820.

陈睿, 洪伟, 吴承祯, 等, 2004. 毛竹混交林主要种群多维生态位特征 [J]. 应用与环境生物学报, 10（6）: 724-728.

陈胜东, 徐海根, 曹铭昌, 等, 2011. 物种丰富度格局研究进展 [J]. 生态与农村环境学报, 27（3）:1-9.

陈云, 郭凌, 姚成亮, 等, 2017. 暖温带—北亚热带过渡区落叶阔叶林群落特征 [J]. 生态学报, 37（17）: 5602-5611.

陈云, 王婷, 李培坤, 等, 2016. 河南木札岭温带落叶阔叶林群落特征及主要乔木空间分布格局 [J]. 植物生态学报, 40（11）: 1179-1188.

代雍楣, 师学义, 段文杰, 2016. 基于分形理论的农村居民点空间分布特征定量研究 [J]. 水土保持研究, 23（6）: 278-283+289.

戴雯笑, 楼晨阳, 许大明, 等, 2021. 浙西南常绿阔叶林凋落物空间分布及其对土壤养分的影响 [J]. 生态学报, 41（2）: 513-521.

邓纯章, 侯建萍, 李寿昌, 等, 1993. 哀牢山北段主要森林类型凋落物的研究 [J]. 植物生态学与地植物学学报, 17（4）: 364-370.

董灵波, 刘兆刚, 马妍, 等, 2013. 天然林林分空间结构综合指数的研究 [J]. 北京林业大学学报, 35（1）: 16-22.

杜道林, 刘玉成, 李睿, 1995. 缙云山亚热带栲树林优势种群间联结性研究 [J]. 植物生态学报, 19（2）: 149-157.

樊登星, 余新晓, 2016. 北京山区栓皮栎林优势种群点格局分析 [J]. 生态学报, 36（2）: 318-325.

傅伯杰, 2014. 地理学综合研究的途径与方法：格局与过程耦合 [J]. 地理学报, 69（8）: 1052-1059.

傅伯杰, 2001. 景观生态学原理及应用 [M]. 北京：科学出版社.

国家林业和草原局，2019 中国森林资源报告（2014—2018）[M]. 北京：中国林业出版社．

郭晋平，2001. 森林景观生态研究 [M]. 北京：北京大学出版社．

韩路，王家强，王海珍，等，2014. 塔里木河上游胡杨种群结构与动态 [J]. 生态学报，34（16）：4640-4651.

胡学军，江明喜，2003. 香溪河流域一条一级支流河岸林凋落物季节动态 [J]. 武汉植物学研究，21（2）：124-128.

惠刚盈，2013. 基于邻体木关系的林分空间结构参数应用研究 [J]. 北京林业大学学报，35（4）：1-8.

惠刚盈，胡艳波，2001. 混交林树种空间隔离程度表达方式的研究 [J]. 林业科学研究，14（1）：23-27.

赖江山，米湘成，任海保，等，2010. 基于多元回归树的常绿阔叶林群丛数量分类：以古田山 24 公顷森林样地为例 [J]. 植物生态学报，34（7）：761-769.

兰长春，2008. 肖坑亚热带常绿阔叶林凋落物量及养分动态 [D]. 合肥：安徽农业大学．

李哈滨，王政权，1998. 空间异质性定量研究理论与方法 [J]. 应用生态学报，9（6）：651-657.

李海涛，商如斌，翟琪，2003. 洛仑兹曲线与基尼系数的应用 [J]. 甘肃科学学报，15（1）：89-94.

李桥，范清平，唐战胜，等，2022. 浙江东白山次生针阔混交林群落组成及结构动态 [J]. 广西植物，42（6）：1067-1076.

李先琨，黄玉清，苏宗明，2000. 元宝山南方红豆杉种群分布格局及动态 [J]. 应用生态学报，11（2）：169-172.

李燕芬，铁军，张桂萍，等，2014. 山西蟒河国家级自然保护区人工油松林生态位特征 [J]. 生态学杂志，33（11）：2905-2912.

林勇明，洪滔，吴承祯，等，2007. 桂花次生林群落主要树种种间关联及其对混交度的响应 [J]. 应用与环境生物学报，13（3）：327-332.

刘灿然，马克平，1999. 北京东灵山地区植物群落多样性研究：种—面积曲线的拟合与评价 [J]. 植物生态学报，23（6）：490-500.

刘海丰，李亮，桑卫国，2011. 东灵山暖温带落叶阔叶次生林动态监测样地：物种组成与群落结构 [J]. 生物多样性，19（2）：232-242.

刘海丰，2013. 地形生态位和扩散过程对暖温带森林群落构建重要性研究 [D]. 北京：中央民族大学．

刘润红，姜勇，常斌，等，2018. 漓江河岸带枫杨群落主要木本植物种间联结与相关分析 [J]. 生态学报，38（19）：6881-6893.

刘艳会，刘金福，何中声，等，2017. 基于戴云山固定样地黄山松群落物种组成与结构研究 [J]. 广西植物，37（7）：881-890.

鲁如坤, 2000. 土壤农业化学分析方法 [M]. 北京: 中国农业科技出版社.

罗佳, 张灿明, 牛艳东, 等, 2013. 森林生态系统大样地定位研究综述 [J]. 湖南林业科技, 40 (4): 79-81.

马克明, 2003. 物种多度格局研究进展 [J]. 植物生态学报, 27 (3): 412-426.

马克明, 祖元刚, 2000. 兴安落叶松种群格局的分形特征信息维数 [J]. 生态学报, 20 (2): 187-192.

马克平, 2017. 森林动态大样地是生物多样性科学综合研究平台 [J]. 生物多样性, 25 (3): 227-228.

孟斌, 王劲峰, 张文忠, 等, 2005. 基于空间分析方法的中国区域差异研究 [J]. 地理科学, 25 (4): 393-400.

孟宪宇, 2006. 测树学 [M]. 北京: 中国林业出版社.

米湘成, 郭静, 郝占庆, 等, 2016. 中国森林生物多样性监测: 科学基础与执行计划 [J]. 生物多样性, 24 (11): 1203-1219.

农友, 郑路, 贾宏炎, 等, 2015. 广西大青山次生林的群落特征及主要乔木种群的空间分布格局 [J]. 生物多样性, 23 (3): 321-331.

秦运芝, 张佳鑫, 刘检明, 等, 2018. 湖南八大公山 25ha 常绿落叶阔叶混交林动态监测样地群落组成与空间结构 [J]. 生物多样性, 26 (9): 1016-1022.

邱学忠, 谢寿昌, 荆桂芬, 1984. 云南哀牢山徐家坝地区木果石栎林生物量的初步研究 [J]. 云南植物研究, 6 (1): 85-92.

饶米德, 冯刚, 张金龙, 等, 2013. 生境过滤和扩散限制作用对古田山森林物种和系统发育 β 多样性的影响 [J]. 科学通报, 58 (13): 1204-1212.

申卫军, 邬建国, 林永标, 等, 2003. 空间粒度变化对景观格局分析的影响 [J]. 生态学报, 23 (12): 2506-2519.

沈泽昊, 张新时, 金义兴, 2000. 地形对亚热带山地景观尺度植被格局影响的梯度分析 [J]. 植物生态学报, 24 (4): 430-435.

宋永昌, 2001. 植被生态学 [M]. 上海: 华东师范大学出版社.

陶长琪, 2021. 空间计量经济学的前沿理论及应用. 北京: 科学出版社.

汪媛燕, 王立, 满多清, 2014. 民勤绿洲荒漠过渡带群落特征及其物种多样性研究 [J]. 四川农业大学学报, 32 (4): 355-361.

王伯荪, 1987. 植物群落学 [M]. 北京: 高等教育出版社.

王雨茜，2013. 吉林蛟河老龄林群落特征及其与地形关系 [D]. 北京：北京林业大学．

王志高，张中信，段仁燕，等，2016. 鹞落坪国家级自然保护区吊罐井物种分布格局与种间关联的多尺度分析 [J]. 植物科学学报，34（1）：21-26.

邬建国，1996. 生态学范式变迁综论 [J]. 生态学报，16（5）：449-459.

邬建国，2007. 景观生态学：格局、过程、尺度与等级 [M]. 北京：高等教育出版社．

吴大荣，朱政德，2003. 福建省罗卜岩自然保护区闽楠种群结构和空间分布格局初步研究 [J]. 林业科学，39（1）：23-30.

吴健生，乔娜，彭建，等，2013. 露天矿区景观生态风险空间分异 [J]. 生态学报，33（12）：3816-3824.

吴玉鸣，李建霞，2006. 中国区域工业全要素生产率的空间计量经济分析 [J]. 地理科学，26（4）：385-391.

吴征镒，1991. 中国种子植物属的分布区类型 [J]. 云南植物研究，（S4）：1-139.

吴征镒，周浙昆，李德铢，等，2003. 世界种子植物科的分布区类型系统 [J]. 云南植物研究，25（3）：245-257.

肖笃宁，李秀珍，2003. 景观生态学的学科前沿与发展战略 [J]. 生态学报，23（8）：1615-1621.

谢春平，方彦，方炎明，2011. 乌冈栎群落乔木层种群生态位分析 [J]. 中国水土保持科学，9（1）：108-114+120.

谢春平，方彦，方炎明，2011. 乌冈栎群落生活型谱及叶相分析 [J]. 林业实用技术（3）：3-6.

谢峰淋，周全，史航，等，2019. 秦岭落叶阔叶林 25ha 森林动态监测样地物种组成与群落特征 [J]. 生物多样性，27（4）：439-448.

徐丽，卞晓庆，秦小林，等，2010. 空间粒度变化对合肥市景观格局指数的影响 [J]. 应用生态学报，21（5）：1167-1173.

徐媛，张军辉，韩士杰，等，2010. 长白山阔叶红松林土壤无机氮空间异质性 [J]. 应用生态学报，21（7）：1627-1634.

薛建辉，2006. 森林生态学 [M]. 北京：中国林业出版社．

杨佳萍，寥蓉，杨万勤，等，2017. 高山峡谷区暗针叶林凋落物产量及动态 [J]. 应用与环境生物学报，23（4）：745-752.

杨庆松，2014. 常绿阔叶林的种间关联格局及其形成机制 [D]. 上海：华东师范大学．

杨士梭，温仲明，苗连朋，等，2014. 黄土丘陵区植物功能性状对微地形变化的响应 [J]. 应用生态学报，25（12）：3413-3419.

杨晓东，吕光辉，张雪梅，等，2010. 艾比湖湿地自然保护区 8 个乔灌木种群空间分布格局分析 [J]. 植物资源与环境学报，19（4）：37-42.

杨学成，吴卓翎，周庆，等，2019. 康禾自然保护区森林苔藓植物丰富度对地形因子的响应 [J]. 生态环境学报，28（10）：1974-1981.

杨云方，丁晖，徐海根，等，2013. 武夷山典型常绿阔叶林 4 个主要植物种群点格局分析 [J]. 生态与农村环境学报，29（2）：184-190.

姚兰，崔国发，易咏梅，等，2016. 湖北木林子保护区大样地的木本植物多样性 [J]. 林业科学，52（1）：1-9.

姚良锦，姚兰，易咏梅，等，2017. 湖北七姊妹山亚热带常绿落叶阔叶混交林的物种组成和群落结构 [J]. 生物多样性，25（3）：275-284.

叶阿忠，吴继贵，陈生明，2015. 空间计量经济学 [M]. 厦门：厦门大学出版社．

余树全，2003. 浙江省常绿阔叶林的生态学研究 [D]. 北京：北京林业大学．

袁志良，王婷，朱学灵，等，2011. 宝天曼落叶阔叶林样地栓皮栎种群空间格局 [J]. 生物多样性，19（2）：224-231.

岳明，张林静，党高弟，等，2002. 佛坪自然保护区植物群落物种多样性与海拔梯度的关系 [J]. 地理科学，22（3）：349-354.

张金屯，范丽宏，2011. 物种功能多样性及其研究方法 [J]. 山地学报，29（5）：513-519.

张悦，郭利平，易雪梅，等，2015. 长白山北坡 3 个森林群落主要树种种间联结性 [J]. 生态学报，35（1）：106-115.

赵永华，雷瑞德，何兴元，等，2004. 秦岭锐齿栎林种群生态位特征研究 [J]. 应用生态学报，15（6）：913-918.

赵中华，惠刚盈，胡艳波，等，2012. 树种多样性计算方法的比较 [J]. 林业科学，48（11）：1-8.

祝燕，白帆，刘海丰，等，2011. 北京暖温带次生林种群分布格局与种间空间关联性 [J]. 生物多样性，19（2）：252-259.

祝燕，赵谷风，张俪文，等，2008. 古田山中亚热带常绿阔叶林动态监测样地：群落组成与结构 [J]. 植物生态学报，32（2）：262-273.

ABRAMS P, 1980. Some comments on measuring niche overlap[J]. Ecology, 61(1): 44-49.

ALKEMADE R, VAN OORSCHOT M, MILES L, et al., 2009. GLOBIO3: a framework to investigate options for reducing global terrestrial biodiversity loss[J]. Ecosystems, 12: 374-390.

ANDRÉS B, 2010. Partitioning the turnover and nestedness components of beta diversity. Global

Ecology and Biogeography, 19:134-143.

ANSELIN L, 1988. Lagrange multiplier test diagnostics for spatial dependence and spatial heterogeneity[J]. Geographical analysis, 20(1): 1-17.

ANSELIN L, 1995. Local indicators of spatial association—LISA[J]. Geographical analysis, 27(2): 93-115.

ANSELIN L, FLORAX R J, 1995. Small sample properties of tests for spatial dependence in regression models: Some further results[J]. New directions in spatial econometrics: 21-74.

BASELGA A, 2010. Partitioning the turnover and nestedness components of beta diversity[J]. Global ecology and biogeography, 19(1): 134-143.

BURROUGH P A, 1983. Multiscale sources of spatial variation in soil. I. The application of fractal concepts to nested levels of soil variation[J]. Journal of Soil Science, 34(3): 577-597.

CADOTTE M W, 2006. Metacommunity influences on community richness at multiple spatial scales: a microcosm experiment[J]. Ecology, 87(4): 1008-1016.

CHAI Z, SUN C, WANG D, et al., 2017. Spatial structure and dynamics of predominant populations in a virgin old-growth oak forest in the Qinling Mountains, China[J]. Scandinavian Journal of Forest Research, 32(1): 19-29.

COLWELL R K, FUTUYMA D J, 1971. On the measurement of niche breadth and overlap[J]. Ecology, 52(4): 567-576.

CONDIT R, HUBBELL S P, Foster R B, 1994. Density dependence in two understory tree species in a neotropical forest[J]. Ecology, 75(3): 671-680.

CONDIT R, HUBBELL S P, LAFRANKIE J V, et al., 1996. Species-Area and species-individual relationships for tropical trees: A comparison of three 50-ha Plots[J]. Journal of Ecology, 84(4): 549-562.

DIGGLE P J. 2013. Statistical analysis of spatial and spatio-temporal point patterns[M]. CRC press.

FARDUSI M J, CASTALDI C, CHIANUCCI F, et al., 2018. A spatio-temporal dataset of forest mensuration for the analysis of tree species structure and diversity in semi-natural mixed floodplain forests[J]. Annals of Forest Science, 75(1): 1-5.

FRANKLIN J F, SHUGART H H, HARMON M E, 1987. Tree death as an ecological process[J]. BioScience, 37(8): 550-556.

FRANKLIN J F, SPIES T A, VAN PELT R, et al., 2002. Disturbances and structural development of natural forest ecosystems with silvicultural implications, using Douglas-fir forests as an example[J]. Forest Ecology and Management, 155(1-3): 399-423.

GASTON K J, BLACKBURN T M, GREENWOOD J J, et al., 2000. Abundance-occupancy relationships[J]. Journal of Applied Ecology, 37: 39-59.

GETZIN S, WIEGAND T, WIEGAND K, et al., 2008. Heterogeneity influences spatial patterns and demographics in forest stands[J]. Journal of Ecology, 96(4): 807-820.

GRIEG-SMITH P, 1983. Quantitative Plant Ecology (Studies in Ecology)[M]. University of California Press: Berkeley and Los Angeles, CA, USA.

GRIME J P, 1997. Biodiversity and ecosystem function: the debate deepens[J]. Science, 277(5330): 1260-1261.

HAASE P, 1995. Spatial pattern analysis in ecology based on Ripley's K- function: Introduction and methods of edge correction[J]. Journal of vegetation science, 6(4): 575-582.

HARA M, HIRATA K, FUJIHARA M, et al., 1996. Vegetation structure in relation to micro- landform in an evergreen broad- leaved forest on Amami Ohshima Island, south- west Japan[J]. Ecological Research, 11(3): 325-337.

He F, DUNCAN R P, 2000. Density- dependent effects on tree survival in an old- growth Douglas fir forest[J]. Journal of Ecology, 88(4): 676-688.

HOOPER D U, ADAIR E C, CARDINALE B J, et al., 2012. A global synthesis reveals biodiversity loss as a major driver of ecosystem change[J]. Nature, 486(7401): 105-108.

HUBBELL S P, FOSTER R B, 1986. Commonness and rarity in a neotropical forest : implications for tropical tree conservation[M]. Sinauer, Sunderland.

HUTCHINSON G E, 1991. Population studies: Animal ecology and demography[J]. Bulletin of Mathematical Biology, 53(1-2): 193-213.

JAROSINSKI J, VEYSSIERE B, 2009. Combustion phenomena: Selected mechanisms of flame formation, propagation and extinction[M]. CRC press.

KENKEL N, 1988. Pattern of self- thinning in jack pine: testing the random mortality hypothesis[J]. Ecology, 69(4): 1017-1024.

LESAGE J P, PACE R K, 2009. Spatial econometric models. Handbook of applied spatial analysis: Software tools, methods and applications[J]. Springer.: 355-376.

LI Y, XU H, CHEN D, et al., 2008. Division of ecological species groups and functional groups based on interspecific association—— a case study of the tree layer in the tropical lowland rainforest of Jianfenling in Hainan Island, China[J]. Frontiers of Forestry in China, 3(4): 407–415.

LIU Y, LI F, JIN G, 2014. Spatial patterns and associations of four species in an old-growth temperate forest[J]. Journal of Plant Interactions, 9(1): 745-753.

MARÍA U, TURNER B L, THOMPSON J, et al., 2015. Linking spatial patterns of leaf litterfall and soil nutrients in a tropical forest: a neighborhood approach[J]. Ecological applications : a publication of the Ecological Society of America, 25(7): 2022-2034.

MILLER H J, 2004. Tobler's first law and spatial analysis[J]. Annals of the association of American geographers, 94(2): 284-289.

ORD J K, GETIS A, 1995. Local spatial autocorrelation statistics: distributional issues and an application[J]. Geographical analysis, 27(4): 286-306.

POMMERENING A, 2006. Evaluating structural indices by reversing forest structural analysis[J]. Forest Ecology and Management, 224(3): 266-277.

REY S J, 2001. Spatial empirics for economic growth and convergence[J]. Geographical analysis, 33(3): 195-214.

REY S J, JANIKAS M V, 2009. STARS: Space-time analysis of regional systems. Handbook of applied spatial analysis: Software tools, methods and applications[J]. Springer.: 91-112.

ROBERT J, DALLING J W, Harms K E, et al., 2007. Soil nutrients influence spatial distributions of tropical tree species[J]. Proceedings of the National Academy of Sciences of the United States of America, 104(3): 864-869.

RUANKIAER C, 1932. The life forms of plants and statistical plant geography[M]. Oxford University, New York.

SCHLUTER D, 1984. A variance test for detecting species associations, with some example applications[J]. Ecology, 65(3): 998-1005.

SU S J, LIU J F, HE Z S, et al., 2015. Ecological species groups and interspecific association of dominant tree species in Daiyun Mountain National Nature Reserve[J]. Journal of Mountain Science, 12(3): 637–646.

TILMAN D, 1994. Competition and biodiversity in spatially structured habitats[J]. Ecology, 75(1): 2-16.

TILMAN D, MAY R M, LEHMAN C L, et al., 1994. Habitat destruction and the extinction debt[J]. Nature, 371(6492): 65-66.

TRISURAT Y, ALKEMADE R, VERBURG P H, 2010. Projecting land-use change and its consequences for biodiversity in Northern Thailand[J]. Environmental Management, 45: 626-639.

WIEGAND T, 2004. Introduction to point pattern analysis with Ripley's L and the O-ring statistic using the Programita software[J]. Department of Ecological Modelling, UFZ—Centre of Environmental Research, Leipzig: 25-26.

WIEGAND T, MOLONEY K A, 2013. Handbook of spatial point-pattern analysis in ecology. CRC press.

WIEGAND T, GUNATILLEKE S, GUNATILLEKE N, 2007. Species associations in a heterogeneous Sri Lankan dipterocarp forest[J]. The American Naturalist, 170(4): 77-95.

WU J G, 2000. Landscape ecology: concept and theory[J]. Chinese Journal of Ecology, 19(1): 42-52.

WULDER M A, HALL R J, COOPS N C, et al., 2004. High spatial resolution remotely sensed data for ecosystem characterization[J]. BioScience, 54(6): 511-521.

官山保护区景观

王国兵 摄

王国兵 摄

官山保护区保护站

东河保护站（王国兵 摄）

西河保护站（王国兵 摄）

大样地外貌

大样地专家组考察

易伶俐 摄

钟曲颖 摄

欧阳园兰 摄

欧阳园兰 摄

大样地建设与调查

大样地建设与调查

大样地建设与调查

大样地建设与调查